辽宁省优秀自然科学著作

农村水电管理技术

周林蕻　刘旭升　主编

辽宁科学技术出版社

沈　阳

主　　编　周林蕻　刘旭升
副主编　张　云　肇毓锋　谭艳芳
编著者　周林蕻　刘旭升　张　云　肇毓锋　谭艳芳
　　　　　李忠国　那　利　周林虎　陈媛媛

© 2020　周林蕻　刘旭升

图书在版编目（CIP）数据

农村水电管理技术/周林蕻，刘旭升主编. —沈阳：辽宁科学
技术出版社，2020.12
（辽宁省优秀自然科学著作）
ISBN 978-7-5591-1683-3

Ⅰ.①农…　Ⅱ.①周…　②刘　Ⅲ.①农村-水资源管理-
中国　②农村-用电管理-中国　Ⅳ.①TV213.4　②TM92

中国版本图书馆 CIP 数据核字（2020）第 135439 号

出版发行：辽宁科学技术出版社
　　　　　（地址：沈阳市和平区十一纬路 25 号　邮编：110003）
印 刷 者：辽宁鼎籍数码科技有限公司
幅面尺寸：185 mm×260 mm
印　　张：21.25
插　　页：13
字　　数：552 千字
出版时间：2020 年 12 月第 1 版
印刷时间：2020 年 12 月第 1 次印刷
责任编辑：郑　红
特约编辑：王奉安
封面设计：李　嵘
责任校对：李淑敏

书　　号：ISBN 978-7-5591-1683-3
定　　价：145.00 元

联系电话：024-23284526
邮购热线：024-23284502
http://www.lnkj.com.cn

前　言

　　中国农村水能资源（5万kW及以下的小水电）十分丰富，技术可开发量1.28亿kW，年发电量5 350亿kW·h，广泛分布在全国1 700多个县。截至2018年年底，全国已建成小水电站47 000多座，装机容量8 000多万kW，年发电量2 300多亿kW·h。装机容量和年发电量约占全国水电的1/4。

　　小水电是我国也是世界最具优势的可再生资源，从历史上解决山区供电，发展到今天的惠及民生，节能减排，改善环境，功不可没。进入社会主义新时期，针对小水电发展过程中不平衡不充分的问题，应全面落实新发展理念，补齐生态流量泄放设施、减脱水河段生态修复、小水电能效与安全、信息化四个短板，抓住生态放流这个牛鼻子，实现小水电技术转型和绿色改造。为指导新时期农村水电技术管理，依据国家有关标准及规程规范，结合多年农村水电规划设计和管理经验，编写了这本《农村水电管理技术》。本书实用性强，能系统地解决新时期农村水电管理中的技术问题，践行新时代生态文明思想、治水方针和"绿水青山就是金山银山"的生态发展理念。

　　本书首次系统阐述了小水电站生态流量泄放技术，对生态流量计算、生态流量核定、生态泄流设施及辅助工程措施、生态泄流监控技术、生态泄流监督管理等给出了实用可行的技术方法，科学指导水电站生态运行、生态改造。针对水电站运行管理，按照国家有关标准，结合电站实际运行管理，编制了对电站指导性、操作性较强的水电站运行管理技术标准模式。以水电站安全生产标准化建设为标准，针对核心的"两票三制"管理技术，为广大乡村小水电运行人员设计了具体实用的操作模式。针对确保水电站运行和防洪安全，有效保障公共安全，设计了科学实用的标准化技术管理模式，编制了重点预案范例。总结了国内外小水电绿色发展经验及问题，提出了小水电绿色发展技术途径。

　　本书在编写和出版过程中得到了辽宁省水利学会、有关标准化电站等单位的支持，谨在此表示诚挚的感谢！由于编者认识有限，书中难免会有疏漏，敬请小水电从业者和读者指正。

编者

2019年5月

目　录

1　水电站生态泄流

1.1　生态泄流的目标及意义

1.1.1　有关术语

河湖生态流量（生态流量）。为维系河流、湖泊、沼泽等生态系统的完整性、系统性、稳定性等生态保护目标，保障人类生存与发展合理的用水需求，需要保留在河流、湖泊、沼泽内的流量（水量、水位、水深）及其过程。简称生态流量。

河湖生态环境需水量。在维系给定的生态保护目标和社会用水需求条件下的河湖生态流量（水量）的保障要求。根据不同的保障要求，分为基本生态流量和目标生态流量。

基本生态流量。表征河湖生态环境需水量的指标。系维持河流、湖泊、沼泽给定的生态保护目标所对应的生态环境功能不丧失，需要保留的最小生态流量。基本生态流量包括生态基流、敏感期生态流量、不同时段值和全年值。基本生态流量是河湖生态环境需水量的下限值。

目标生态流量。表征河湖生态环境需水量的指标。是保障河流、湖泊、沼泽给定的生态保护目标所对应的生态环境功能正常发挥需要保留的生态流量。目标生态流量包括不同时段值、全年值。目标生态流量是确定河湖地表水资源可利用量的控制指标。

生态基流。对维持河流基本形态和生态功能，防止河道断流，避免河流生态系统功能遭受无法恢复性的破坏，具有一定设计保证率的生态流量保障要求，是基本生态流量过程中的最低值。

最小生态下泄流量。是指为满足维持区域河道的基本生态功能和群众基本生产生活及其他用水需求，所需要的区域内水电站坝址处应下泄的最小流量。

河道减脱水。水电站建设及运行引起坝址下河道内水量较自然条件下减少或脱流的现象。

1.1.2　生态泄流的目标

1.1.2.1　河湖生态环境需水量计算原则

（1）应符合河湖天然水文条件和生态特点，遵循河湖自然规律和生态保护要求，合理制定河湖生态保护目标，科学确定生态环境需水量。

（2）应统筹生活、生态、生产"三生"用水，平衡维持河湖健康和经济社会用水需求，合理确定生态环境需水量。

（3）应结合不同区域、不同类型河湖的水资源禀赋条件、开发利用状况、生态保护要求等差异性，区别确定生态环境需水量。

1.1.2.2　水电站生态泄流改造目标

水电站生态泄流改造目标是：水电站坝址下游河道基本生态功能和群众基本生产生活及其他需水得到保障，因水电开发导致的河道减水脱流问题得到有效解决；因水电站建设及运行引起的坝下河道的水流流动性得到有效改善。

应按照河道生态环境保护要求，结合减脱水河段的生态变化状况，科学核定河道生态下泄流量，明确泄流措施，为河流生态功能修复创造条件。应根据已核定的生态流量和坝址处天然来水量，遵循因地制宜、技术合理、经济适用原则，根据电站的不同开发方式和枢纽工程布置特点，经技术经济方案比较，选择生态泄流设施，制订坝下游河道生态流量泄放方案，明确运行调度方式。保证全天候不间断泄放生态流量。

水电站生态泄流设施、运行调度方案应综合考虑水库运行期和检修期间的要求；生态泄流改造和运行管理应遵循国家和地方政策要求，符合相关法律法规，技术标准规定。

1.1.3　生态泄流的重大意义

1.1.3.1　河道断流阻断河流连通性

河流连通性具有生态学意义。通过河流纵向的上下游连通性，河流横向的河道与河漫滩连通性，河流垂向的地表水与地下水连通性，在水文过程的驱动下，以水体为载体的物质流、物种流和信息流能够通畅流动，以维系河湖生态系统的结构、功能和过程。

物质流包括水体、泥沙、营养物质、木质残骸和污染物等。物种流指鱼类洄游，漂流性鱼卵和植物种子传播。信息流指河流通过水位的消长、流速以及水温的变化，为诸多鱼类、底栖动物及着生藻类等生物传递着生命节律的信号。

参见表1-1、图1-1、图1-2。

表1-1　连通性损坏的生态影响

受影响的四大生态要素		受阻的三流
水文情势	闸坝堤防阻隔、硬质铺设	
地貌景观		物质流
水体物理化学		物种流
生物多样性		信息流

图例
①常年溪流　⑨非饱和层
②季节性溪流　⑩饱水层
③间歇溪流　⑪透水层
④降雨　⑫不透水层
⑤蒸散发

⑥湿地（旱季）
⑦开敞水面（旱季）
⑧雨季向河漫滩溢流，湿地水塘扩展

a地下水位
b通过含水层的地下水流
c坡面漫流
d水流及物质、生物传输
e河水侧向溢流及物质、生物传输
f堤防内储水
g地表水-地下水物质、生物交换

图 1-1　三流四维连通性生态模型

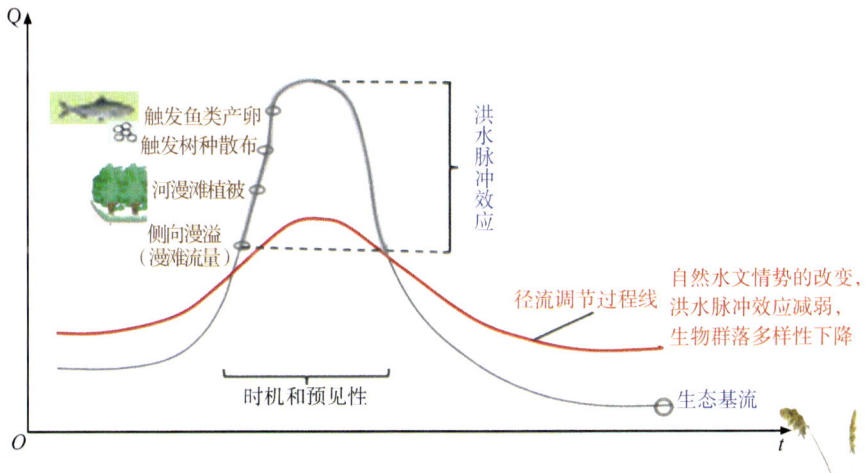

图 1-2　河流脉冲驱动力效应

1.1.3.2　引水式电站的生态胁迫

我国小型水电站主要分布在丘陵山区，超过 50% 为引水式电站。引水式电站造成闸坝与厂房之间的河段常年或季节性断流，对厂坝间河段的生态系统造成了严重破坏。特别是山区河流梯级开发造成的累积效应，进一步加剧了生态系统退化。

引水式电站主要生态问题：厂坝河段脱流——物质流，洄游鱼类障碍物——物种流，洪水脉冲削弱——信息流（参见图 1-3、图 1-4）。

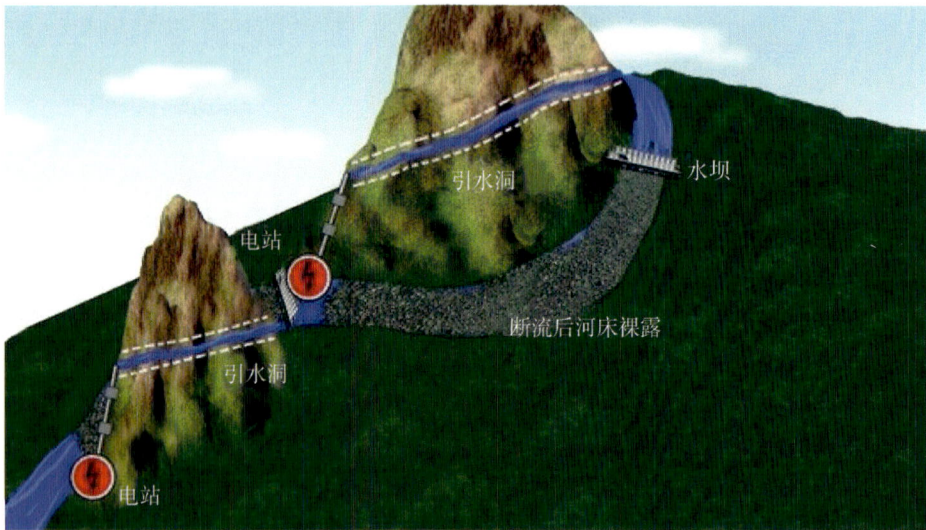

图 1-3　引水式电站造成河道断流原理图

图 1-4　水电站减水河段实例影像

1.1.3.3　落实水电站生态流量泄放

坚持生态优先、绿色发展的原则，组织开展小水电站生态流量确定、泄放设施改造、生态调度运行、监测监控等工作，切实加强农村水电站（单站装机 5 万 kW 及以下）生态流量泄放及监督管理，尽快健全保障生态流量长效机制，全面落实小水电站生态流量泄放。落实水电站生态流量泄放，是全面贯彻生态文明思想，保障河湖生态用水，推进小水电绿色发展，维护河流健康生命。为确保落实水电站生态流量泄放，应做好以下重点工作：科学确定小水电站生态流量，完善小水电站生态流量泄放设施，做好小水电站生态流量监测监控，推动小水电站开展生态调度运行，建立小水电站生态用水保障机制，强化小水电站生态流量监督管理。

1.2　生态流量主要计算方法概述

我国有关生态流量规定的水利现行行业技术标准有《水利水电建设项目水资源论证导则（SL 525—2011）》《水电水利建设项目河道生态用水、低温水和过鱼设施环境影响评价技术指南（试行）》《河湖生态环境需水技术规范（SL/Z 712—2014）》《水电工程生态流量计算规范（NB/T 35091—2016）》《江河流域规划环境影响评价规范（SL 45—2006）》等。

从 20 世纪 70 年代起，西方国家为加强河流生态保护，提出了环境流概念和评价方法，其后不断得到发展和完善，先后有流量历时曲线分析法（FDC）、Tennant 法、Q_p 法、湿周法、河流内流量增量法（IFIM）、栖息地分级评价法（HRM）、自然水流范式（NFP）、河道维护方法（CMA）、水温变化生态限度（ELOHA）等典型方法。

1.2.1　不同频率最枯月平均值法（Q_p 法）

Q_p 法以节点长系列（$n \geqslant 30$ a）天然月平均流量、月平均水位或径流量（Q）为基础，用每年的最枯月排频，选择不同频率 P 的最枯月平均流量、月平均水位或径流量作为节点基本生态环境需水量的最小值。频率 P 根据河湖水资源开发利用程度、规模、来水实际情况确定，常采用的频率 90% 或 95%，分别表示为 Q_{90} 和 Q_{95}，分别表示概率为 90%、95% 的最枯月平均流量。

1.2.2　流量历时曲线分析法

利用历史流量资料构建各月流量历时曲线，将某个累计频率相应的流量 Q_p 作为生态流量，频率 P 通常可取 90% 或 95%。Q_{90} 为通常使用的枯水流量指标，为警告水资源管理者的危险流量条件的临界值；Q_{95} 为极端低流量指标，为保护河流的最小流量。该方法在使用时，应分析至少 20 a 的日均流量资料，适用于具有长系列日均流量资料。

1.2.3　Tennant 法（蒙大拿法）

Tennant 法是目前世界上应用最广泛的方法，它是由美国学者 Tennant 和美国渔业野生动物协会于 1976 年共同开发。Tennant 调查了美国 21 个州溪流的物理、生物和化学数据，Tennant 用天然流量的多年平均流量的百分数作为基流标准。根据基流量级，鱼类栖息地质量分级，并且假设在特定河流中维持不同量级的基流，就能维持不同质量状况的鱼类栖息地，其状况从"最佳"（年平均流量 60%~100%）直到"严重退化"（年平均流量 0~10%）共 7 个等级。根据季节变化，年度分丰枯两段，即丰水季和枯水季。因此把年度分为各 6 个月的两段，10 月至翌年 3 月为枯水季，4—9 月为丰水季，对百分数比例有所调整。Tennant 法还设置了河流暴涨状态，以体现洪水脉冲效应，维持栖息地质量（表 1-2）。

表 1-2　为维持栖息地不同质量水平所需基流

流量分类/栖息地质量	年平均流量的百分比	
	10 月至翌年 3 月（年内较枯时段）	4—9 月（年内较丰时段）
暴涨或最大	年平均流量的 200%	
最佳	年平均流量的 60%~100%	
极好	40%	60%
非常好	30%	50%
好	20%	40%
中等或差	10%	30%
差或最小	10%	10%
严重退化	年平均流量的 0~10%	

概括说，Tennant 法就是将年平均流量的百分比作为生态流量。对于大多数水生生物体来说，10% 的平均流量是建议的支撑短期生存栖息地的最小瞬时流量；对一般河流而言，60%~100% 的河流流量可以为水生生物提供优良的生长环境，30%~60% 的河流流量一般是令人满意的；对于大江大河，5%~10% 的河流流量可以满足一般要求，是保持绝大多数水生物短时间生产所必需的瞬时流量。Tennant 法计算基流的基准是自然水流。所谓自然水流是指大规模开发水资源以前的水流。在计算基流时，不但需要有足够长的水文序列，而且需要在长序列中选择合理的时段。无论是枯水季还是丰水季，计算基流的基准都是天然流量的全年平均流量，而不是"同时段多年平均天然流量百分比"。

1.2.4　dQT 法

重现期为 T 年可能发生一次，连续日最小流量均值。典型的有 7Q10 法，又称最小流量法，称为 10 a 重现期，连续 7 d 最小流量值，作为基本生态环境需水量的最小值。通常选取 90%~95% 保证率。适用于流量较小，且开发利用程度较高的河流，适用于具有长系列日均流量资料的河流。

1.2.5 Q_P 湿周法

利用 Q_P 湿周作为水生生物栖息地质量指标，建立临界栖息地湿周与流量的关系曲线，根据湿周流量关系中的拐点对应流量作为河流的基本生态流量。适用于河床形状稳定的宽浅型中小型河道，需要配合一定的现场勘测工作，操作相对复杂。

1.3 河流生态环境需水量

1.3.1 基本要求

（1）合理确定河流生态环境需水量计算范围、控制断面及生态保护目标，选择合适的方法计算和成果合理性分析。

（2）维护河流的生态环境功能与统筹协调解决河道外经济社会用水需求的矛盾。制订维持河流生态环境功能目标，按照保护目标要求计算生态环境需水量。根据河流生态环境功能、生态状况及河流的开发利用程度，计算确定基本生态流量和目标生态流量。

（3）河流控制断面生态环境需水量计算应遵循资料收集调查与生态状况分析、河流计算控制断面选择和生态保护目标确定、控制断面基本生态流量计算、控制断面目标生态流量计算、成果合理性分析的程序。

1.3.2 分析生态状况与保护目标

1.3.2.1 范围确定

合理确定生态环境需水量计算的河流（河段）范围，并应符合下列要求：

（1）水资源综合规划、流域综合规划和相关专业规划范围内的主要江河干流及重要支流，以及有重要生态敏感保护目标的河流（河段），应进行生态环境需水量计算。

（2）大中型水利工程设计、调度管理应根据对河流生态环境功能和生态敏感保护目标可能产生影响的范围，以及下游汇水条件等因素，确定生态环境需水量计算河段的范围。

1.3.2.2 控制断面选择

根据生态保护要求和基础资料条件，选取具有代表性的河流控制断面。控制断面宜选取在水文监测断面，省界控制断面，重要水利工程控制断面，重要城市控制断面，重要生态敏感保护目标河段、出入湖泊（沼泽）控制断面及入海河流河口等。较长或水文情势复杂的河流（河段）应选择多控制断面。河流计算控制断面选择应重视以下6个方面：

（1）水文站布设，主要选择河流的水文控制断面、支流汇入口，有水文资料和水量变化较大的河段。

（2）生态敏感保护目标，生态敏感保护目标资料包括主体功能区规划、生态保护红线、生态功能区划，与水有关的国家级及省级自然保护区、风景名胜区、水产种质资源保护区、重要湿地、湿地公园、地质公园、森林公园，世界自然遗产等特殊保护区资料；鱼类产卵场、越冬场、索饵场、洄游通道，珍稀、濒危、特有的水生动物、植物与河谷林等生态敏感与脆弱区资料，以及其他社会热点关注的涉水自然景观等社会关注区资料。

（3）水利工程，主要考虑对河流水文情势影响较大的蓄、引、提、调等水源工程，人工闸坝等。

（4）经济社会取用水，主要选择省级行政区交界断面，经济社会取用水量、排水量较大的河段，以及用水矛盾突出的河段。

（5）其他河道特征和水力条件有显著变化的河段。

（6）入海河流河口。

1.3.2.3　综合分析

根据收集和调查的基础资料，包括水资源禀赋条件，河流（河段）生态环境用水现状，结合河流开发利用历程及现状，经济社会用水和水工程建设对水文情势、河道形态和流态、水质、水生生物等的影响，综合分析河流（河段）的生态状况、存在的主要生态环境问题及原因。

具体看就是根据河流主要控制断面长系列水文资料，分析天然来水及实测径流量变化，结合经济社会取用和消耗水量变化及水工程建设运行情况，分析长系列不同时段河流主要控制断面径流过程变化和水文情势变化趋势，人为因素对河流水文情势的影响，以及水文情势变化相对应条件下河道内生态状况、存在问题及程度等。根据河湖水文情势变化，尤其是河流断流、水质恶化、湖泊沼泽萎缩等河湖生态环境问题，分析其对河湖水生生物资源状况、生物多样性及生态敏感保护目标等的影响。

1.3.2.4　确定生态保护目标

根据河流（河段）生态环境状态及存在的主要问题，结合河流生态环境功能、水资源条件和河道外用水需求，综合分析确定河流（河段）生态保护目标。生态保护目标可以按河流确定，也可以分河段确定。

为了实现水生态良性循环和河流水资源对经济社会的支撑，河流（河段）生态保护目标不仅要考虑河流（河段）一定的生态环境功能对应的用水需求，还要考虑河流（河段）水资源禀赋条件，经济社会对水资源的开发利用程度，生态环境用水现状及存在的问题，未来经济社会需求（包括河道外用水需求和河道内生产用水需求），综合分析生态保护目标及目标实现的可能性。对于不同资源条件和不同开发利用程度的河流（河段），其生态环境功能对应的用水需求目标的含义不同，有的是以维护生态环境功能为主的保护目标，有的是恢复生态环境功能的修复目标，以及保护和修复的程度等。保护目标确定应考虑以下 5 个方面：

（1）分析河流（河段）各项生态环境功能，结合河道内生产用水需求，初步拟定需要保护的主要生态环境功能及其用水需求，即河道内生态保护的需要。

（2）根据河流的水资源条件、现状开发利用程度、河道内用水现状及存在问题，以及未来河道外经济社会发展的用水需求，进行河道内外水量协调平衡分析，分析能否满足初步拟定的生态环境功能用水需求。

（3）合理确定维系主要的生态环境功能（如维持基本形态和廊道、生物栖息地、自净能力、输沙、水生生物、防潮压咸等），以此作为生态保护目标。

（4）保护目标的确定主要受水资源条件、现状开发利用程度、河道内用水现状、河道内生产用水需求，以及未来河道外经济社会发展的用水需求等因素影响，应根据需要和可能性综合分析合理确定。水资源短缺、开发利用程度高、现状生态环境问题突出的河流（河段），生态环境功能保护或修复的目标一般较低。

（5）对于流域规划等相关规划已确定生态保护目标的河流，生态保护目标可以按照已有规划进行确定。

1.3.2.5　选择计算方法

根据河流（河段）生态保护目标对应的水文过程要求，选择合适的计算方法，分别计算控制断面基本生态流量和目标生态流量。

1.3.3　河流控制断面生态环境需水量计算

1.3.3.1　基本生态流量计算

河流控制断面基本生态流量的计算，按生态基流、敏感期生态流量、年内不同时段值和全年值表述应符合下列要求。生态基流为年内需水过程中的最低值。年内不同时段值为逐月（旬、日）或非汛期、汛期（封冻期较长地区还包括冰冻期）河道中需保持的水量。全年值为年内不同时段值的水量之和。

（1）生态基流计算。

①有 $n>30$ a 长系列水文资料的河流控制断面，一般采用 Q_p 法、Tennant 法计算。原则上，丰枯变化剧烈、工程调控能力较弱的主要控制断面，可以采用 Q_p 法计算（p 取 90 或 95）；其余断面可以采用 Tennant 法计算。

②缺乏长系列水文资料的河流控制断面，可采用近 10 a 最枯月平均流量（水位）法计算，近 10 a 最枯月平均流量相当于 90%设计保证率年最枯月流量。

③比较分析多种方法计算结果，合理确定生态基流。考虑以下几个方面：a. 维持枯水河槽的水量要求，需包括塑造河道基本形态需要短期泄放大流量过程。b. 维持生物栖息地功能的最小水量，需包括鱼类产卵和洄游、种子输运、水禽繁殖等需

要短期泄放的大流量脉冲过程。c. 维持水功能区纳污能力是保护水域使用功能水质的基本要求，因此，可以将水功能区纳污能力设计水量作为维持河段自净功能的最小水量。

（2）敏感期生态流量计算。根据敏感期生态保护对象对需水过程的要求，具体确定敏感期生态流量。

①有长系列的水文、生态观测资料的河流控制断面，一般采用 BBM 法、IFIM 法、ELOHA 法计算。

②缺乏长系列水文资料的河流控制断面，一般采用类比法、原型观测法计算。

③比较分析多种方法计算结果，合理确定敏感期生态流量。

（3）年内不同时段值计算。

①可采用 Tennant 等方法计算。

②可根据保护目标所对应的生态环境功能，分别计算维持各项功能不丧失需要的水量，取外包作为年内不同时段值。各项功能主要包括：维持河流形态功能不丧失的水量，可用河床形态分析法；维持生物栖息地功能不丧失的水量，可用 Q_P 湿周法、生物空间法；维持自净功能基本要求的水量，可按照《水域纳污能力计算规程》（GB/T 25173—2010）相关规定计算。

③比较分析多种方法计算结果，合理确定基本生态流量的年内不同时段值。

（4）全年值计算。

①可采用下式计算：

$$Q_{ba} = \sum_{i=1}^{n} Q_{bi}$$

式中，Q_{ba} 为基本生态流量的全年值，以水量计，单位为 m^3。Q_{bi} 为目标生态流量年内不同时段值，包括逐月（旬、日）或非汛期、汛期值，以水量计，单位为 m^3。

②注意把相应时段的平均流量值换算成水量值，用公式计算全年值的水量，得到全年平均流量，即为基本生态流量的全年值。

1.3.3.2　目标生态流量计算

河流控制断面的目标生态流量，应按照保护目标对应的生态环境功能维持在正常水平的需水量要求，综合考虑河道内生产用水需求，计算年内不同时段值和全年值。年内不同时段值和全年值计算应符合下列要求。（相关部门关于河流输沙、水生生物需水等单项、多项或综合性生态环境需水研究成果，经合理性分析后，可以直接采用或计算时做参考）

（1）年内不同时段值计算。

①可采用 Tennant 法、频率曲线等方法计算。

②可根据保护目标所对应的生态环境功能，分别计算正常发挥各项功能需要的水量，取外包值作为年内不同时段值。水生生物需水量可选用生物需求法，当水生

生物保护物种为多个时，应分别计算各保护物种的需水量，并取外包值。输沙需水量计算可选用输沙需水计算法，或对相关部门的输沙需水研究成果，经合理性分析引用。河流含沙量、输沙量可按照《河流悬移质泥沙测验规范》（GB 50159—2015）要求测定和收集。自净功能需水量可根据河流（河段）水功能区不同时段或不同水期的水质要求，选择与之匹配的水文设计条件进行计算。水生生物需水量是指具有珍稀、濒危、特有鱼类及其他水生动植物物种的河流、河段，应按照维持珍稀、濒危、特有物种良好生存、繁衍条件对应的水量及过程要求计算。自净功能需水量应根据对河流自净功能的要求（如水质），合理确定不同时段或水期（丰水期、平水期、枯水期或汛期、非汛期）的设计水（流）量，作为维持水体自净功能的需水量。

③比较分析多种方法计算结果，合理确定目标生态流量的年内不同时段值。

（2）全年值计算。

①可采用下式计算：

$$Q_{ta} = \sum_{i=1}^{n} Q_{ti}$$

式中，Q_{ta} 为目标生态流量的全年值，以水量计，单位为 m^3。Q_{ti} 为目标生态流量年内不同时段值，包括逐月（旬、日）或非汛期、汛期值，以水量计，单位为 m^3。

②注意将相应时段的平均流量值换算成水量值，用公式计算全年值的水量，得到全年平均流量，即为目标生态流量的全年值。

1.3.3.3 生态环境需水量计算应考虑的因素

（1）由于水资源开发利用程度高，造成常年断流的平原河流，以维持一定的入水量，或保证部分河段槽蓄等要求，此情形下只确定基本生态流量。

（2）丰枯变化较大的河流，数据获得性较好，宜采用多种方法计算生态环境需水量，并经合理性分析确定。

（3）季节性河流，只计算非断流期的生态环境需水量。

（4）水资源较为丰沛、生态保护等要求较高的河流，可适度采用较高标准确定生态环境需水量。

（5）内陆河生态环境需水量应考虑维持沿河植被需水量和尾闾湖泊的需水量。沿河植被需水量可根据维持沿河一定范围内的地下水水位或埋深等要求，采用潜水蒸发等方法计算。尾闾湖泊需水量应统筹考虑维持合理湖水水面及靠湖水补给维持的湖岸带植被、周边地下水一定水位的需水要求，经综合分析确定。内陆河一般是山区产流、平原消耗，山区产生的径流不仅要输送至尾闾湖泊，还要维持河流下游沿岸和尾闾湖泊周边天然绿洲所需的地下水位。内陆河沿岸天然植被是干旱区生态系统的重要组成部分，主要依赖内陆河地表水和入渗补给地下水生存，因此，河流沿岸天然植被生态环境需水量也要包括在内陆河生态环境需水量的计算中。沿河植被生态环境需水量计算的常用方法，有潜水蒸发法、植物蒸散发量法、水量平衡法、生物量法等。内陆河生态环境需水量计算，一般按天然年均径流量的 50%左右进行宏观控制。具体计算时，要根据生态保护目标要求，结合自然条件、河流特点、开发利用现状和未来需求，经综合分析后确定。

（6）河口生态环境需水量计算。根据河口的生态环境功能，结合河流水资源条件和开发利用程度合理确定，也可对相关部门研究成果经合理性分析后引用。河口生态环境需水量的计算，按基本生态流量、目标生态流量表述应符合下列要求：

①基本生态流量采用入海水量法计算，或根据保护目标所对应的生态环境功能，分别计算维持河口各项功能不丧失需要的水量，取外包值求得河口基本生态流量。入海水量及其变化与河口生态环境功能和状况密切相关。因此，利用水文资料计算河口生态环境需水量主要以入海水量分析为基础。

②目标生态流量应通过河口生态—水文过程分析，根据维持河口水沙、水生生物、水盐平衡等生态环境功能和良好生态状况对入海水量的需求，分别采用河口输沙需水计算法、生物空间法、河口盐度平衡需水计算法等方法，并综合考虑河口河道内生产用水需求，进行计算。对于防治河岸侵蚀有需求的河流，还应根据要求计算对水沙过程的需求。

（7）应对河流控制断面生态环境需水量计算结果的合理性进行分析检验，并符合下列要求：

①宜采用两种及两种以上方法，分析比较计算结果，并考虑区域水资源条件和经济社会发展用水需求，合理确定河流控制断面生态环境需水量。

②河流控制断面生态环境需水量与河流控制断面实测径流量、天然径流量、控制断面以上河道外用水及耗损量等进行平衡分析比较，河流控制断面生态环境需水量计算结果不宜大于相应时段的河流控制断面多年平均天然径流量。

③河口生态环境需水量，应综合分析河流来水和经济社会耗水，河口盐度、水质、形态、生态状况等。河口生态环境需水量计算结果不宜大于多年平均实测入海水量。这里的"经济社会耗水"是指在输用水过程中，通过蒸腾蒸发、产品带走、居民和牲畜饮用等，以及补给地下含水层而不能回归到地表水体的水量。

④比较分析同一条河流各控制断面计算成果，检验各控制断面计算成果的合理性。

1.4　河流水系生态环境需水量

在河流控制断面、湖泊、沼泽计算得到的生态环境需水量的基础上，按河流水系的完整性，统筹协调流域上下游与干支流，以及河流控制断面、湖泊、沼泽生态环境需水量的水量平衡关系，并进行保护要求与水源条件、目标要求与可达性等方面的协调平衡，在河流水系尺度上合理确定河流控制断面、湖泊、沼泽生态环境需水量，进而分析确定河流水系的生态环境需水量。河流水系生态环境需水量计算，应首先完成河流控制断面、湖泊和沼泽生态环境需水量计算及成果汇总，然后计算河流水系生态环境需水量，并进行成果合理性分析检验。

1.4.1 基本生态流量和目标生态流量计算平衡要求

河流水系基本生态流量和目标生态流量计算，应根据河流水系整体性和水量平衡要求，并综合考虑下列平衡关系：

（1）上下游、干支流控制断面生态环境需水量之间的协调平衡。

（2）河流控制断面、湖泊、沼泽生态环境需水量之间的协调平衡。

（3）内陆河河流控制断面与尾闾湖泊生态环境需水量之间的协调平衡。

（4）由于内陆河的生态环境需水量不仅包括维持河道内自然和生态环境功能的需水量，还包括维持河流两岸完全依靠河川径流量补给的地下水生存的沿河植被的需水量，内陆河的基本生态流量全年值与目标生态流量基本相等。

1.4.2 基本生态流量计算要求

河流水系基本生态流量计算，应符合下列要求：

（1）同一条河流应在上下游各控制断面年内不同时段值和全年值的平衡协调基础上，按从下游到上游的顺序，取各控制断面基本生态流量的外包值作为该河流的基本生态流量。

（2）同一个水系应在干流和各支流基本生态流量计算的基础上，按先干流、后支流顺序，根据干流基本生态流量的要求，进一步协调各支流的基本生态流量。

（3）与河流存在水力联系的湖泊、沼泽的生态环境需水量应纳入所在河流水系统一考虑。

（4）应以协调后的成果作为河流水系基本生态流量。

（5）利用实测径流量，对基本生态流量计算成果进行检验，验证其在实际调度中的可达性，科学合理确定基本生态流量。

1.4.3 目标生态流量计算要求

河流水系目标生态流量计算，应符合下列要求：

（1）同一条河流应在综合协调上下游各控制断面目标生态流量的基础上，自下而上取各控制断面目标生态流量的外包值，并与该河流河道内生产需水和河道外用水需求协调平衡后，合理确定河流水系的目标生态流量。

（2）同一水系应在综合协调干流目标生态流量的基础上，结合各支流目标生态流量、河道内生产需水和河道外用水需求，协调平衡确定各支流的目标生态流量。

（3）有入海水量要求或尾闾入湖水量要求的河流水系，可根据入海（入湖）水量要求，结合经济社会用水消耗和水量平衡分析，推算河流水系的目标生态流量。

（4）对于目前水资源开发利用程度较高，现状断流（干涸、萎缩）严重，水资源条件难以满足要求的河流水系，可只确定基本生态流量。

1.4.4　合理性分析

综合分析控制断面与河流水系、河湖生态环境需水与河道内生产需水、河湖生态环境需水与河道外经济社会用水需求的关系，分析评价河流水系生态环境需水量计算结果的合理性。

河流水系生态环境需水量计算结果合理性检验主要包括：

（1）根据河流水系生态环境需水量计算结果，检查支流、干流控制断面、湖泊、沼泽生态环境需水量及过程之间的协调平衡。

（2）检查干支流生态环境需水量与河道内生产需水量之间的协调平衡。

1.4.5　河流水系生态环境需水量参考阈值

不同类型河流水系生态环境需水量参考阈值见表1-3。

表1-3　不同类型河流水系生态环境需水量参考阈值

河流类型		开发利用程度					
		高		中		低	
		基本[a]	目标[b]	基本[a]	目标[b]	基本[a]	目标[b]
大江大河	北方	10~20	30~40	15~25	35~45	≥25	≥50
	南方	20~30	60~75	25~30	65~75	≥30	≥75
较大江河	北方	10~15	30~40	10~20	30~45	≥20	≥45
	南方	15~30	55~65	20~30	60~70	≥30	≥70
中小河流	北方	5~10	30~35	10~20	30~40	≥20	≥40
	南方	15~25	45~55	20~30	50~60	≥25	≥60
西北干旱内陆区		—	30~40	—	35~45	—	≥45
青藏高原区		—	—	25~30	65~75	≥30	≥75

注：表中值为"生态环境需水量/地表水资源量比例"。a为基本生态流量，b为目标生态流量。

河流水系生态环境需水量参考阈值，可供水资源调查评价、水资源综合规划和较宏观尺度的专业规划，对河流水系生态环境用水和经济社会用水统筹安排和调配时参考使用。大中型水工程设计和调度管理，由于对生态环境需水工作深度要求较高，一般通过实际计算求得，并与参考值对照比较。

根据流域面积和水文节律，流域面积 10 万 km² 以上为大江大河；流域面积 1 万~10 万 km²，多年平均径流量 $Q \geq 150$ m³/s 或年径流变差系数 $C_v < 0.3$ 的河流为较大江河；流域面积小于 3 000 km²，多年平均径流量 $Q < 150$ m³/s 或年径流变差系数 $C_v \geq 0.3$ 的河流为较小河流；其余为中等河流。

根据水资源条件，分为北方河流和南方河流。北方河流包括松花江、辽河、海河、黄河、淮河、西北诸河 6 个水资源一级区河流；南方河流包括长江、珠江、东南诸河、西南诸河 4 个水资源一级区河流；内陆河在西北诸河区中单列。

根据水资源开发利用程度，分为高、中、低开发利用河流。经济社会用水消耗本地地表水资源量不大于 20% 的为低开发利用河流，大于 20% 且不大于 40% 的为中开发利用河流，大于 40% 为高开发利用程度河流。

根据开发利用程度和河流特征，河流大体上可分为三类：基本保持自然状态的河流；开发利用程度未超过水资源承载能力的河流；开发利用程度超过水资源承载能力的河流。三类河流的生态保护要求和目标生态流量要区别对待，进行分类管理。

低开发利用程度、基本保持自然状态的河流，应该以维护河流的自然和生态环境功能为主，从严控制河流开发利用率。未来河道外经济社会耗水率控制在 20% 范围内，河流目标生态流量比例维持在 80% 左右。

中等开发利用程度、人类活动有一定影响，但开发利用程度尚未过度的河流，在注重保护河流生态环境的基础上，实现合理开发、有序开发。未来河道外经济社会耗水率控制在 20%~40% 范围内，河流目标生态流量比例维持在 60%~80%。我国的大多数河流都属此类。

高开发利用程度、人类活动影响较大，开发利用过度的河流，重点解决经济社会用水与河流生态环境用水的矛盾，恢复河流的自然和生态环境功能，未来河流目标生态流量比例维持在 40%~60%。

对一般河流而言，河流流量占年平均流量的 60%~100%，河宽、水深及流速能为水生生物提供优良的生长环境。河流流量占年平均流量的 30%~60%，河宽、水深及流速均佳，大部分边槽有水流，河岸能为鱼类提供活动区。

对于大江大河，河流流量占年平均流量的 5%~10%，仍有一定的河宽、水深和流速，可以满足鱼类洄游、生存的一般要求，可以作为保持绝大多数水生物短时间生存所必需的最低流量。

分区生态流量和基本生态流量参考范围见表 1-4。

根据水文条件及生态特征，分区为东北寒区、黄淮海半湿润区、东部湿润区、青藏高原区、西北内陆区。东北寒区包括松花江、辽河 2 个水资源一级区河流；黄淮海半湿润区包括黄河（龙羊峡以下）、淮河、海河 3 个水资源一级区河流、东部湿润区包括长江（金沙江以下）、珠江、东南诸河、西南诸河（红河流域）4 个水资源一级区河流；青藏高原区包括长江（金沙江以上）、黄河（龙羊峡以上）、西南诸河（除红河外）、西北诸河（羌塘高原区）4个水资源一级区河流；西北内陆区包括西北诸河（不含羌塘高原区）河流。

表 1-4　分区生态基流和基本生态流量参考范围

分区	分类	生态基流	基本生态流量
东北寒区	水资源较丰沛、工程调控能力较强	≥8	≥15
	水资源开发利用程度较高，用水矛盾突出	≥3	≥8
黄淮海半湿润区	开发利用程度较低的山区河段	5~10	≥10
	开发利用程度较高的山区河段	2~5	≥8
	平原断流干枯萎缩严重的河段	根据水资源条件分阶段制订入海水量和平原河段槽蓄水量目标要求	
东部湿润区	水资源开发利用程度不高	≥15	≥25
	开发利用程度较高的支流部分河段	≥10	≥20
	水电开发程度较高的中小河流	≥8	≥15
青藏高原区	受人类活动影响较小的河湖	≥20	≥30
	水资源开发利用程度相对较高的	≥15	≥25
西北诸河	开发利用程度较高的河流		≥15
	开发利用程度较低、水源补给条件较为稳定的河流		≥30
	下游河谷林草漫滩生态流量和入尾闾湖泊		

根据工程调控能力，分为强、弱调节能力河流。径流调节能力大于30%且以年、多年调节水库为主的河流为强调节能力河流；径流调节能力小于30%且以月调节或没有工程调控能力的河流为弱调节能力河流。

根据各分区水资源条件、开发利用程度、工程调控能力以及生态保护要求和水资源供需态势，生态环境需水量确定方法主要为：

（1）缺水地区、开发程度较高及水文节律变幅大的河湖：在满足经济社会发展对水资源合理需求基础上，根据水源条件，平衡经济社会用水和生态环境用水要求，按照保持河流水体连续性以及重要生态敏感保护对象用水的要求，合理确定生态环境需水量。

（2）水资源开发利用过度造成常年断流（干涸）的河湖：结合相关规划确定的水资源配置方案，分析河湖分阶段生态修复治理目标，合理确定不同水平年的生态环境需水量目标。

1.5 生态流量核定

生态流量核定总的原则是：小水电站的生态流量，按照流域综合规划、水能资源开发规划等规划及规划环评，项目取水许可、项目环评等文件规定执行；上述文件均未作明确规定或者规定不一致的，由有管辖权的水行政主管部门会同同级生态环境主管部门确定；其中以综合利用功能为主或位于自然保护区的小水电站生态流量，应组织专题论证，征求有关部门意见后确定。

1.5.1 水电站生态流量核定原则

按照不同河流特征、不同生态需求，合理确定生态流量核定断面，合理确定生态流量计算方法，合理核定生态流量。

水电站生态下泄流量，应统筹考虑上下游生态下泄流量的合理性，下游生态及其他用水需求，根据流域面积和水文节律划分的河流类型，根据水资源开发利用程度划分的高、中、低开发利用河流，根据水资源条件划分的南方和北方河流，根据水文条件及生态特征划分的东北寒区、黄淮海半湿润区、东部湿润区、青藏高原区、西北内陆区等河流特征，综合分析确定水电站所在断面生态流量。

1.5.2 水电站生态流量的量化现状

全国每座水电站所在流域的河流差异性较大，历史沿革也比较复杂，目前国家层面未能对水电站应下泄的生态流量做出明确、统一的规定。水电站生态流量主要存在 3 种情况：一是水电站所在流域开展了综合规划及规划环评工作，在其批复文件中有明确的量化标准；二是水电站建设时开展了水资源论证（取水许可）和项目环评工作，在其批复文件中有明确的量化标准；三是流域综合规划及规划环评报告和项目水资源论证（取水许可）和环评报告均未明确。

1.5.3 水电站生态流量核定办法

各地综合河流需水情况，按需制订河流水量生态调度和电力梯级联合调度方案，落实水电站生态流量下泄过程。鉴于水电站生态流量的量化现状，电站生态流量核定视具体情况按照以下分类核定。

（1）在核定水电站生态流量时，水电站所在流域的综合规划及规划环评，水资源论证（取水许可）、环境影响评价等项目前期论证设计报告及其批复文件，从保证上下游生态下泄流量的衔接及合理性考虑，批复文件已明确电站生态下泄流量的，直接采用批复成果。存在不一致的或没有规定的，由具有所在河道管理权限的水行政主管部门与同级生态环境主管部门协商确定。

（2）2003年之前建设的水电站，由于《环境影响评价法》尚未实施，绝大多数电站未明确生态流量泄放标准；部分2003年之后建设的水电站由于各种原因，也未明确生态流量。对于这些水电站，执行现行技术标准计算生态流量，本书关于生态流量的确定可供实践中参考。

（3）位于自然保护区的小水电生态流量，或位于重要生态敏感保护目标的河流（河段），应专题论证核定其生态流量。

（4）以综合利用功能为主的小水电站，水电站取水量、取水方式发生改变时，或流域规划调整和电站坝址上下游生态需求发生变化时，需要根据改变后的电站运行参数或生态环境要求重新核定生态流量。

（5）水电站生态流量核定工作按照属地化管理原则，由具有所在河道管理权限的水行政主管部门会同同级生态环境部门联合核定；核定成果由县（市、区）水利和环保部门联合行文逐级上报上级水利、环保部门备案，并通知业主单位遵照执行。省级水利和环保部门负责生态流量核定的技术指导、检查督导工作。

1.6　生态泄流设施

水电站生态流量泄放设施，必须符合国家有关设计、施工、运行管理相关标准，建设、运营等不得对主体工程造成不利影响。应当按照"因地制宜、安全可靠、技术合理、经济适用"的原则，选择生态泄流设施和流量泄放方式，主要采取优化调度运行方式生态泄流、利用已有建筑物生态泄流、新增生态泄流设施3种方式。

1.6.1　优化调度运行方式生态泄流

优化小水电站调度运行方式，推动小水电站开展生态调度运行。

（1）按照"兴利服从防洪、区域服从流域、电调服从水调"的原则，建立健全干支流梯级水电站联合调度或协作机制，统筹协调上下游水量蓄泄方式，协同解决好全流域生态用水问题。以综合利用功能为主的小水电站，要统筹供水、灌溉用水要求开展生态调度运行。

（2）对枯水期河流水文情势影响大的小水电站，应当改变发电运行方式，推动季节性限制运行。当小水电站取水处的天然来水小于或等于生态流量时，天然来水流量应当全部泄放；当来水小于生态流量与最小引水发电流量之和时，优先保障生态流量，必要时还应当停止发电。

（3）县级水行政主管部门应当会同生态环境部门，以河流或县级区域为单元，对小水电站生态流量泄放情况进行评估，根据河流来水条件和来水过程，结合鱼类、湿地等敏感保护对象的不同时段用水需求，在维护河流生态系统健康的基础上，提出取水许可审批监管和生态调度运行要求。小水电站按此要求优化调度运行方式，合理安排拦河设施的下泄水量和流量过程，重点保障枯水期及鱼类繁殖期等特殊时期下游基本生态用水需要。

（4）发电下泄流量能够满足河道生态流量的堤坝式水电站，可不专门设置泄流设施。可根据上游来水情况、调节库容和发电机组出力等，优化水库调度运行，保证电站至少有1台机组不间断运行，通过基荷或反调节调度泄放流量，满足下游河道生态流量需求。但在特殊时段应利用枢纽泄洪闸、底孔、泄流洞、放空洞等设施泄放流量。

1.6.2 利用已有建筑物生态泄流

发电下泄流量不能满足河道生态流量的水电站，如果电站的引水、泄水、冲沙、放空等建筑物具有改造条件，可充分利用改建成生态泄流设施，常用以下几种方式：

（1）利用拦河闸坝的工作闸门控制开度泄放所需生态流量。闸门的开度通过闸孔泄流公式计算确定，通过闸门行程控制仪或在闸底板设置限位墩（混凝土墩）等控制。

（2）利用水库溢洪道工作闸门改造满足电站生态泄流要求。从枢纽工程布置的实际出发，在溢洪道工作闸门上设置门中门或舌瓣门，利用安装启闭设备调节门中门或舌瓣门的开度控制下泄流量。

（3）利用大坝原有的导流底孔、冲沙孔、水库放空孔等，改造成为泄流孔，并在泄流孔上安装控制阀，通过调节阀门开度控制下泄流量，满足电站生态泄流要求。控制阀宜布置在泄流孔末端。生态泄流孔的泄流能力，按照最低水位设计。生态泄流控制阀应选择与泄流孔（洞）相匹配的尺寸，最低水位、阀门全开时的泄流流量应不小于核定的电站最小生态流量。全开时阻力特性可按以下公式计算确定。

$$\frac{H}{Q^2} = \frac{Ln^2}{R^{4/3}A^2} + \frac{\Sigma\zeta + \zeta_k + x}{2gA^2}$$

$$\zeta_k = \frac{2gA^2H_r}{KQ_r^2}$$

式中，ζ_k 为泄流阀全开时的阻力系数；H_r 为泄流阀全开时的作用水头（m）；Q_r 为泄流阀全开时的过流流量（m³/s）；K 为大于1的系数，宜取 $K \geq 1.1$（当 $K=1$ 时，表示计算的流量等于生态流量）。

应根据生态泄流控制阀相连接的孔口阻力及泄流阀过流特性，计算出不同水位情况时满足生态流量泄放要求的阀门开度，绘制水位开度曲线，作为运行控制的依据。

（4）改造电站的引水建筑物泄放生态流量。对于渠道式引水电站，在电站的近坝端引水渠道修建侧堰或埋设管道下泄生态流量；对于隧洞式引水电站，可根据实际情况，利用原有的近坝施工支洞改造或新挖泄流支洞，并在泄流洞出口安装管道和控制阀，通过调节阀门开度控制下泄流量，满足电站生态泄流要求。如果技术经济是合理可行的，可结合泄流设施改造，在泄流管（或泄流洞）出口建造生态电站，通过生态机组长期正常运行泄水，满足电站生态泄流要求。

①渠道式引水电站生态流量泄放的设计，一般宜采用在电站的近坝端引水渠道修建侧堰或埋设管道下泄生态流量。

渠道侧堰是采用表孔堰流的方式泄放生态流量，具有自由液面，侧堰孔口过流断面尺寸可按以下公式计算确定，公式适用于侧堰段渠道为矩形断面，且渠内水流为缓流工况，见图1-5。

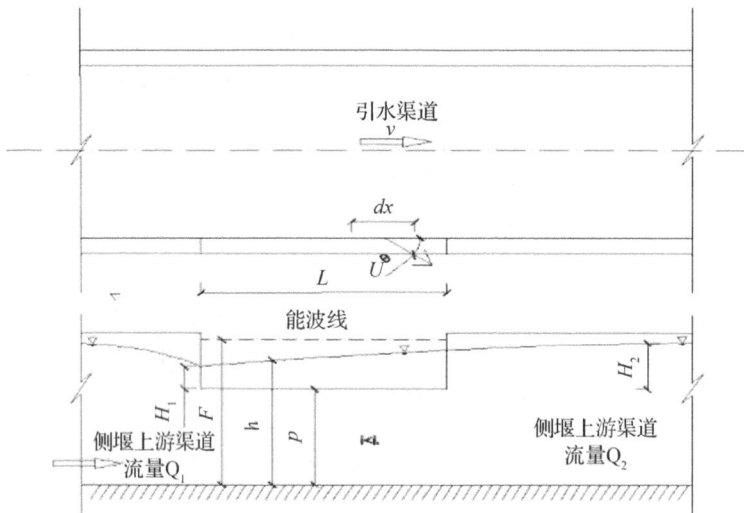

图 1.5　渠道侧堰泄流示意图

$$Q_L = \overline{m_L} L \sqrt{2g} \overline{H}^{\frac{3}{2}}$$

$$\overline{m_L} = (0.9 \sim 0.95) m_0$$

式中，Q_L 为水电站应下泄的最小生态流量（m³/s）；m_L 为侧堰的流量系数；m_0 为正堰的流量系数；$\overline{H}$ 为侧堰的堰上水头，用堰首末端水头的平均值表示（m），$\overline{H} = \dfrac{1}{2}(H_1 + H_2)$；$L$ 为顺渠道水流方向侧堰的孔口长度（m）。

为保证任何情况均能满足泄流要求，计算时应取电站运行时渠道可能出现的最低水位对应的最小堰上水头。侧堰流量系数取值见《水电站引水渠道及前池设计规范》（SL 205—2015）。

在渠道侧壁上埋设管道有压泄流，进水口孔口管底至渠道最低运行水位不小于1.5倍管径，当孔口淹没深度小于 1.5D 时，可能引起吸气漩涡，造成过流不足。泄流管道宜采用圆形钢管，管道的断面尺寸可按以下公式计算确定，见图1-6。

图 1.6 渠道侧壁埋管泄流示意图

$$Q = \mu_c A \sqrt{2g} H^{\frac{1}{2}}$$

$$\mu_c = \frac{1}{\sqrt{\lambda \dfrac{L}{D} + \sum \zeta}}$$

式中：Q 为水电站应下泄的最小生态流量（m³/s）；μ_c 为管道泄流流量系数；A 为管道断面面积（m²）；D 为管道内径（m）；L 为管道计算长度（m）；H 为自由出流时为不计行近流速水头的作用水头，淹没出流时为上下游水位差（m）；λ 为管道沿程水头损失系数；n 为管道粗糙系数，钢管取 0.012；$\sum \zeta$ 为包括管道出口水头损失系数在内的计算段中各局部水头损失系数之和。

1.6.3 新增生态泄流设施

电站现有设施不具备改造条件，可根据枢纽工程总布置、主要建筑物结构特点和电站的运行特性等，采取以下几种方式经技术经济方案比选，新增生态泄流设施。

（1）在大坝下游建造生态电站，通过生态机组长期正常运行来满足电站生态泄流要求。

（2）如果经技术经济方案比选，不宜安装生态机组，可在坝后厂房机组进水控制阀前和尾水管之间增加旁通管，并在旁通管上安装泄流控制阀，通过调节阀门开度满足下泄生态流量。

（3）对于引水式（含混合式）电站，可采取新增泄流设施，从水库取水满足电站生态泄流需求。一般采取在坝体或岸坡坝段开凿生态泄流孔、越坝安装生态虹吸管、越坝安装人工抽水装置等形式。

①生态泄流孔。在坝体开凿生态泄流孔，布置如图 1-7 所示。

应在坝体开凿中孔或底孔，保持以有压流泄放生态流量。生态泄流孔进水口在布置上，宜避开泥沙、漂浮物聚集的回流区，进水口应布置在水库正常运行最低水位 1.5 m 以下，出水口宜布置在大坝下游水位以上，保持在水库正常运行时为自由

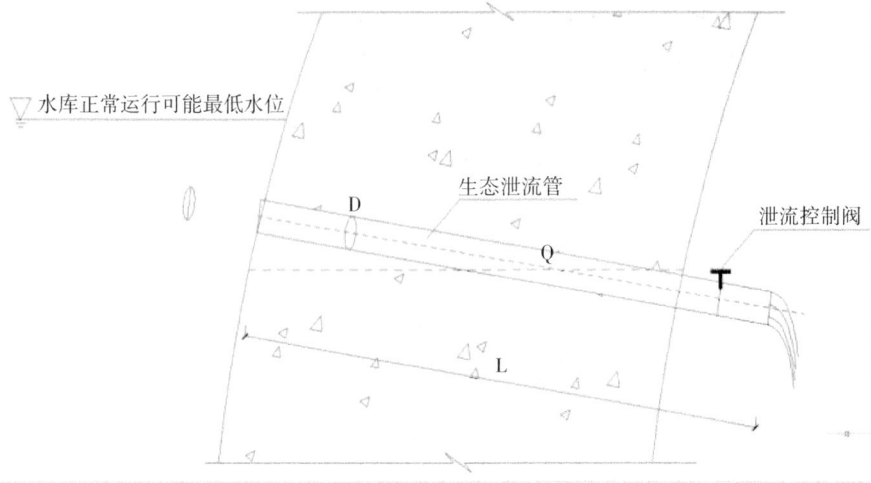

图 1-7   坝体安装生态泄流管布置示意图

出流状态。生态泄流孔宜布置在坝体应力较小（正常运行工况）的部位，确定不会因坝体开孔降低大坝的结构安全。开凿坝体生态泄流孔，应尽量开小孔，泄流量较大的可多孔布置。

坝体开孔安装生态泄流管，一般适用于混凝土坝、浆砌石坝。坝体开凿生态泄流孔包括穿坝开孔、孔内安装泄水管、出口安装泄流管和泄流控制阀等工序。穿坝开孔宜采用回转式钻机钻孔（金刚石钻头），不可采用冲击式钻机，避免因开孔震动破坏坝体结构。生态泄流管与坝体开孔之间的间隙，应采用高压接缝灌浆等有效措施回填密实，避免正常运行时出现渗漏。由于缝隙较小，通常采用回填微膨胀混凝土、微膨胀砂浆等措施，如仍然不好处理，可预埋灌浆管，用高强度砂浆封堵两端孔口，然后用水泥高压灌浆回填密实。

综合考虑工作压力、防腐、防锈、安装方便以及经济性等因素，坝体生态泄水管宜采用钢管、不锈钢管等材料，圆形断面。根据布置方式和生态流量，泄水管的孔口过流断面尺寸可按以下公式计算确定。

$$\frac{H}{Q^2} = \frac{Ln^2}{R^{4/3}A^2} + \frac{\sum \zeta + x}{2gA^2}$$

$$R = D/4$$

$$A = \pi D^2/4$$

式中，Q 为水电站应下泄的最小生态流量（m^3/s）；H 为孔口最小作用水头，自由出流时为上游水位与出口中心高程的差（m）；L 为管道计算长度（m）；n 为管道粗糙系数，钢管建议取 0.012；R 为水力半径（m）；A 为管道断面面积（m^2）；ζ 为局部水头损失系数；x 为出流系数，自由出流时取 1；D 为管道内径（m）。

第一个公式适用于任何断面的管道，第二个、第三个公式只适用于圆形管道。

选择布置形式，通过调整 H 或管道直径 D，直到满足下泄生态流量要求。试算时注意，式中 H 应为水库正常运行时上游可能出现的最低水位时的作用水头，H 取值应确保任何情况下泄流能力不小于要求的最小生态流量。

②生态虹吸管。土石坝、拱坝等不宜开孔的坝体，可采用生态虹吸管泄放生态流量。生态虹吸管利用虹吸原理，通过跨越坝体的管道和辅助设施，将坝（闸）上游水体引流无节制泄放至坝（闸）下游，适用于坝体不宜开孔且上游最低运行水位至坝顶距离较小的电站。

生态虹吸管宜采用单一特性的圆形断面管道如图1-8，孔口过流断面尺寸可按以下公式计算确定。

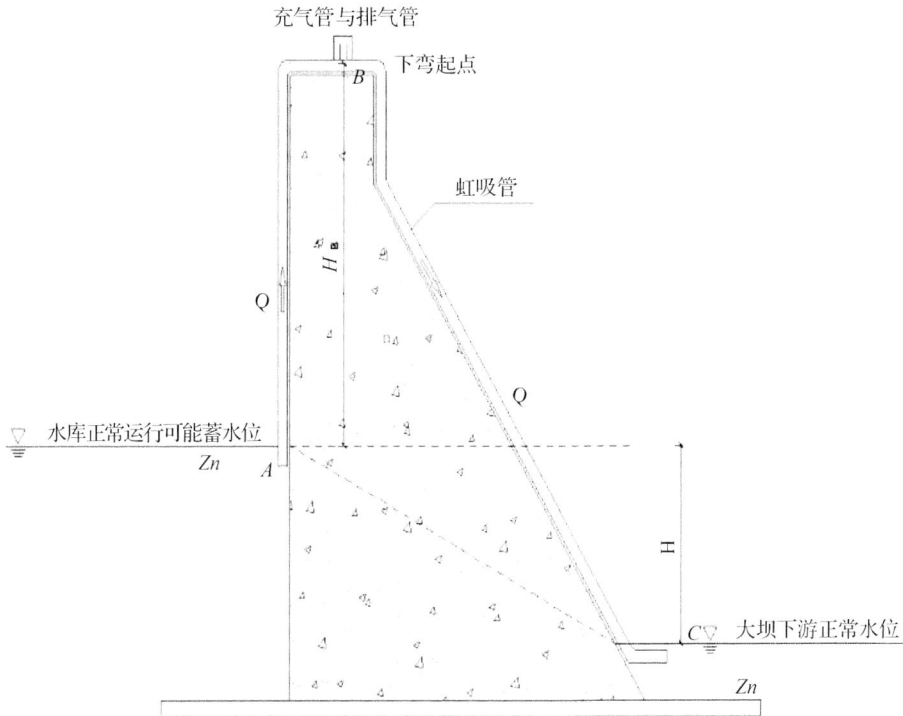

图 1.8　虹吸管布置示意图

$$\frac{H}{Q^2} = \sum \frac{L_i n_i^2}{R_i^{4/3} A_i^2} + \sum \frac{\zeta_j}{2gA_j^2} + \frac{x}{2gA_n^2}$$

$$R_i = D_i/4$$

$$A_i = \pi D_i^2/4$$

式中，i 为管道编号；j 为局部水头损失发生位置编号；n 为靠近下游侧最末一根管道的编号。

建议采用单一特性的圆形断面管道，但上述公式对于非单一特性的圆形断面管道亦适用。

生态虹吸管的最大虹吸高度应不超过允许的最大真空度，应满足下式的要求。

$$H_B + \sum_{AB} \frac{L_i n_i^2}{R_i^{4/3} A_i^2} + \sum_{AB} \frac{\zeta_j}{2g A_j^2} \leqslant 10.33 - \frac{Z_B}{900}$$

式中，H_B 为最高位置的最低压力点 B 与上游水库水位的高程差；Z_B 是最高位置点 B 的高程。

公式已考虑高程修订，有条件的，最大虹吸高度可根据当地情况经试验决定。生态虹吸管顶部下弯起点处（最高位置、最低压力）应设置排气和充水设施。虹吸管的材料应综合考虑工作压力、防腐、防锈、安装方便以及经济性等因素，宜采用钢管、不锈钢管，所选材质应易于与阀门连接。

1.7　生态泄流辅助工程措施

完善生态流量泄放设施，还可在下游受影响河段，因地制宜地采取修建生态堰坝、生态跌坎、生态闸、河道纵向深槽、亲水性堤坝、过鱼设施等生态修复辅助措施，改善拦河闸坝下游河道水资源条件，恢复河流连通性，为水生生物营造栖息环境。

1.7.1　辅助工程措施使用条件

当水电站出现下述主要 3 种情况时，一般通过泄流设施、运行调度都无法保障电站坝下生态需水，或下泄生态流量后其下游影响河段的生态自然修复也难以实现，无论是新建电站，还是改造电站都应在具备生态泄流设施的条件下，采取可行的辅助工程措施，确保其下游影响河段的生态修复。

（1）中小河流季节性很强，尤其是北方，径流的年内年际分配极不平均，Cv 值无论是年内、年际相差都较大，因此，天然流量小于批准的生态流量经常出现，尤其是小型水电站水库一般无调节或调节能力有限，水电站拦河坝下游河道可能减水或脱水。

（2）水库电站，工程任务具有防洪、供水、灌溉、发电等综合利用功能，运行原则"电调服从水调"。受来水量、库容的限制，为确保供水、灌溉，有些时段不能足额下泄生态流量。

（3）季节性河流上的水电站，尤其是山区河流，枯水期电站足额下泄生态流量，但坝下河流也不能形成有效径流。

1.7.2　辅助工程措施原则

辅助工程设施建设基本原则是：安全第一，尊重自然，保护优先，因地制宜，技术合理，经济适用。电站坝下受影响河段的治理重点是河流连通性恢复及生境修复。辅助工程措施设计和建设时，具体应遵循以下几方面：

（1）辅助工程设施不应降低下游防洪标准，不影响防洪安全。

（2）辅助工程设施在增加水域面积，解决河道连通的同时，不能增加新的阻隔。

（3）辅助工程设施修建应尽量保持原河道特征，避免对河道裁弯取直和河道渠化，应与河道自然景观相协调。尽量保持河道的弯道、深潭、浅滩、湿地等自然景观。对于减脱水河段较长的引水式电站，由于修复的河段较长，应重点保护河流自然多样性特征。

（4）辅助工程设施宜就地选材，其结构、施工工艺应考虑河道内生物环境需求。

1.7.3 辅助工程措施形式

常见辅助工程设施形式有生态堰坝、生态跌坎、生态闸、河道纵向深槽。

（1）生态堰坝。在水电站坝下游减脱水河段修建生态堰坝，主要目的是增加减脱水河段水深，减缓河道坡降，维持河流纵向连通性，改善生态环境，提升景观效果，有效修复河流生态。生态堰坝一般实用于河道平缓、河床基岩埋深较浅、河面较宽、对防洪影响小的河段。生态堰坝的高度及间距根据控制断面最小水深、河道底坡等要求确定，堰顶高程应根据河道防洪要求确定。堰顶高程宜采用两岸高中间低，以减少主流对两岸的冲刷。生态堰坝形式和堰体结构宜结合生态修复工程及生态水文化景观需求布置，并注重与周边环境的生态协调性，顺应河流自然走势。高度较小的生态堰坝可采用坦水堰或宽顶堰，较高的生态堰坝宜采用多级跌水堰或滚水堰，满足鱼类洄游需求。生态堰坝建筑材料宜就地取材，尽量不采用混凝土。

（2）生态跌坎。生态跌坎适用于水流平缓、有鱼类洄游的顺直河段。生态跌坎在设计上应满足保护河段的生态环境水位或最小水深。坎高宜采用 $0.8\sim1.5$ m，坎顶高程一般按最小水深确定。生态跌坎慎用于汛期水流湍急（坡降大）的河流。生态跌坎沿河道横断面方向的布置，坎顶高程自中间向两侧应逐次降低，靠近河岸处应能保证河道常年连通，保证体型较大鱼类等水生生物可自由洄游。或者跌坎两侧高，中间低，在汛期来流较多时，跌坎整体处于淹没状态，增加泄流能力；在枯水期来流较少时，中间较低处形成过流主槽，保障上下游连通。水电站坝下减脱水河段较长，可根据地形条件设置多级生态跌坎，多级跌坎的分级数目和各级落差，应根据地形、地质、工程量等具体情况综合分析确定。生态跌坎宜就地采用鹅卵石、块石等天然建筑材料，以大粒径为主要构架，辅以小粒径填充，以获得最佳孔隙率。石材的容重及大小应考虑汛期防冲要求，必要时辅以木桩加固。当河道流速较大，大粒径建筑材料获取困难时，也可采用铅丝石笼。不推荐使用浆砌石、混凝土预制块、模袋混凝土及连锁板等材料和结构。

（3）生态闸。生态闸可以根据需要定期开启，保障河道的连通性。生态闸适用于洪水期流量较大的河流，一般适用于对水深和景观等有要求的城区河段。生态闸设计应满足泄洪要求，闸前水深可调。典型的生态闸为底部基础设置生态泄流孔的水力自控翻板闸。最低水位时生态泄流孔过流能力不小于最小生态流量。汛期高水位时，水力自控翻板闸门自动泄洪，与一般平板闸门相比管理简单、灵活方便。

（4）河道纵向深槽。河道纵向深槽适用于河道主槽稳定、河道较宽、泥沙淤积相对较少，枯水期来水量比较少，区间鱼类等水生生物对河道水深有一定要求的减脱水河道的修复。河道纵向深槽断面形式宜采用抛物线形，其尺寸应结合河床挖填平衡、最小水深、最小水面宽度、并视下游是否设置壅水堰等因素综合确定。

详见图 1-9~图 1-21。

图 1-9　生态堰坝示意图

图 1-10　生态跌水示意图

图 1-11　水电站大坝安装锥阀下泄生态流量

图 1-12　水电站坝下生态堰坝

图 1-13　水电站坝下生态跌坎

图 1-14　水电站生态跌坎

图 1-15　水电站闸门泄放生态流量

图 1-16　水电站生态闸泄放生态流量

图 1-17　水电站混凝土翻板门底板开槽泄放生态流量

图 1-18　水电站溢洪道改造泄放生态流量

图 1-19　水电站小机组运行泄放生态流量

图 1-20　水电站溢流坝开槽泄放生态流量

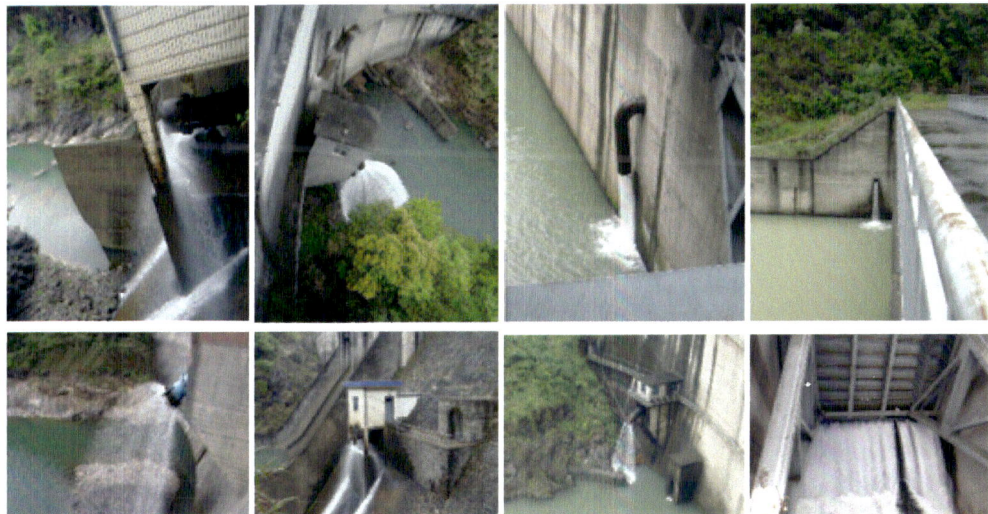

图 1-21　各类水电站生态流量下泄设备设施

1.8　生态泄流监测监控技术

生态泄流监测监控技术，就是通过水电站安装的在线计量及视频监控设施，将数据及视频信息发送到各级监控中心，实现在线实时监测水电站业主，利用生态泄流设施，依法下泄生态流量，为有关部门管理水电站生态流量泄放提供依据，促进电站所在河流的生态环境保护和水资源综合利用。小水电站业主是生态流量监测的实施主体，小水电站都应开展生态流量监测监控（监视），相关部门监督指导。生态流量监测监控设施，包括流量监测设施和数据传输设备，应当安装简单、易于维护，符合水文测报、生态环境监测相关技术标准和监控数据传输规范，具备数据（图像）采集、保存、上传、导出等功能，确保生态流量数据（图像）的真实性、完整性和连续性，并能满足水电站生态流量调度管理和主管部门监督管理需要。实时监测或视频监视的电站，可通过光纤、宽带或无线网络等方式，将数据（图像）传输到政府监管平台备查并定期报送至县级水行政主管部门和生态环境主管部门。

1.8.1　生态泄流监控的基本要求

（1）水电站无论新建和改造，生态泄流工程应同步建立生态流量监控系统，并纳入水电站计算机监控系统。生态流量监控系统包括流量监测设备和数据传输设备，流量监测设备实时监测水电站坝下泄流总量，数据传输设备将流量监测数据及时传输到监控平台，为生态流量泄放调度管理和主管部门监督提供技术支持。

（2）对于组合泄流方式的水电站，需逐个泄水口布置监控点，并建立中控系统监测水电站的总下泄流量。

（3）生态流量监控包括生态流量数据监控和生态流量视频监控。生态流量视频监控设备应包括可夜视 360°旋转摄像头和具有录像功能的前端视频服务器，并且能接入电信全球眼平台。

（4）生态流量监控系统应具备流量异常报警、数据分析、数据电子保存打印输出功能。流量监测设备储存数据大于 1 a，并具备数据查询、导出功能。

（5）建立能实时记录流量数据、视频和照片的视频监控点，反映电站生态泄流现场实况，供现场及远程查询和导出。

（6）视频监控设备安装位置能看清电站各泄水口、水位尺，应每小时至少拍摄 1 张照片并保存，照片上叠加电站位置、实时流量数据及时间信息。

（7）生态流量监测设备布置在野外没有外接电源的，可采用太阳能或其他供电方式保证监测设备的正常稳定运行。同时应有必要的防护和防雷措施，以防止监测设备损坏或者被盗。数据通信条件必须符合国家标准并能通过有线光纤、宽带、卫星通信或无线网络等进行传输。

1.8.2 生态流量数据采集点

生态泄流监控应在电站各泄水口设立流量数据采集点，也可在靠近电站坝下游选择河道断面作为监测断面，安装流量监测设备，采集电站的总下泄流量数据。引水式水电站的生态流量监测断面布置在水库大坝泄水口或靠近大坝下游的河道上。坝式水电站的生态流量监测断面布置在水库大坝下游和发电厂房尾水下游。

1.8.3 生态流量测流方式

应采用与监测断面特点、水流特性及生态流量泄放措施相适宜的测流方式。常用的测流方式有：

（1）在监测断面安装水位自动监测设施设备（水位自记井、水位计、电子水尺等），用常规流速仪测流，率定该监控断面的水位流量关系，通过水位推求流量。

（2）在监测断面的水面、河底或水面以下某一位置布置定点式多普勒仪（AD-CP），测定垂线或断面的分层流速，然后根据 ADCP 测出的分层流速推求全断面流速，并通过流速仪或 ADCP 比测率定流量系数，推求监测断面的流量。

（3）根据监测断面的流速分布情况，布设一个或多个雷达流速仪探头，实时监测水流的表面流速，并通过流速仪或 ADCP 比测率定断面水面流速系数，推求监测断面的流量。

（4）在满流管道上安装电磁流量计法，通过感应电压与流速的正比关系，推求管道的泄水流量值。

（5）通过机组发电泄放生态流量的，根据机组的发电功率、工作水头或实测水头等参数推求下泄流量。

（6）利用泄水堰泄放生态流量的，根据泄水堰的类型、堰口尺寸及上下游水位监测值、流态类型，结合综合流量系数推求下泄流量。

（7）通过管道（或隧洞）泄放生态流量的，根据泄水通道上下游水位监测值、流态类型，率定管道（或隧洞）水位流量关系，通过水位推求下泄流量。

（8）通过开启闸门泄放生态流量的，根据堰闸类型、闸门开度与上下游水位监测值、流态类型，结合率定的或经验流量系数推求下泄流量。

（9）利用水泵抽水泄放生态流量的，根据抽水的效率、水泵净扬程及功率计算下泄流量。

生态流量测流方式以实时在线监测为主，其他人工比测率定为辅。生态流量测流方法与技术要求参照规范《小型水电站现场效率试验规程》（SL 555—2012）、《水文资料整编规范》（SL 247—2012）、《水文自动测报系统技术》（SL 61—2015）及《水文基础设施建设及技术装备标准》（SL 415—2017）的规定，生态流量下泄流量监测数据整理与技术要求参照规范《水文资料整编规范》（SL 247—2012）的规定。

1.8.4 运行管理

水电站应按照"电调服从水调"的原则,制订生态流量泄放运行调度方案。当坝址天然来水量小于核定应下泄的生态流量时,水库有调节能力的,宜通过运行调度,保障生态流量下泄;水库无调节能力的,按坝址天然实际来水量泄放。

水电站负责生态泄流设施及其监测、监控设施的管理和运行维护,制订生态泄流管理规程,负责数据的存储、分析、统计、上传和整理,并接受有关部门的监督检查。设施出现异常时,应当立即向具有管辖权的水行政主管部门和生态环境主管部门报告,并限期修复。

图 1-22 为水电站生态泄流监测监控设施。

图 1-22 水电站生态泄流监测监控设施

1.9　生态泄流监督管理

各地要建立完善小水电站生态流量监管平台，确保监测数据（图像）及时准确接收，满足生态流量监管需要。地方监管平台应当按照统一的小水电数据库表结构和标识符要求，存储和传输数据。条件具备后，按相关程序和要求，接入水利、生态环境部门等信息管理系统，实现实时监管和数据共享。

1.9.1　加强生态流量监督管理

各级水行政主管部门和生态环境部门，应当依据各自职责，加强对小水电站落实生态流量的监管。要将小水电站生态流量监督管理纳入河湖长制工作范围和考核内容，建立水电站保障下游生态用水安全情况定期检查制度，制订重点监管名录，提出重点监管要求。要严格取水许可监督管理和建设项目环评审批，将小水电站按要求泄放生态流量作为取水许可审批和监管、项目环评审批和流域水环境保护监管的重要条件，确保小水电站持续将生态流量落实到位。对未按要求足额稳定泄放生态流量或未按时报送生态流量监测监控数据的小水电站，依法依规督促限期改正，逾期不改正的报送河湖长，必要时建议电网限制或禁止其发电上网。主管部门应当定期公开小水电站生态流量泄放情况，加大对违规项目的曝光力度，鼓励和支持社会公众监督小水电站生态流量泄放情况。

建立水电生态流量信息管理系统，实现对水电站生态泄流有效监管，为生态流量调度管理和监督提供支撑。水利部门负责指导小水电站（5万kW以下）在线监控、日常管理并考核；环保部门负责流量监管、生态流量泄放执法，以生态流量监控平台为依托，环保监察部门定期通报生态流量泄放情况。

1.9.2　生态流量管理信息系统

1.9.2.1　生态流量管理信息系统构架

构架总要求：生态流量可量化、监控现场可视化、平台运行可考核、监控方式可复制。生态流量管理信息系统由监控系统和平台系统两大部分构成，生态流量管理信息系统构架见图1-23。

（1）监控系统。包括水电站生态流量监测、数据传输和平台运行。做到有数据（放水口不同时段的瞬时流量）、有照片（叠加电站位置、流量、时间）、有远程（收集存储现场端信息上传至监控平台，以在线为主、人工为辅）、有档案（原始数据、日志、统计数据、参数、报备信息等）。

流量监测：采集水电站各放水口流量，在线测流，实时监测；

数据传输：现地保存，将流量监测数据传输到监控平台；

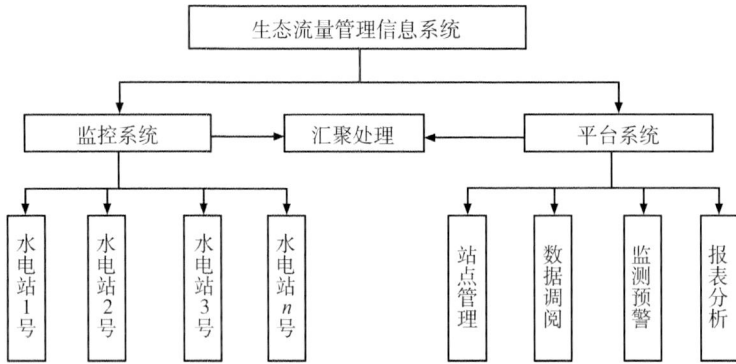

图 1-23 生态流量管理信息系统构架

平台运行：水电站管理、信息查阅、实时跟踪、检查考核。

（2）平台系统。包括以下功能：

站点管理：管理水电站及生态流量执行情况。

报备管理：当生态流量出现供水、防汛应急、检修、台风、电网调峰调频、入库流量小于生态流量等异常时，及时发出报警，相关部门对报备进行审核确认。

报表分析：分析统计数据、审核管理。

数据调阅：查询调阅分钟、小时、日等生态流量达标率、完成率，可实现站点、时段、流域数据调阅查询。

1.9.2.2 生态流量管理信息系统成果应用

（1）生态流量管理信息系统是水电站业主业务管理的支撑。水电站业主可以在平台上实时查询生态流量、进行预警处理和情况报备，完成日常管理工作。

（2）生态流量管理信息系统是相关管理部门监管的业务支撑，依据各主管部门权限，为生态流量调度管理和监督提供技术支撑。

（3）依据生态流量管理信息系统平台，对水电站生态流量泄放达标情况定期通报，作为奖惩的依据，同时也是对管理部门生态责任制的考核依据。

2 水电站运行管理

2.1 水电站运行管理基本规定

2.1.1 基本要求

水电站新建、扩建和技术改造应满足以下基本要求：应按照规定的基本建设程序进行审批和验收；水电站设计应符合相关规程要求，应采用新设备、新材料、新技术、新工艺，满足技术现代化要求，应将生态流量泄放设施、标准化与主体工程三同时；水电站管理应满足安全运行要求；水电站大坝安全鉴定应按照水库大坝安全鉴定办法定期进行；水电站运行维护人员应熟悉和严格执行有关规程、制度，掌握必要的水工、电工、机械基础知识，熟悉水电站设备参数；自动化设备应安全、可靠，能实时准确传送水电站各种运行数据，并实现远程操作；必须严格执行工作票、操作票制度；"两票"合格率、执行率均应达到100%；设备、设施缺陷消除率应达到100%；按规定进行设备、设施评级，水电站设备、设施完好率应达到100%，其中一类设备、设施不应低于80%；应合理制订水电站发电计划；应按时上报发电生产统计月报和年报；水电站运行设备应有标志；水电站运行、检修及特种作业人员须经岗位培训合格，持证上岗，任职条件及职责应符合规定。

2.1.2 设备、设施管理

2.1.2.1 维护及试验

（1）水工建筑物维护。挡水及泄洪建筑物应按相关规定进行维护和观测；输水系统应按相关规定进行维护和观测；水电站厂房维护应满足安全生产和文明生产要求。

（2）水力机械维护及试验。水力机械设备应按规程规定维护、试验，发现缺陷应及时处理；技术供排水泵、供油泵、空气压缩机等辅助设备，应按规程规定维护、试验，发现缺陷及时处理；油、气、水管路应按规定涂色，并标明流动方向；水电站的安全阀、压力容器维护、试验，应符合相关规定。

（3）电气设备维护及实验。发电机、主变压器及其他电气一次设备应按规程规定的周期进行维护、检修及试验；电气二次设备及监控系统应按规程规定的周期进行维护、试验；水电站计量器具、指示仪表的检定和试验，应符合相关规定。

（4）金属结构维护及试验。闸门、压力管道、拦污栅及清污设备应按规定进行维护、检测；启闭设备应按规定的周期进行检修、测试；泄洪闸门启闭设备应按规程规定配置可靠的操作电源。

（5）通信维护及检测。通信设备应按规定维护、检测，保证畅通，满足调度运行和防汛抢险的需要；梯级水电站宜建立站与站之间的通信；水电站宜建立与上游水文、气象部门之间的通信。

（6）维护工器具及备品备件。工具、仪器仪表应按规定周期进行试验、检定；备品备件应配置合理，满足运行维护需要；备品备件应分类存放，摆放位置合理、整齐；库房应保持通风、整洁、干燥，照明灯具应采用防爆灯具；库房消防、防盗措施应满足有关要求。

2.1.2.2 设备、设施评级

（1）设备、设施应按设备评级标准由水电站进行评级，每年评定一次，并填写水电站设备、设施评级表和评级汇总表。

（2）根据水电站设备、设施评级报告，应制订三类设备整改计划，并按计划执行。

2.1.3 运行管理

（1）水电站应制订符合实际的现场运行规程，并严格执行。

（2）值班人员应严格履行岗位职责，完成当值运行、维护、操作和日常管理工作。

（3）值班人员在执行工作票、操作票时应按《电业安全工作规程（发电厂和变电所电气部分）》（DL 408—1991）要求认真审核，工作结束后应及时交回存档。

（4）交接班人员应严格执行交接班制度。在交接班时发生事故或运行异常时停止交接，由当值人员组织处理，接班人员在交班人员的指挥下协助处理。

（5）值班人员应按设备巡回检查制度要求，对运行设备定时、定点按巡视路线进行巡视检查。

（6）值班人员发现设备缺陷，应按设备缺陷管理制度要求进行处理。

（7）值班人员应按要求认真填写各种记录。

（8）应悬挂下列图表（表2-1）。

表2-1 悬挂图表清单

序号	名称	序号	名称
1	电气主接线模拟板	4	水轮机运行特性曲线图
2	安全运行揭示板	5	电气防误闭锁装置模拟图
3	调速系统及油、水、气系统图	6	设备巡视路线图

（9）应具备下列提示表格（表2-2）。

表2-2　提示图表清单

序号	名称	序号	名称
1	主要设备参数表	4	继电保护及自动装置定值表
2	有权签发工作票人员、工作负责人和工作许可人名单	5	紧急停机操作顺序表
3	接地选择顺位表	6	紧急情况电话表

（10）应具备下列记录（表2-3）。

表2-3　记录清单

序号	名称	序号	名称
1	交接班记录	12	指令、指示记录
2	运行分析记录	13	水轮发电机组启停记录
3	安全活动工作记录	14	水轮发电机组自动装置故障动作记录
4	设备检修试验记录	15	断路器、继电保护及自动装置动作记录
5	万用钥匙使用记录	16	继电保护及自动装置调试记录
6	反事故演习记录	17	工具及备品备件记录
7	设备事故处理记录	18	蓄电池测试记录
8	设备缺陷及处理记录	19	水工交接班记录
9	电气绝缘工具和安全用具检查试验记录	20	外来人员记录
10	避雷器动作记录	21	上岗人员技术考核记录
11	水工建筑物检查记录	22	运行记录

（11）应具备下列管理制度（表2-4）。

表2-4　管理制度清单

序号	名称	序号	名称
1	工作票制度	10	设备、设施缺陷及处理管理制度
2	操作票制度	11	备品备件管理制度
3	交接班制度	12	安全管理制度
4	设备巡回检查制度	13	防汛及突发事件管理制度
5	设备定期试验轮换制度	14	应急设备管理制度
6	设备缺陷管理制度	15	消防管理制度
7	设备检修管理制度	16	设备、设施评级管理制度
8	设备验收管理制度	17	其他适应本站的管理制度
9	水工建筑物管理制度		

2.1.4　检修管理

2.1.4.1　一般检修

设备检修应贯彻"预防为主"的方针，坚持"应修必修，修必修好，质量第一"的原则；设备检修宜安排在枯水季节；设备检修应采用先进工艺和技术，缩短检修工期，确保检修质量；应根据发电设备的健康状况，制订检修计划，并按计划执行，逐步由周期检修过渡到状态检修。

2.1.4.2　定期检修

根据厂家要求和设备运行状况制订定期检修计划；定期检修通常分为定期检查、小修、大修和扩大性大修四类；检修前应深入现场，充分了解运行设备存在的问题，分析原因，为检修提供依据；定期检修应确定类别，制订检修工艺流程，经生产主管部门批准后实施；检修质量应符合有关规程要求；检修后的设备应进行检测、试验，经验收合格后方可投入运行；检修、测试、试验有关技术资料应存档。

2.1.4.3　事故抢修

应结合实际制订典型事故抢修预案，需经本单位生产主管部门审核批准，典型事故抢修预案批准后，应落实到每个抢修人员，明确各自的职责；应建立健全事故抢修机制、应急机制，保证电站设备、设施发生事故时，能快速组织抢修与处理；用于事故抢修的工器具、照明设备应由专人保管、维护，并定期进行检查、试验。

2.1.5　安全管理

2.1.5.1　安全管理

坚持"安全第一、预防为主"的方针，根据本站实际制订防洪预案和突发事件预案，报请有关部门批准，并进行实际演练；应保证厂区交通道路畅通，满足防汛抢险要求；发生事故应及时上报，按有关规定进行等级划分，对隐瞒不报或降低事故等级及阻碍事故调查的应追究有关领导责任；应按《电业安全工作规程（发电厂和变电所电气部分）》（DL 408—1991）有关要求，结合本站实际情况组织安全活动；必须严格执行工作票、操作票制度，严禁无票作业、无票操作；应根据设备状况制订反事故组织措施、技术措施，定期进行检查、督促、落实；应结合水力发电行业分析与本站运行方式相似的事故案例，找出事故原因，制订反事故措施；应定期开展反事故演习，记录演习情况；应按规定提留安全专项资金，并正确使用。

2.1.5.2　安全工器具管理

按规定配备，设置专柜，按编号摆放，并明确管理人员；安全工器具应编号清晰，粘贴的合格证不影响使用性能；安全工器具应定期检验合格方可使用；安全工器具使用前应认真检查，发现损坏不得使用。

2.1.5.3　消防、保卫管理

按消防有关法规及要求，制订消防措施，明确责任人；消防器具应按消防规定配置，摆放位置应科学合理，定期检查完好情况；易燃、易爆物品应按规定存放，因工作需要在设备区使用易燃、易爆物品，应加强管理，并按规定要求使用，工作结束后立即撤出；运行值班人员，应熟悉消防常识，掌握消防器材的正确使用方法；应做好安全保卫工作，定期检查防盗报警系统的完好性。

2.1.6　岗位培训管理

2.1.6.1　岗位培训管理

按有关规定结合实际制订年度培训计划，由站长或技术负责人监督培训计划落实；应结合工作实际，采取多种形式对职工进行专业技术培训和有关规程学习；新入厂运行、检修人员上岗前应进行专业技术、安全培训，考试合格后方可从事相应工作，并履行上岗手续；运行、检修人员因工作调动或其他原因离岗超过 3 个月以上者，重新上岗前，应考试合格，并履行相关手续；在新设备、新技术、新工艺使用之前，应对相关人员进行培训；对临时工及外来施工人员应进行安全教育，履行相应的手续，在监护人的带领下，方可进入作业区。

2.1.6.2　人员培训

掌握设备、设施运行情况；掌握设备、设施技术参数和布置情况；掌握电气一次、二次设备的接线和运行方式；掌握油、气、水系统布置和运行方式；掌握设备维护、检修技术和安全要求；掌握倒闸操作方法和注意事项；掌握水工建筑物和金属结构运行、维护、检修技术和安全要求；清楚水电站突发事件应急预案及自己所执行的任务；掌握调度、运行、安全工作规程和有关管理制度；掌握检修、试验、继电保护规程的有关内容；了解设备结构、原理，熟练掌握现场操作技术；能够根据设备运行情况和巡视结果，分析判断设备健康状况，掌握设备缺陷和运行薄弱环节；能根据仪表、信号指示和设备异常情况，正确判断故障、事故原因，并能迅速、正确处理。

2.1.7　文明生产管理

（1）搞好厂区绿化、美化，厂区内路面应平整，照明灯具齐全完好，排水应畅通，护坡挡土墙完好，无杂草。

（2）升压站应设有围墙或围栏，并设置警示标志。有清洁顺畅的巡视通道，设备标志清晰，名称应准确。

（3）厂房应整洁，无渗漏水；门窗完好，设备清洁。

（4）工器具、各种资料书籍及记录簿应设有专柜或专架，分类存放，摆放整齐。

（5）各种图表（板）悬挂整齐，各种盘柜完好整洁。

（6）电缆沟清洁，盖板齐全完好。

（7）不应在中控室、主机室等重要场所从事与生产无关的活动。

（8）值班人员服装整齐、规范，并佩戴值班标志，严禁穿拖鞋、高跟鞋、裙子值班，长发者盘发戴工作帽。

（9）厂区内不应饲养家禽、家畜。

2.1.8　档案管理

（1）档案存放应设有专用房间和档案柜，档案室满足档案管理要求。

（2）应按年度归档立卷、分类存放，接受档案管理部门检查和业务指导。

（3）使用计算机管理档案时，应有备份档案。

（4）应建立档案和技术资料管理制度。

（5）应具备以下技术档案及资料（表2-5）。

表2-5　技术档案及资料清单

序号	名称	序号	名称
1	设计报告及全套图纸	8	设备改造和大修、小修记录及试验报告
2	竣工报告及竣工全套图纸	9	设备事故、故障及运行专题分析报告
3	设备出厂说明书、图纸、合格证等资料	10	历年设备等级评定报告
4	设备安装图纸、安装记录及有关资料	11	历年安全管理分类报告
5	交接试验报告及有关资料	12	历年水库大坝位移观测分析报告
6	历年电气设备预防性试验报告	13	历年水文、洪水、工程地质观测资料
7	设备台账、设备缺陷管理档案	14	上岗人员培训考核资料

2.2　水电站运行管理模式

（一）水电站安全生产培训管理标准（示例）

1　范围

本标准规定了水电站各类人员安全生产培训的内容、要求及考核办法。

2 规范性引用文件

规范性文件清单

序号	名称	序号	名称
1	电力安全作业规程（电气部分）	5	《水电企业生产事故调查规定》
2	电力安全作业规程（热力机械部分）	6	《水电站大坝安全管理规定》
3	电力企业生产外包工程安全管理办法	7	《水电企业安全检查与安全性评价工作规定》
4	《水电企业安全生产工作规定》		

3 术语和定义

下列术语和定义适用于本标准。

3.1 员工

指水电站各种用工形式的人员，包括与水电站签订有效劳动用工合同以及临时聘用的各类人员，如固定工、合同工，临时聘用、雇用、借用的人员，以及代训生和实习生。

3.2 外包（含劳务外包）工程人员

指与水电站签订工程承包合同单位的所有人员，包括分包商的人员。

3.3 参观人员

指经过水电站批准并有接待人员陪同按照预定路线活动的人员。

3.4 特种作业人员

是指直接从事特种作业的人员。

4 职责

（1）水电站主要负责安全生产培训领导工作，负责将安全生产培训工作纳入教育培训年度计划和中长期规划，并保证人员、资金和物资的落实。

（2）安全生产部负责编制安全生产培训计划，建立健全电站员工安全教育培训档案，组织实施安全生产培训工作，监督各部门安全生产培训按计划实施，监督做好对各类安全生产培训的登记、记录。

5 流程与风险分析

5.1 管理流程图

安全生产培训管理流程图见附录 A。

5.2 风险控制点

本标准中的风险控制点包括需求分析、培训计划、培训实施、特种人员培训、重要岗位培训、分析与总结。

5.3 风险分析

如果没有进行需求分析，可能导致安全生产培训计划与实际需求不符、管理无序使培训效率受到影响；如果没有制订培训计划，可能导致培训工作目标不明确、无的放矢，达不到预期培训效果；如果没有实施培训，可能导致员工安全意识和自我保护能力不足，易发生人身伤害或设备损坏；如果没有进行特种人员培训，可能造成从事特种作业人员违规、无证作业，导致人身或设备事故的发生；如果没有进行重要岗位培训，可能造成重要岗位工作人员安全技能不足，导致事故发生；如果没有进行分析与总结，可能造成安全生产培训工作的目标偏离或措施失误，导致安全生产培训管理失控，培训效率受到影响。

6 管理内容与方法

6.1 安全生产培训的内容

加强安全思想教育，贯彻"安全第一，预防为主，综合治理"的方针，牢固树立"安全就是效益、安全就是信誉、安全就是竞争力"的理念；生产技术知识教育，包括水电基本生产过程、设备、系统、结构、规格、性能等，水电生产特点及所辖设备系统安全注意事项、安全防护装置配置情况，设备常见故障、异常的处理技能和方法等；安全技术知识教育，是所有职工必须具备的基本知识，应普遍进行教育，包括水力发电生产过程中不安全因素及规律性、安全防护的基本知识、消防基本知识、高处作业安全知识、紧急救护法、应急预案及演练等；安全法规制度教育，包括遵守安全生产方针、政策、法律法规、劳动纪律、技术纪律、遵章守纪教育，认真学习、贯彻执行国家有关部门制定颁发的相关电力安全生产规程制度；安全警示教育，运行中可能存在的不安全因素及防范措施，以及发生过的不安全事件的分析及预防措施；各级安全教育培训计划中的培训内容；日常工作中的安全工作要点及专项工作前的安全交底。

6.2 安全生产培训计划编制

分析员工素质与岗位要求及充分考虑发展需求，结合水电管理部门安全生产标准化达标创建的要求，确定水电站培训需求，并根据需求制订培训计划，见附录 B，于每年 12 月初完成；培训计划制订须确保员工受到应有的规程、规定、制度和相应的职业安全健康知识的教育培训，掌握本职工作所需的安全生产知识，提高安全生产技能，增强事故预防和应急处理能力。

6.3 安全生产培训实施、分析与总结

水电站分管领导负责组织水电站安全生产培训，班组兼职安全员负责组织班组安全生产培训；水电站负责有效实施培训计划，建立培训档案，保存培训考核记录，见附录 C 及附录 D，并以适当方式对培训计划的执行情况、可操作性及培训效果进行分析总结；每年集中组织一次全体员工的年度安全教育培训工作，并进行考试，考试不及格者应进行补考。只有考试合格后，方能继续从事原岗位工作；每年定期组织对工作票签发人、工作负责人、工作许可人和单独巡视高电压设备人员的考试，考试合格后批准其可从事相应资格的工作；外包工程单位项目负责人在承包工程开工前要组织施工人员对该项工程的安全技术措施、安全交底、施工安全管理

办法及《电力安全作业规程》中与本承包项目有关内容进行安全培训教育；在实施新工艺、新技术或者使用新设备、新材料时，应对有关生产岗位员工重新进行有针对性的安全培训；水电站发生事故时，按"四不放过"的要求，对事故责任者和相关员工进行安全教育，吸取教训，落实防范措施，防止类似事故发生；总结本年度安全生产培训计划实施情况，为下一年度培训计划的制订提供有效支撑。

6.4 安全生产培训分类

6.4.1 安全生产管理人员

（1）安全生产管理人员应按规定参加政府部门组织的相关安全生产培训，具备与水电站所从事的生产经营活动相适应的安全生产知识和管理能力。

（2）经安全生产监督管理部门认定的具备相应资质的培训机构培训合格，取得培训合格证书。

（3）安全生产管理人员安全生产培训内容包括：

①国家安全生产方针、政策和有关安全生产的法律、法规、规章及标准。

②安全生产管理、安全生产技术、职业卫生等知识。

③伤亡事故统计、报告及职业危害的调查处理方法。

④应急管理、应急预案编制以及应急处置的内容和要求。

⑤国内外先进的安全生产管理经验。

⑥典型事故和应急救援案例分析。

⑦其他需要培训的内容。

6.4.2 新录用的员工、外来培训及实习人员

（1）经过安全培训及规程制度培训后，才能进入生产现场见习、跟班实习、培训。安全培训或考核不合格者，禁止安排到现场实习、培训。

（2）新录用的员工、外来培训及实习人员安全生产培训内容应包括：

①安全生产情况及安全生产规章制度、劳动纪律等安全生产基本知识。

②工作环境、危险因素和从业人员的安全生产权利和义务。

③所从事工种及岗位的安全状况、安全职责、安全操作技能及强制性标准。

④安全设备设施、个人防护用品的使用和维护以及自救互救等现场紧急情况的处理。

⑤有关事故案例。

⑥其他需要培训的内容。

6.4.3 操作岗位人员

（1）每年对生产岗位人员进行生产技能培训、安全教育和安全规程考试，使其熟悉有关的安全生产规章制度和安全操作规程，掌握触电急救及心肺复苏法，并确认其能力符合岗位要求。

（2）工作票签发人、工作负责人、工作许可人须经安全培训、考试合格并

公布。

（3）生产岗位人员转岗、离岗三个月以上重新上岗者，应进行水电站和班组安全生产教育培训、考试，考试合格方可上岗。

（4）生产人员调换岗位、所操作设备或技术条件发生变化，必须进行适应新岗位、新操作方法的安全技术教育和实际操作训练，经考试合格后方可上岗。设备经过重大技术改造后，所有相关的生产人员必须经过培训和考试合格后方可上岗。

（5）接受调度指令的运行值班人员，应经电网调度培训、考核合格。

（6）应定期进行有针对性的现场考试、反事故演习、技术问答、高处作业技能培训、事故预想等现场培训活动。

（7）所有员工须掌握消防器材的使用方法。

6.4.4　特种作业人员

（1）特种作业人员必须经过国家规定的专业培训，取得相应作业资格证方可工作。

（2）特种作业人员的安全生产培训管理按《特种设备及特种作业人员安全管理标准》进行。

（3）离开特种作业岗位达6个月以上的特种作业人员，应重新进行实际操作考核，经确认合格后方可上岗作业。

6.4.5　外包（含劳务外包）工程人员

（1）外包工程施工人员必须经过专业培训，取得相应作业资格方可工作。外包工程人员的安全生产培训由外包单位负责。

（2）按照《外包工程安全管理标准》执行。

6.4.6　参观人员

（1）水电站负责参观人员的安全培训。

（2）对参观人员的安全培训可根据实际情况，采用各种方法进行必要的安全培训内容的传达和告知。

（3）参观人员安全生产培训内容包括：

①水电站安全生产规章制度。

②安全防护用品的使用方法。

③参观的纪律和安全注意事项。

④其他需要告知的内容。

6.4.7　违章人员

对违章人员应根据违章情形进行有针对性的培训。

6.5　安全文化建设

（1）重视安全文化建设，营造安全文化氛围，形成企业安全价值观，促进安全生产工作。

（2）应采取多种形式的安全文化活动，引导从业人员端正安全态度和安全行为，形成全体员工所认同、共同遵守、带有本单位特点的安全生产价值观，实现法律和政府监管要求之上的安全自我约束，保障水电站安全生产水平持续提高。

7 检查与考核

本标准执行情况应进行监督、检查与考核。

8 报告与记录

序号	名称	保存地点	保存期（a）
1	安全生产培训计划	水电站	10
2	安全生产培训签到表	水电站	10
3	安全生产培训考核记录卡	水电站	10

附录 A 安全生产培训管理流程图

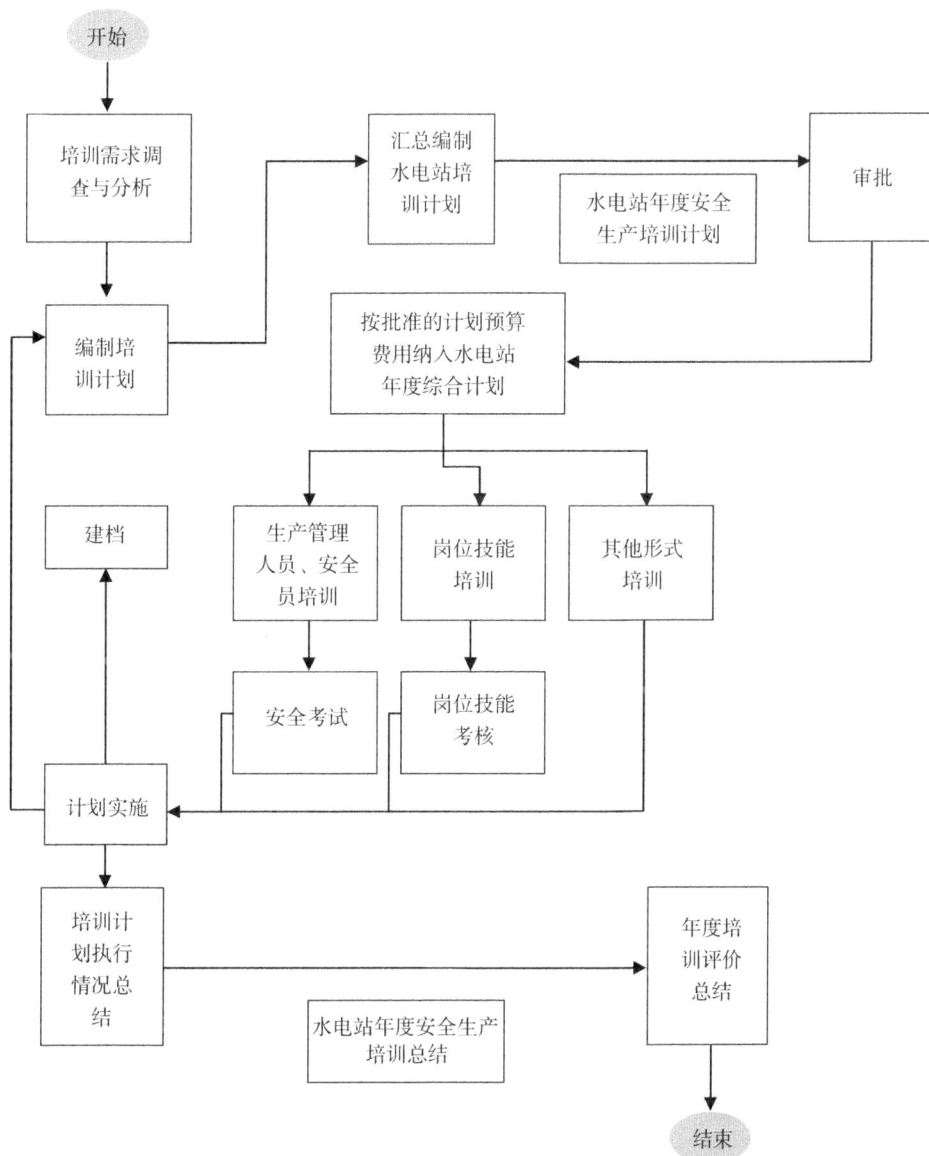

附录 B 安全生产培训计划

部门：　　　　　　　　　专业：　　　　　　　　　班组：

序号	培训内容	针对问题	培训时间	培训对象	培训形式	负责人

专业主管签字：　　　　　　　部门负责人签字：　　　　　　　填表日期：

附录 C 安全生产培训签到表

编号：

培训部门：		培训地点：	
培训主讲及所属单位：			
参加人数：		培训起止时间：	
培训内容			
参加人签名	部门	姓名	部门	姓名

附录 D 班组管理标准

培训名称：		培训日期：	
授课人：	授课地点：	授课用时：	
培训教材/内容简述：			

编号	受训人	部门	考核结果	受训人签名

培训考核方法：	1. 笔试（　）	2. 面试或口头提问（　）	3. 技能演示（　）

考核确认人：	审核人：

注：1. 受训人确信已掌握培训内容后，方可签名。

2. 对没有掌握培训内容的受训者需接受再培训。

3. 培训效果必须经确认人认定、审核人审批，确认人和审核人由培训组织单位指定。

4. 培训结果应记入个人培训档案，并更新个人安全培训计划及记录。

5. 考核结果只填写合格或不合格。

编号：

（二）危险源（隐患）辨识与评价管理标准（示例）

1 范围

本标准规定了水电站危险源（隐患）的辨识、风险评价、控制及管理等内容。

2　规范性引用文件

规范性文件清单

序号	名称	序号	名称
1	电力安全作业规程（电气部分）	4	《水电企业生产事故调查规定》
2	电力安全作业规程（热力机械部分）	5	《水电站大坝安全管理规定》
3	《水电企业安全生产工作规定》	6	《水电企业安全检查与安全性评价工作规定》

3　术语和定义

下列术语和定义适用于本标准。

3.1　危险

指可能造成人员伤害、职业病、财产损失、作业环境破坏或其组合的根源或状态。

3.2　危险物质

一种物质或若干种物质的混合物，由于它的化学、物理或毒性特性，使其具有易导致火灾、爆炸或中毒的危险。

3.3　危险源

导致事故发生的根源，具有潜在的意外释放的能量和（或）危险有害物质的生产装置、设施或场所。

3.4　重大危险源

指长期或临时地生产、加工、搬运、使用或贮存危险物质和能量。重大危险源分为生产场所重大危险源和贮存区重大危险源两种。

3.5　生产场所重大危险源

指危险物质的生产、加工及使用等场所，包括生产、加工及使用等过程中的中间储罐存放区及半成品、成品的周转库房。

3.6　储存区重大危险源

专门用于储存危险物质的储罐或仓库组成的相对独立的区域。

3.7　危险源辨识

识别危险源的存在并确定其特性的过程。

3.8　风险

指特定危险事件发生的可能性与后果的结合。

3.9　风险评价

也称危险评价或安全评价，是对系统存在的危险进行定性或定量分析，得出系统发生危险的可能性及其后果严重程度的评价，确定风险是否可以接受，通过评价寻求最低事故率、最少的损失和最优的安全投资效益。

3.10　安全生产事故隐患

是指生产经营单位违反安全生产法律、法规、规章、标准、规程和安全生产管理制度的规定，或者因其他因素在生产经营活动中存在可能导致事故发生的危险状态、人的不安全行为和管理上的缺陷。分为一般事故隐患和重大事故隐患。一般事故隐患，是指危害和整改难度较小，发现后能够立即整改排除的隐患。重大事故隐患，是指危害和整改难度较大，应当全部或者局部停产停业，并经过一定时间整改治理方能排除的隐患，或者因外部因素影响致使生产经营单位自身难以排除的隐患。

4　职责

（1）水电站总经理是安全生产的第一责任人，全面负责水电站范围内危险源（隐患）的辨识、风险评价和控制策划的组织领导工作。分管副总经理负责水电站范围内危险源（隐患）辨识、风险评价和控制的具体领导工作。

（2）安全生产部具体负责组织和指导危险源（隐患）辨识、风险评价和控制策划工作，负责对其辨识和评价的结果进行汇总、分析；确定重大危险源和风险等级，制订控制措施，并提交副总经理确认。负责作业范围和辖区内危险源（隐患）的普查辨识、登记评估、监控防范工作，负责组织重大危险源应急救援预案的培训和演练。

5　流程与风险分析

5.1　管理流程图

危险源（隐患）辨识与评价管理流程图见附录 A。

5.2　风险控制点

本标准中的风险控制点包括危险源辨识、风险评价、控制措施、重大危险源、信息更新。

5.3　风险分析

（1）如不定期组织对危险源（隐患）进行辨识，保证辨识的覆盖范围、方法适用，则可能对人身、设备、环境安全带来风险。

（2）如不规定风险评价的方法、准则和步骤，对危险源（隐患）风险进行评价，则不能正确区分危险源（隐患）的风险等级并进行排序、编制重大危险源清单。

（3）如不能根据风险评价结果，依照危险级别不同，分别由相应的机构进行监督，并制订相应的控制、减少、消除风险的措施，危险源（隐患）就可能失控，存在人身伤害、设备损坏、环境影响的事故隐患。

（4）如没有履行建立和修改重大危险源（隐患）清单时的审批手续，制订相应的应急处理措施，没有向属地安全监管机构报备，没有建立重大危险源（隐患）档案管理制度，则不能有效控制、减少、消除重大危险源（隐患），对人身、设备、环境安全带来严重风险，甚至可能存在违法、违规的风险。

（5）如没有及时更新危险源（隐患）及其风险信息，则不能规范、有效、及时地做好危险源（隐患）辨识与评价控制工作。

6　管理内容与方法

6.1　危险源（隐患）辨识的范围

（1）危险源（隐患）辨识选取的范围：水电站主要包括中控室、升压站、水轮发电机组、盘柜、大坝、水库、尾水渠、道路交通、办公室、食堂等区域。

（2）危险源（隐患）辨识选取的阶段：作业活动主要有运行操作阶段、维护检修准备阶段、维护检修执行阶段、节假日与夜间抢修阶段、交通运输等。

6.2　危险源（隐患）辨识的方法

（1）危险源（隐患）辨识时应考虑3种时态：过去时态（评估对残余风险的可承受度）、现在时态（评估现有控制措施情况下的风险）、将来时态（组织活动中或计划中可能带来的危险源）。

（2）危险源（隐患）辨识时应考虑3种状态：常规活动下的正常状态（指正常生产情况）、非常规活动下的异常状态（指设备、系统故障或参数发生偏离）、紧急状态（指不可预见何时发生可能带来重大危险，如设备被迫停运、火灾、爆炸、大坝漏水等）。

（3）常用的危险源（隐患）辨识方法：

①安全检查法。现场观察、了解、分析作业环境中存在的危险源（点）或危险、有害因素。

②安全检查表分析法。事先把检查对象进行分解，将大系统分割成若干小的子系统，以提问、打分的形式，将检查项目列表，逐项检查、识别危险源。

③故障假设分析法。与专业人员或作业人员进行交流，以提问（故障假设）方式发现潜在的风险或事故隐患。

④故障假设分析/检查表分析法。将故障假设分析与安全检查表分析组合运用的分析方法。

⑤查阅同类型水电站发生过的相关事件，通过对比，识别本水电站存在的同类性质的风险源。

6.3　危险源（隐患）评价的方法

6.3.1　评估法

由专家、熟练的专业人员和管理人员对识别出的危险、有害因素进行分析，判断危险、有害因素转化为事故的条件、可能性及后果，确定出不可接受风险和重大危险、有害因素。

6.3.2　作业条件危险评价法

以事故或危险事件发生的可能性（L）、暴露于危险环境的频率（E）及危险严重程度（C）为自变量，则作业条件的危险性（D）等于3个自变量的积。

6.4　危险源（隐患）的辨识、评价和控制步骤

（1）根据工作场所及其设施的特点，可在全面进行作业危害分析的基础上，将

各作业任务中辨识出的危险源进行汇总，并进行评价，填写危险源（隐患）辨识调查控制清单，见附录 C。生产活动中的常见危险、有害因素详见附录 B 危险、有害因素提示表。

（2）重大危险源、非重大危险源（隐患）由水电站控制。

（3）对可以整改的重大危险源（隐患），下达重大危险源（隐患）整改通知单，见附录 D，做到"四定"（即定措施、定负责人、定资金来源、定完成期限）。

（4）对于无力解决的重大危险源（隐患），水电站一方面采取有效防范措施外，另一方面应书面向当地政府安全监管机构报告。

（5）对于物质技术条件暂时不具备整改条件的重大危险源（隐患），必须采取应急防范措施，并纳入计划，一旦条件具备则予以解决。

（6）水电站对重大危险源（隐患）的工艺参数危险物质进行定期的检测，对重要的设备、设施进行经常性的检测、检验，并做好记录。

（7）在设备运行、物资储存过程中可能引起火灾、爆炸及毒害的部位，应充分设置温度、压力、液位等检测仪表、报警（声、光）和安全连锁装置等设施。

（8）重大危险源（隐患）及整改情况应汇总并存档，见附录 E 重大隐患管理记录。

6.5　重大危险源应急救援的演练

（1）按重大危险源（隐患）的性质、类型、影响范围、严重后果等分别制订相应的应急救援预案，不同类型的应急预案要形成统一整体，救援力量要统筹安排。

（2）每年应制订重大危险源（隐患）应急救援演练计划，计划应包括演练时间、地点。重大危险源应急救援演练每年至少进行两次。

（3）在演练前应组织对参加演练的人员进行《重大危险源（隐患）应急预案》培训，使其掌握安全操作技能和应当采取的应急措施，并要有培训记录和档案，应急人员要通过考核证实确能胜任所担负的应急任务后，才能上岗。

（4）组建落实并配有相应应急器材，应急器材要定期检查，保证设备性能完好。

（5）根据演练的评估情况，及时对《重大危险源（隐患）应急救援预案》进行修订。

6.6　危险源（隐患）辨识和评价的其他管理

（1）建立危险源（隐患）档案，档案内容包括物质名称、数量、性质、地理位置、管理人员、安全规章制度、评估报告、检测报告等。

（2）重大危险源（隐患）形成报告后要报地方政府安全监管机构备案。重大危险源报告应包括重大危险源（隐患）的详细情况、可能产生的事故类型、安全措施与预防措施、应急预案等。

（3）应将重大危险源（隐患）可能发生事故的应急措施信息告知相关单位和人员。

6.7　防护器具、设备、设施的管理

（1）按有关标准，对重大危险源（隐患）和一般危险源（隐患）所属岗位配

备劳动防护用品和防护器具、设备设施，并将所配备的劳动防护用品和防护器具、设备、设施进行登记。

（2）及时对防护器具进行校验和更新，保证岗位配备的防护器具的有效性。

7　检查与考核

（1）本标准执行情况由安全生产部进行监督、检查与考核。

（2）考核标准执行《安全生产考核管理标准》中的有关部分。

8　报告与记录

序号	名称	保存地点	保存期
1	重大危险源辨识调查登记表	水电站	3 a
2	重大危险源辨识调查汇总表	水电站	长期
3	重大危险源辨识控制计划清单	水电站	长期
4	重大危险源整改通知单	水电站	3 a
5	重大危险源管理记录	水电站	长期

附录 A　危险源（隐患）辨识与评价管理流程

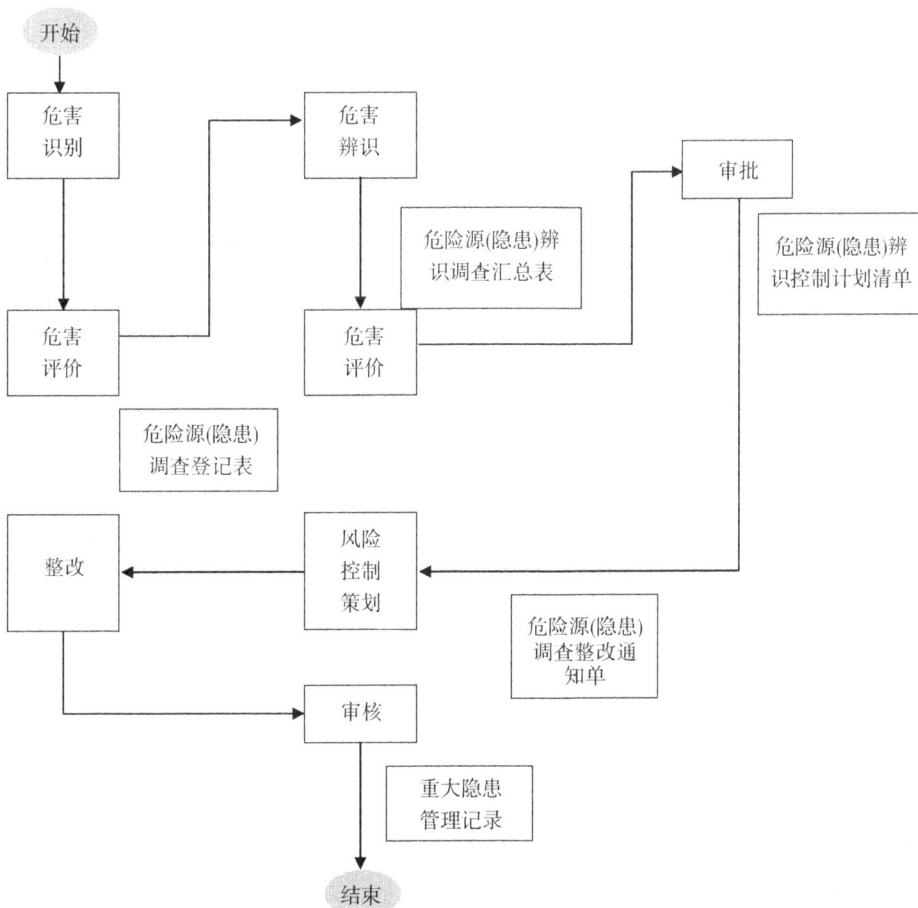

附录 B　危险、有害因素提示表

1　物理性危险和有害因素

（1）设备、设施缺陷（强度不够、稳定性差、密封不良、外露运动体等）。

（2）防护缺陷（无防护、防护装置缺陷、防护不当、防护距离不够等）。

（3）电危害（触电、带电部位裸露、漏电、雷电、静电、电火花等）。

（4）噪声危害（金属切割、汽车噪声、机械噪声、气流噪声、电磁噪声、电动工具噪声等）。

（5）振动危害（机械振动等）。

（6）电磁辐射（高压设备电场、高压设备磁场等）。

（7）运动物危害（车辆危害、物体打击、机械伤害、高压油飞溅、物体滑动等）。

（8）明火（火灾、电焊等）。

（9）能造成灼伤的高温物质（高温固体、高温液体等）。

（10）粉尘与气溶胶（焊接烟尘、清洁灰尘等）。

（11）作业环境不良（在平地上滑倒/跌倒、人员从高处坠落、工具、材料等从高处坠落、头上空间不足、楼梯护栏或手栏不足、安全通道缺陷、照明不良、有害光照、通风不良、气温过高、气温过低、气压过高、气压过低、高温高湿、自然灾害等）。

（12）信号缺陷（无信号设施、信号位置不当、信号不清、信号显示不准等）。

（13）标志缺陷（无标志、标志不清楚、标志不规范、标志选用不当、标志位置缺陷等）。

（14）其他物理性危险和有害因素。

2　化学性危险和有害因素

（1）易燃易爆性物质（火灾与爆炸等）。

（2）有毒物质（可吸入的化学物质、摄入引起伤害的物质等）。

（3）腐蚀性物质（通过皮肤接触和吸收而造成伤害的物质、可能伤害眼睛的物质或试剂等）。

（4）其他化学性危险和有害因素。

3　生物性危险和有害因素

（1）致病微生物。

（2）传染病媒介物。

（3）致害动物。

（4）致害植物。

（5）其他生物性危险和有害因素。

4 心理、生理性危险和有害因素

（1）负荷超限（体力负荷超限、听力负荷超限、视力负荷超限等）。

（2）健康状况异常。

（3）从事禁忌作业。

（4）心理异常（情绪异常、冒险心理、过度紧张等）。

（5）辨识功能缺陷（感知延迟、辨识错误等）。

（6）其他心理、生理性危险和有害因素。

5 行为性危险和有害因素

（1）指挥错误（违章指挥等）。

（2）操作失误（误操作、违章作业等）。

（3）监护失误（未执行监护制度、监护不到位等）。

（4）外来人员活动。

（5）以往发生事故。

（6）安全管理上的缺陷。

（7）其他行为性危险和有害因素。

6 事故类型

（1）坠落、滚落。

（2）摔倒、翻倒。

（3）碰撞。

（4）飞溅、落下。

（5）倒塌。

（6）被碰撞。

（7）轧入。

（8）切伤、擦伤。

（9）踩伤。

（10）淹溺。

（11）接触高温。

（12）接触有害物。

（13）触电。

（14）爆炸。

（15）破裂。

（16）火灾。

（17）交通事故。

（18）动作不当。

（19）其他。

附录C　危险源（隐患）辨识控制清单

填表人＿＿＿＿＿＿＿＿＿＿＿　　　　　　　　　填表日期＿＿＿＿＿＿＿＿＿＿＿

序号	工艺（作业）活动	危险因素	可能导致的事故	危险级别	控制措施（a~f）	备注

审核＿＿＿＿＿＿＿　　　　　　　批准＿＿＿＿＿＿＿　　　　　　　批准日期＿＿＿＿＿＿＿

注：控制措施中，a为制定目标、指标及管理方案；b为制定管理程序；c为培训与教育；d为应急预案与响应；e为加强现场监督检查；f为保持现有措施。

附录D　重大危险源（隐患）整改通知单

重大危险源整改单位（水电站）		整改单位（水电站）负责人		整改责任人	
重大危险源内容及整改要求					
整改期限	自即日起至　年　月　日前整改完毕。				
签发部门意见	签发人（签字）：　年　月　日	领导批示		批示人（签字）：　年　月　日	
整改措施			整改责任人（签字）：　年　月　日		
验收意见或处理结果			签发部门验收人（签字）：　年　月　日		

附录 E　重大危险源（隐患）管理记录

重大危险源名称			危险因素		可能发生的危害	
级别		所在部门		管理第一责任人	现场监督责任人	

预防事故主要措施：	上级、水电站和班组检查整改情况			
	检查时间	检查级别	检查结果	整改情况
应急预案及救援：				

（三）安全工器具管理标准（示例）

1　范围

本标准规定了水电站安全工器具的购置、检验、保管、检查、维修、使用及报废等环节的管理。

2　规范性引用文件

规范性文件清单

序号	名称	序号	名称
1	电力安全作业规程（电气部分）	4	《水电企业生产事故调查规定》
2	电力安全作业规程（热力机械部分）	5	《水电站大坝安全管理规定》
3	《水电企业安全生产工作规定》	6	《水电企业安全检查与安全性评价工作规定》

3　术语和定义

安全工器具是指防止触电、灼伤、坠落、摔跌、中毒等事故，保障工作人员人身安全的各种专用工具和器具。

4 职责

（1）安全生产部负责制订水电站安全工器具管理职责、分工和工作标准。

（2）安全生产部负责制订、申报安全工器具的订购、配置、报废计划；组织、监督检查安全工器具的定期试验、保管、使用等工作。

（3）运行维护部建立安全工器具管理台账，做到账、卡、物相符，试验报告、检查记录齐全；

（4）安全生产部负责开展安全工器具使用的培训工作。

（5）安全生产部每季对安全工器具全面检查 1 次，并做好记录。

5 流程与风险分析

5.1 管理流程图

安全工器具管理流程图见附录 A。

5.2 风险控制点

本标准中的风险控制点包括采购、使用与保存、定期检验、报废处理。

5.3 风险分析

（1）由于未采购（经国家有关部门认可，符合国家或行业标准，并有生产许可证和附有检验合格证、使用说明书、制造厂名、绝缘等级等资料的）合格安全工器具，可能存在安全隐患，造成人员伤亡和设备损坏。

（2）由于安全工器具使用与保存不当，可能造成损坏和存在安全隐患，发生人员伤害和设备损坏。

（3）由于安全工器具到期没有进行检验，或检验后合格与不合格安全工器具没有分开保管，可能造成安全工器具安全可靠性降低，发生人员伤害和设备损坏。

（4）由于安全工器具达不到安全检验指标而没有办理报废手续的，造成报废安全工器具流入正常工作使用中，发生人员伤害和设备损坏。

6 管理内容与方法

6.1 安全工器具种类

（1）电气安全工器具：接地线、绝缘手套、绝缘鞋（靴）、绝缘棒、绝缘工具、绝缘夹钳、高压感应静电验电器等。

（2）登高作业安全工器具：金属梯、软梯、升降梯、高凳、安全网、脚扣等。

（3）起重安全工器具：卷扬机、手拉链条葫芦、千斤顶、滑轮、绳扣、卡扣、吊带及棕绳等。

（4）机械和化学防护用品：防护眼镜、防毒面具、防护服、耐酸手套、耐酸围裙及耐酸靴等。

（5）个人安全防护用品：安全帽、安全带、安全绳、近电报警器、便携式接地线等。

（6）手持式电动工具，移动式电动工具：手持电钻、冲击电钻、电锤、电动扳手、电烙铁、行灯（手持照明电灯）和行灯变压器、移动式碘钨灯架、多功能电源线盘、电动吹尘器等。

（7）各类安全围栏、围网、防护罩等。

6.2　安全工器具的编号

（1）各类安全工器具必须进行登记，建立台账，做到物、账相符。

（2）安全工器具实行统一编号（安全帽除外）。

（3）安全工器具上的编号必须写在醒目位置并能长期保留，对模糊不清的编号应更新，新购入的安全工器具必须先进行编号，建立台账、经检验合格后方可投入使用。

6.3　安全工器具的保管

（1）个人使用的安全工器具，由个人负责，妥善保管，并根据本规定进行定期检查、试验。

（2）公用的安全工器具，应指定专人负责保管，并建立管理规定。

（3）安全工器具应按规定分类存放，防止受潮、霉变、变形、受热、机械损伤，不可接触各种油类、酸碱物质，以防腐蚀。

（4）合格的安全工器具不得与不合格的安全工器具、报废的安全工器具混放。不得接收检验不合格的安全工器具，检验不合格的安全工器具不得索回。

（5）保管人员应熟悉安全工器具的有关保管使用规定及其使用方法。

6.4　安全工器具的定期试验

（1）安全工器具应按《电业安全工作规程》中规定的周期和标准进行定期试验。对暂不具备试验条件的安全器具，必须按规定要求进行检查。

（2）新领用和经修理过的安全工器具应校验、测试。安全工器具每次试验后，应由试验部门（单位）出具试验证明，审核后方可使用。

（3）自制或改进的安全工器具，其电气、机械性能应符合国家有关标准的规定，并经批准后方可使用。

（4）市级及以上有关安全管理部门、技术监督部门监督管理的安全工器具，应按规定进行校验。

6.5　安全工器具的使用

（1）安全工器具的使用者应熟悉安全工器具的正确使用和操作方法。

（2）使用安全工器具之前，应认真核查合格证上的有效期限，严禁使用不合格和超过试验有效期限的安全工器具，并进行使用前的常规检查，常规检查主要内容如下：

①是否清洁、完好。

②连接部分应牢固、可靠、无锈蚀、断裂。

③无机械损伤、裂纹、变形、老化、炭化等现象。

④是否符合设备的电压等级。

⑤不得超过试验合格的有效期。

⑥新领和经修理后的安全工器具未经检查不准使用。

⑦安全工器具不符合外界环境条件使用要求时不准使用。

⑧有声、光等双重功能的安全工器具，当有一项功能失常时，禁止使用。

⑨使用中的安全工器具应放置在妥善的地方，不可随意乱放，以免受到污染或损坏。

⑩安全工器具不能移作他用，不能替代普通工具使用，不得随意外借。

6.6　安全工器具的报废

（1）安全工器具经检查或试验达不到安全标准应予报废，由试验人出具书面结果，鉴定后作报废处理。报废的安全工器具，安全专（兼）职人员应在安全工器具试验、检查记录表中的备注栏内注明何时检验不合格；在安全工器具管理清册中的"报废时间"栏内注名时间。

（2）安全工器具凡有使用期限的到期后应作报废处理。

（3）起重工具、登高工具、手持电动工具等的管理，除按地方政府劳动安全部门的规定进行定期检验外，均应按本规定要求进行编号、建账、监督和管理。

7　检查与考核

本标准执行情况由安全生产部进行监督、检查与考核。

8　报告与记录

序号	名称	保存地点	保存期
1	安全工器具管理台账	水电站	长期
2	安全工器具报废台账	水电站	长期

附录 A　安全工器具管理流程

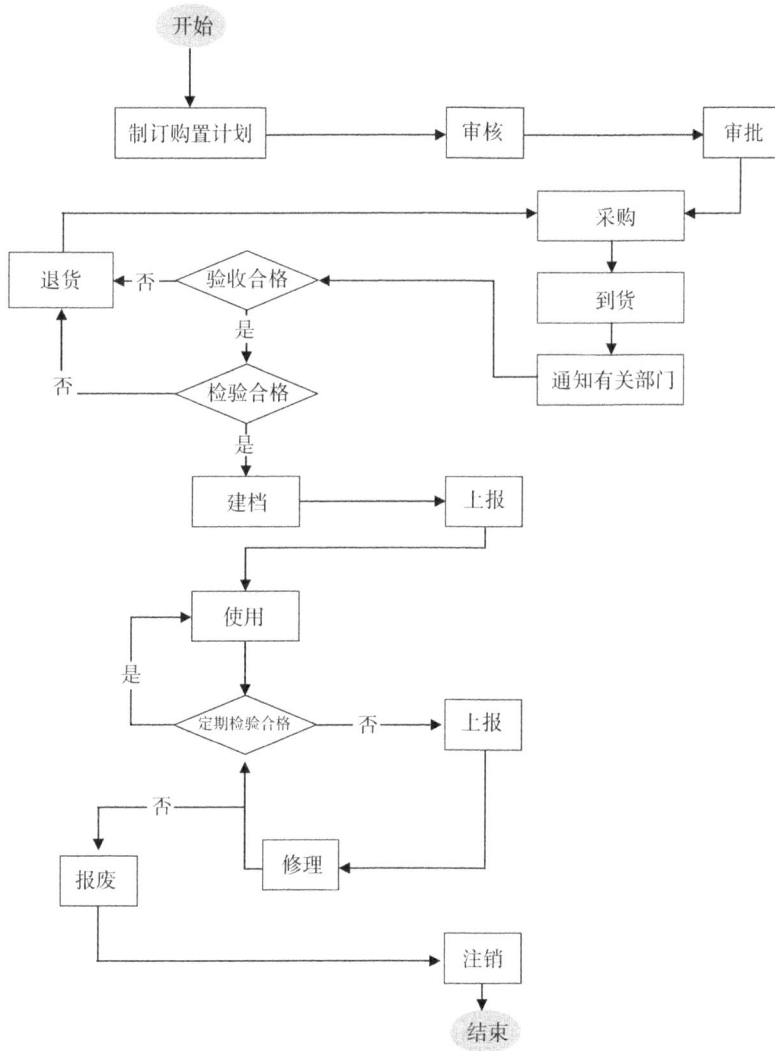

```
                    开始
                     │
                     ▼
          ┌──────────┐      ┌──────┐      ┌──────┐
          │ 制订购置计划 │ ───> │ 审核 │ ───> │ 审批 │
          └──────────┘      └──────┘      └──────┘
                                               │
                                               ▼
                                          ┌──────┐
                                          │ 采购 │
                                          └──────┘
                                               │
                                               ▼
  ┌──────┐   否   ◇────────◇              ┌──────┐
  │ 退货 │ <──── │ 验收合格 │ <────────────│ 到货 │
  └──────┘       ◇────────◇              └──────┘
     ▲               │是                      │
     │ 否            ▼                        ▼
     │           ◇────────◇            ┌────────────┐
     └────────── │ 检验合格 │            │ 通知有关部门 │
                 ◇────────◇            └────────────┘
                     │是
                     ▼
                 ┌──────┐        ┌──────┐
                 │ 建档 │ ────>  │ 上报 │
                 └──────┘        └──────┘
                                     │
                     ┌───────────────┘
                     ▼
              ┌──────┐
        ┌────>│ 使用 │
        │     └──────┘
        │是       │
        │         ▼
        │     ◇──────────◇   否   ┌──────┐
        │     │ 定期检验合格 │ ───> │ 上报 │
        │     ◇──────────◇        └──────┘
        │         ▲ 否
     否 │         │
  ┌─────┘     ┌──────┐
  ▼           │ 修理 │<───┘
┌──────┐      └──────┘
│ 报废 │
└──────┘
   │
   │              ┌──────┐
   └────────────> │ 注销 │
                  └──────┘
                     │
                     ▼
                   结束
```

附录 B 安全工器具参考标准

1. 国家标准 GB/T 2812—2006 安全帽测试方法

2. 国家标准 GB/T 6096—2009 安全带测试方法

3. 国家标准 GB 5725—2009 安全网

4. 国家标准 GB 24543—2009 坠落防护安全绳

5. 国家标准 HG 2949—1999 电绝缘橡胶板

6. 国家标准 GB 7059—2007 便携式木梯安全要求

7. 国家标准 GB 12142—2007 便携式金属梯安全要求

8. 国家标准 GB 4385—1995 防静电鞋、导电鞋技术要求

9. 国家标准 GB 12011—2009 足部防护电绝缘鞋

10. 国家标准 GB 12014—2009 防静电服国家检测标准

11. 国家标准 GB/T 17620—2008 带电作业用绝缘硬梯

12. 国家标准 GB/T 12168—2006 带电作业用遮蔽罩

13. 国家标准 GB 13398—2008 带电作业用空心绝缘管、泡沫填充绝缘管和实心绝缘棒

14. 国家标准 GB/T 17622—2008 带电作业用绝缘手套

15. 国家标准 GB 2890—2009 呼吸防护自吸过滤式防毒面具

16. 公共安全行业标准 GA 124—2004 正压式消防空气呼吸器

17. 电力行业标准 DL/T 879—2004 带电作业用便携式接地和接地短路装置

18. 电力行业标准 DL 740—2000 电容型验电器

19. 电力行业标准 DL 5009.3—2013 电力建设安全工作规程（变电站）

20. 电力行业标准 DL 5009.2—2013 电力建设安全工作规程（架空电力线路）

21. 电力行业标准 DL/T 846.6—2004 高电压测试设备通用技术条件第六部分：六氟化硫气体检漏仪

附录 C 安全工器具管理台账

序号	设备名称	型号	号码牌	技术规范	生产厂家	安全许可证	出厂日期	检验日期	下次检验日期	实验结果	合格证号	实验人员	处理意见	备注

附录 D　安全工器具报废台账

序号	设备名称	型号	出厂编号	报废原因	申请人	签定人	检查日期	报废日期	处埋结果	备注

（四）危险作业安全管理标准（示例）

1　范围

本标准规定了水电站高处作业、电工作业、起重机吊装作业（含设备搬运作业）、受限空间作业、金属焊接（切割）作业、脚手架作业等方面的危险作业安全管理要求。

2　规范性引用文件

规范性文件清单

序号	名称	序号	名称
1	电力安全作业规程（电气部分）	4	《水电企业生产事故调查规定》
2	电力安全作业规程（热力机械部分）	5	《水电站大坝安全管理规定》
3	《水电企业安全生产工作规定》	6	《水电企业安全检查与安全性评价工作规定》

3　术语和定义

3.1　危险作业

是指作业本身和作业环境会对人身造成伤害和财产损失的活动，主要包括高处作业、带电作业、脚手架作业、动火作业、特种设备作业、易燃易爆场所作业和受限空间作业等。

3.2　危险作业人员

直接从事危险作业者称危险作业人员。

3.3　高处作业

在距坠落高度基准面 1.5 m 及以上有可能坠落的高处进行的作业。

4　职责

（1）运营维护部负责监督、检查、指导生产检修的危险作业。

（2）运营维护部负责水电站员工危险作业相关人员的特种作业培训、取证、复审等工作。

（3）承包单位负责外包工程起重机械作业、电工作业等特种作业人员的教育培训及取证工作。

(4) 承包单位应制订危险作业方案和安全技术保障措施，办理作业危险点预控安全措施票或工作票后，方可实施作业。负责施工全过程的安全监管。

5 流程与风险分析

5.1 管理流程图

危险作业安全管理流程图见附录 A。

5.2 风险控制点

本标准中的风险控制点：确定危险作业的范围、制订危险作业方案和安全保障措施、履行专项审批程序、落实确认危险作业安全保障措施、进行全过程安全监督、确认结束等。

5.3 风险分析

(1) 由于危险作业人员从事本工种作业时存在疾病和生理缺陷，可能导致人身、设备事故。

(2) 由于从事危险作业人员未进行岗前培训和取得特种作业操作证，其安全操作技能和预防事故的实际能力不够，可能导致人身伤害、设备损坏。

(3) 由于危险作业时未按规定制订危险作业方案和安全保障措施，未履行审批程序，致使安全措施落实不到位、作业时违章、违规操作，可能导致人身、设备事故。

(4) 由于危险作业前未逐项检查确认安全保障措施的落实情况，致使安全保障措施不到位，可能造成人身伤害、设备损坏。

(5) 由于危险作业中未进行全过程的安全监护，致使安全监护缺位，可能发生人身伤害、设备损坏。

(6) 由于危险作业结束时未确认安全状态，可能遗留安全隐患，导致人身伤害、设备损坏。

(7) 由于危险作业时运行维护部安全监管未进行检查确认，可能导致人身伤害、设备损坏。

6 管理内容与方法

6.1 危险作业

必须严格执行《电力安全作业规程》等的有关规定。

6.2 电工作业

(1) 电工作业人员应具备的条件：年满 18 周岁，无妨碍从事相应特种作业的疾病和生理缺陷；具有初中及以上文化程度；具备必要的安全技术知识与技能；参加国家相关规定的安全技术理论和实际操作考核，成绩合格并取得电工特种作业操作证者。

(2) 已取得电工特种作业操作证的作业人员应定期进行复审。特种作业操作证每 3 a 复审 1 次；特种作业操作证过期或考核不合格者将视为无效。

（3）所有在水电站从事电工作业的人员都应按规定持证上岗。

6.3　高处作业

（1）担任高处作业人员必须身体健康。患有精神病、癫痫病及经医师鉴定患有高血压、心脏病等不宜从事高处作业的人员，不准参加高处作业。凡发现工作人员身体不适、饮酒、情绪异常时，不得登高作业。

（2）在没有脚手架或者在没有栏杆的脚手架上工作，高度超过 1.5 m 时，必须使用安全带或采取其他可靠的安全措施。

（3）高处作业时要使用的安全工器具（如配备安全带、登高用具、围栏等）必须检查合格后方可作业。

（4）高处作业应一律使用工具袋，较大的工具应用绳拴在牢固的构件上，不准随便乱放，以防止从高空坠落发生事故；作业过程中不准将工具及材料上下投掷，要用绳系牢后往下或往上吊送，以免打伤下方工作人员或击毁脚手架。

（5）安全带挂钩应挂在规定的位置或牢固可靠的位置，严禁脱钩作业并高挂低用。

（6）高处作业时，与该项工作无关的人员严禁在工作区域通行或逗留，必要时应设临时围栏隔离或装设其他安全警示标志。

（7）禁止在雷雨天气及夜间没有充足照明的情况下进行露天高处作业。

6.4　起重机械作业（含搬运作业）

所有起重设备必须经过检验合格，方能使用，操作人员必须取得作业资格证，方可参加作业。

以手拉"葫芦"作业为例：

（1）使用前应认真检查吊钩、链条与轴是否有变形或损坏，链条终根部分的销子是否固定牢靠，传动部分是否灵活，链条是否有卡链、滑链和链条是否有断节及裂缝现象；吊挂绳索及支架横梁是否结实稳固；经检查合格方可使用。

（2）使用时应检查起重链条是否扭结，如有扭结现象应调整好后方可使用。

（3）在使用时先将手链反拉，将起重链条倒松，使倒链有足够的起升距离。操作时注意慢慢拉紧，使链条逐渐受力；检查各部分有无异常，再试摩擦片、圆盘和棘轮圈的自锁情况（刹车）是否完好；检查无异常后，方可正式操作。

（4）在起重作业中，严禁超载使用。在使用时不论处于什么位置，拉链应与链轮方向一致，防止拉链脱槽；拉链时用力要均匀，不应过快过猛。

（5）应根据倒链起重能力的大小决定拉链的人数。手拉链拉不动时，应查明原因，不能增加人数或猛拉，以免起重链条受力过大而断裂发生事故。

（6）已吊起的重物需中途停止时间较长时，要将手拉链条拴在起重链上，以防止时间过长倒链自锁失灵造成意外事故。

（7）转动部分要定期润滑，防止链条锈蚀，受严重锈蚀及有断痕或裂纹的链条应报废更新。

（8）每季度应对手拉葫芦进行一次无载动作检查（目测），根据使用情况按要求每年进行一次检验。

6.5　受限空间作业

（1）在管道、坑井、隧道内的检修或施工因作业空间狭窄，照明、通信不畅，作业人员遇险时施救难度大，容易发生安全事故，工作现场应至少有两人工作，严格执行安全防护措施，并设一名监护人。

（2）受限空间作业人员和监护人之间要保持信号畅通或定好信号联系方式，以便随时了解作业人员和工作情况，确保监护有效。

（3）在可能发生有害气体的地下维护室或沟道内进行工作的人员，除必须戴正压式呼吸器外，还必须使用安全带，安全带绳子的一端紧握在上面监护人手中。如果监护人必须进入维护室做救护，应先戴上正压式呼吸器和系上安全带，并应另有其他人员在上面做监护。

（4）根据具体工作性质，作业人员应事先了解并掌握安全注意事项，如气体中毒、窒息急救法等措施。

（5）工作开始前，工作负责人必须检查室内有无有害气体，禁止采用明火投入室内检查方法进行检查，以防止发生爆炸。受限空间内若存在有害气体，须先进行通风，把有害气体排除后，人员方可进入作业。每天开工前工作负责人应检查作业现场空气质量，如空气质量不满足作业要求，要进行通风处理，直至合格，并要保持通风良好。

（6）进入有水的地下坑井或沟道内接触电气设备或进行操作检修，作业人员应做好绝缘防护措施。受限空间作业临时电源使用严格执行《电力安全作业规程》的相关规定，进入受限空间作业时禁止使用明火照明，应采用 12~36 V 的行灯照明。

（7）工作完毕，工作负责人应清点人员已全部撤出，带入工具、材料已全部带出，方可离开。

6.6　金属焊接（切割）作业

（1）焊接（切割）等作业只限于熟悉使用方法并经考试合格、取得特种作业操作资格的人员。

（2）使用气瓶作业应按《电力安全作业规程（热力与机械部分）》的相关规定执行。

（3）在易燃、易爆物或电力电缆附近焊接（切割）时，应办理动火工作票手续。作业前清除周围易燃物，做好防止金属飞溅引起火灾的安全防护措施。

（4）不应在运行中的转动机械和有压力的容器、管道以及带电设备上进行焊接、切割作业。

（5）不应在雨、雪及大风天气进行露天焊接或切割作业。如确实需要时，应设置挡风装置，采取遮蔽雨雪、防止触电和防止火花飞溅的措施。

（6）在高处进行焊接与切割作业。

①应就近取用电源，但要防止电流超载损坏电气设备；如有必要应另设专用电源接线。

②高空焊接时，应佩戴安全带（安全带的安全绳应采取防火措施），焊件下方应采取防火隔绝措施（用防火布或遮板），在焊件下方派专人监护，以防火种落下引起火灾。

③在高处进行电焊作业时，宜设专人进行拉合闸和调节电流等作业。

④不应随身携带电焊导线、气焊软管登高或从高处跨越，应在切断电源和气源后用绳索提吊。

（7）作业完毕，要收拾好工具物件，清点人员、工具、设施，检查熄灭火种，清扫现场，确认设备设施完好，现场未遗留安全隐患，人员才能撤离。

6.7　脚手架作业

（1）搭拆脚手架人员必须经专门培训考试合格，持特种作业上岗证作业，并应定期复检，严禁无证上岗作业。

（2）施工前由脚手架搭设单位针对施工现场的环境及脚手架的性质、用途，编制施工作业指导书，经水电站审批后进行安全技术交底。搭接前应严格检查使用的工具和脚手架钢管、扣件安全可靠，无严重锈蚀、弯曲、压扁或裂纹的脚手架钢管，以及无脆裂、变形、滑丝的扣件。

（3）搭设脚手架人员应采取防止坠落的安全措施，必须戴安全帽、系安全带、穿防滑鞋。

（4）在电力线路附近拆除脚手架时，应停电，不能停电时，应采取防止触电和损害线路的措施。

（5）搭设好的脚手架，未经验收不得擅自使用。

（6）使用部门负责人每天上脚手架前，必须进行脚手架整体检查；脚手架使用期间，严禁拆除主节点的纵、横向水平杆，纵横向扫地杆及连墙杆，特殊情况下因工作的需要必须拆除某些杆件和连墙杆时，必须取得使用部门负责人、脚手架搭建负责人和安监部门人员同意，并采取加固措施后方可拆除。

（7）脚手架上进行电、气焊等作业时，应做好防火措施，配置防火器材，防止火星和切割物溅落引起火灾。

（8）脚手板可采用钢、木、竹材料制作，作业层的脚手板必须满铺，搭接应牢固可靠，严防倾翻，严禁出现探头板。

（9）拆除脚手架应由上而下、按层按步拆除，严禁上下同时作业，按照拆除架体原则：先拆后搭的杆件，先架面材料后构架材料、先结构件后附墙件的顺序。脚手架的栏杆与楼梯不应先行拆掉，而应与脚手架的拆除工作同时配合进行。在脚手架拆除区域内，禁止与该项工作无关的人员逗留。

7　检查与考核

本标准执行情况由运行维护部进行监督、检查与考核。

附录A　危险作业安全管理流程

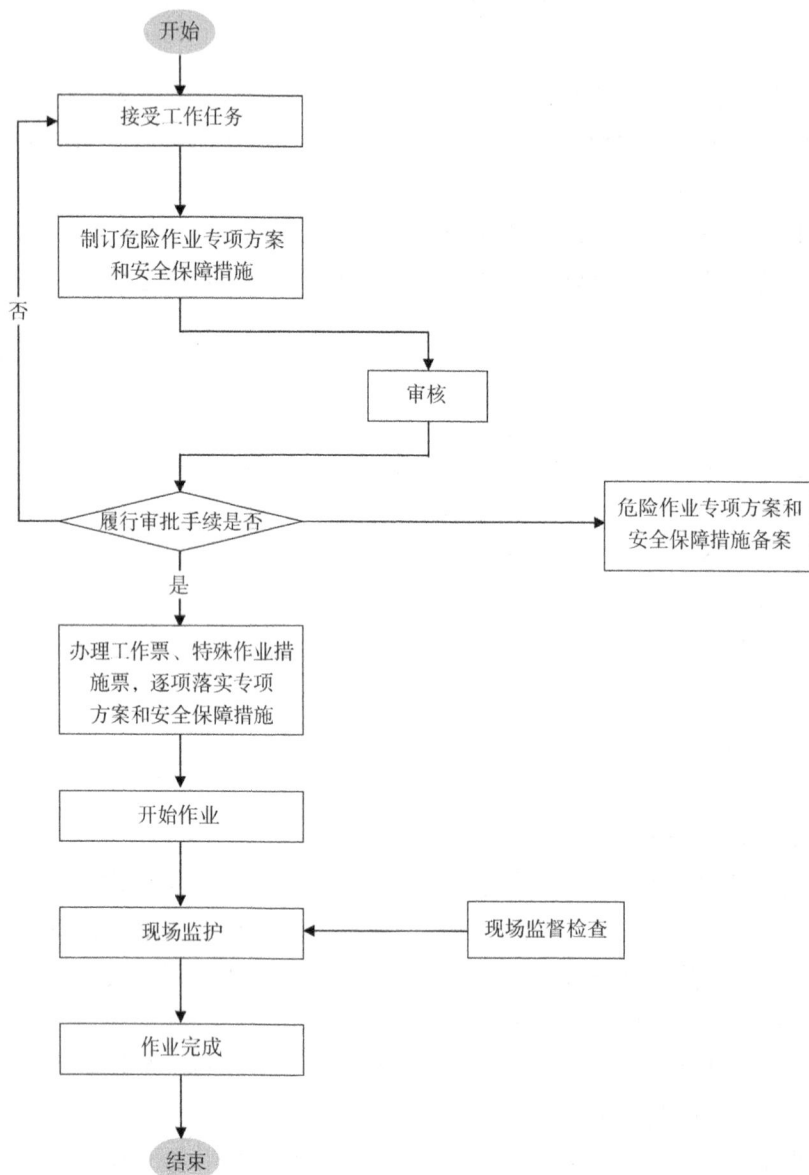

（五）特种设备及特种作业人员安全管理标准（示例）

1 范围

本标准规定了水电站特种设备的使用、管理、检查与维护及对特种作业人员管理内容和要求。

2 规范性引用文件

规范性文件清单

序号	名称	序号	名称
1	国务院令第 373 号《特种设备安全监察条例》	7	防止电力生产事故重点要求
2	国务院令第 549 号《国务院关于修改〈特种设备安全监察条例〉的决定》	8	《水电企业安全生产工作规定》
3	国家安全生产监督管理总局令第 30 号《特种作业人员安全技术培训考核管理规定》	9	《水电企业生产事故调查规定》
4	《起重机械安全规程》（GB 6067—2010）	10	《水电站大坝安全管理规定》
5	电力安全作业规程（电气部分）	11	《水电企业安全检查与安全性评价工作规定》
6	电力安全作业规程（热力机械部分）		

3 术语和定义

3.1 特种设备

指涉及生命安全、危险性较大的压力容器（含气瓶，下同）、压力管道、电梯、起重机械和场内专用机动车辆等。

3.2 场内专用机动车辆

是指除道路交通、农用车辆以外仅在水电站区域使用的专用机动车辆。如叉车、搬运车、牵引车等。

3.3 特种作业

是指容易发生事故，对操作者本人、他人的生命健康及设备、设施的安全可能造成重大危害的作业。

3.4 特种作业人员

是指直接从事特种作业的人员。

4 职责

（1）运行维护部负责特种设备的安全监督及特种作业人员的安全教育培训。

（2）运行维护部负责制订特种设备技术规程和管理制度，特种设备登记注册和台账、档案管理，负责特种设备的维护管理。

5　流程与风险分析

5.1　管理流程图

特种作业人员安全管理流程图见附录 A。

5.2　风险控制点

本标准中的风险控制点包括资质审查、定期审验、日常维护、台账管理。

5.3　风险分析

（1）使用无特种设备生产资质厂家生产的设备、未经检验合格或合格证超过有效期的特种设备，可能发生设备故障，导致人身伤害。

（2）没有资质的承包商维修特种设备，可能发生设备损坏，人身伤害。

（3）特种作业人员无证上岗，可能导致设备损坏、人身伤害。

（4）未制订并严格执行特种设备岗位责任制，管理制度不健全，定期自检和日常保养不到位、台账管理不到位等，可能导致设备损坏、人身伤害。

6　管理内容与方法

6.1　特种设备的使用

（1）严格执行《特种设备安全监察条例》和有关安全生产的法律、行政法规的规定，保证特种设备的安全使用。

（2）使用符合安全技术规范要求和具备国家规定资质生产单位生产的特种设备。特种设备投入使用前，应核对特种设备安全技术规范要求的设计文件、产品质量合格证明、安装及使用维修说明、监督检验证明文件等。

（3）特种设备在投入使用前或者投入使用后 30 d 内，应向属地特种设备安全监督管理部门登记。登记标志应置于或者附着于该特种设备的显著位置。

（4）对在用特种设备进行日常维护保养，并定期自行检查。对在用特种设备至少每月进行一次自行检查，并做好记录。对在用特种设备进行自行检查和日常维护保养时发现异常情况的，应及时处理。对在用特种设备的安全附件、安全保护装置、测量调控装置及有关附属仪器仪表进行定期校验、检修，并做好记录。

（5）按照特种设备安全技术规范的定期检验要求，在安全检验合格有效期届满前 1 个月，向特种设备检验检测机构提出定期检验要求，并取得安全检验合格标志。安全检验合格标志应固定在特种设备显著位置上。未经定期检验或者检验不合格的特种设备，不得继续使用。

①起重机械的定期检验周期为 2 a。

②压力容器的定期检验周期：外部检验周期为 1 a，内部检验周期为 3 a，耐压试验周期为 10 a。

③电梯的定期检验周期为 1 a。

④场内专用机动车辆的定期检验周期为 1 a。

（6）特种设备出现故障或者发生异常情况，应对其进行全面检查，消除事故隐患后，方可重新投入使用。特种设备不符合能效指标的，应当采取相应措施进行整改。

（7）特种设备存在严重事故隐患，无改造、维修价值，或者超过安全技术规范规定使用年限，应及时予以报废，并向原登记特种设备的安全监督管理部门办理注销。

（8）承接特种设备安装、检查、保养、维护、检修工作的单位，必须是经特种设备安全监督管理部门审核、批准、领取安全许可证的单位。

（9）起重机械、压力容器、电梯、场内专用机动车辆的作业（安装、保养、维护、检修）人员及其相关管理人员（特种设备作业人员），必须经特种设备安全监督管理部门考核合格，取得国家统一格式的特种作业人员证书，方可从事相应的作业或者管理工作。应对特种设备作业人员进行特种设备安全、节能教育和培训，保证特种设备作业人员具备必要的特种设备安全、节能知识。特种设备作业人员在作业中应严格执行特种设备操作规程和有关的安全规章制度。

（10）特种设备作业人员在作业过程中发现事故隐患或者其他不安全因素，应立即向现场安全管理人员和单位有关负责人报告。

6.2 特种设备的管理

（1）建立特种设备安全管理制度和岗位安全责任制，制订特种设备事故应急措施和救援预案，建立健全特种设备运行、操作规程。

（2）制订特种设备定期自检和日常保养维护规定，并严格执行做好记录。在检查中发现的设备磨损、设备缺陷应制订检修计划，对重大设备缺陷应及时汇报运行维护部，并停止特种设备使用。达到标准或者技术规程规定寿命期限的零部件，应按相应要求予以报废处理，更换有质量合格证的新部件后设备方可使用，并做好注册登记，报运行维护部备案。

（3）必须建立健全特种设备管理台账。特种设备台账，应记录每台特种设备的日常使用保养、维修消缺、检修、设备零部件变更、异常情况、检验试验情况。

（4）依据特种设备实际状况，定期评估，淘汰存在的明显缺陷和不能满足安全运行的特种设备。

6.3 特种设备的检查、维护

6.3.1 起重机械的检查、保养与维修

（1）起重机械的检查。

①经常使用的起重机械每次使用前应进行检查。检查的项目：各类极限位置限制器、制动器、离合器、控制器，升降机的安全钩或其他防断绳装置的安全性能；轨道的安全状况；钢丝绳的安全状况。

②经常使用的起重机械每月应进行1次检查，停用1个月以上的起重机械，使用前应对起重机械进行1次检查，检查的项目：安全装置、制动器、离合器等有无异常情况；吊钩等吊具有无损伤；钢丝绳、滑轮组、索道、吊链等有无损伤；配电线路、集电装置、配电盘、开关、控制器等有无异常情况；液压保护装置、管道连

接是否正常。

③经常使用的起重机械每年至少进行1次全面检查。

④停用1 a以上的起重机械，使用前必须进行全面检查。

⑤起重机械遇到四级以上地震或发生重大设备事故，露天作业的起重机械经受九级以上的大风后，使用前必须进行全面检查。

⑥不常使用的起重机械每3 a应进行1次按1.1倍额定载荷的静载试验，试验时间为10 min。新安装的或经过大修的起重机械应进行1次按1.25倍额定载荷的静载试验，试验时间为10 min。

（2）起重机械的维护。

①经常使用的起重机械日常维护保养工作由起重机械驾驶员负责。日常维护保养工作的内容：起重机械及驾驶室的清揩工作；制动器的间隙检查及调整；联轴器、轴、键、螺栓检查；信号铃、指示灯及各种联锁保护装置是否完好；钢丝绳、吊钩、滑轮、卷筒有无缺陷；接触器的触点是否密贴吻合；轨道上有无障碍物；各种限位、缓冲器防撞装置是否完好正常；减速箱有否漏油；电缆滑线、控制电器、电源线是否正常；照明设备是否正常；按使用说明书要求进行润滑加油。

②定期维护保养的周期、内容按水电站定期检查的周期、内容进行。

③起重机械检修的有关规定：起重机械检修时，应将起重机械移至不影响其他起重机械工作的位置；起重机械检修时，应将所有的控制器手柄置于零位；起重机械检修时，应切断主电源、加锁并悬挂标志牌；维修更换的零部件应与原零部件的性能和材料相同；结构件需焊修时，所用的材料、焊条等应符合原结构件的要求，焊接质量应符合要求，吊钩上的缺陷严禁补焊处理；起重机械处于工作状态时，不应进行保养、维修及人工润滑。

6.3.2　压力容器检查维护

（1）压力容器外部检验由专业人员负责进行。检查压力容器外表面及运行工况下是否存在不安全因素，确认容器能否继续安全运行。

（2）压力容器内部检验由专业人员负责进行。对压力容器所有组合焊缝进行超声波探伤检查，安全阀调整定值校验，有关压力管路及安全附件检查。

（3）压力容器耐压试验由专业人员负责进行，按规程确定试验压力。

（4）压力容器必须装有安全泄放装置（安全阀、爆破片装置），其排放能力必须大于或等于压力容器的安全泄放量。

（5）使用中的各种气瓶禁止改变色标，防止错装、错用；气瓶立放时应有防止倾倒的措施；使用乙炔时必须在气瓶上装设减压器及防回火装置。

6.4　特种设备的档案管理

（1）水电站应建立特种设备安全技术档案，并及时更新。特种设备安全技术档案内容：

①特种设备的设计文件、制造单位、产品质量合格证明，使用维护说明等文件以及安装技术文件和资料。

②特种设备的定期检验和定期自行检查记录。

③特种设备的日常使用状况记录。

④特种设备及其安全附件、安全保护装置、测量调控装置及有关附属仪器仪表的日常维护保养记录。

⑤特种设备运行故障和事故记录。

⑥高耗能特种设备的能效测试报告、能耗状况记录及节能改造技术资料。

（2）特种设备安全技术档案由水电站资料室保管。运行维护部应将特种设备每年（或大、小修后）有关的检查、维护、试验、记录和特种设备运行、事故等记录交资料室存档。运行维护部在留存特种设备检验部门出具的"特种设备安全技术监督检验报告"的同时，将复印件交水电站资料室存档备查。

6.5 特种作业人员管理

（1）特种作业人员应具备的条件。

①年满18周岁，且不超过国家法定退休年龄。

②经县级以上医疗机构体检身体健康合格，并无妨碍从事相应特种作业的器质性心脏病、癫痫病、美尼尔氏症、眩晕症、癔病、帕金森病、精神病、痴呆症及其他疾病和生理缺陷。

③具有初中及以上文化程度。

④具备必要的安全技术知识与技能。

⑤相应特种作业规定的其他条件。

（2）特种作业人员的培训。

①特种作业人员应参加国家规定的安全技术理论和实际操作考试，成绩合格，由国家认可的机构颁发《特种作业操作证》，方可上岗。

②已取得《特种作业操作证》的特种作业人员根据各工种有关规定，到国家规定的考核发证机关复训，由国家认可的机构按规定周期对特种作业人员进行强制性审验。

③《特种作业操作证》过期或考核不合格者（包括补考不合格者），"特种作业操作证"视为无效。

④离开特种作业岗位6个月以上的特种作业人员，由运行维护部组织重新进行实际操作考试，经确认合格后方可上岗作业。

（3）运行维护部负责建立健全特种作业人员培训、复审档案，建立特种作业人员管理台账，并将特种作业人员培训、复审情况表、特种作业人员管理台账备案。

（4）特种作业操作应按特种作业的安全操作规定进行，严禁不具备相应资格的人员从事特种作业。

（5）运行维护部加强对生产现场特种作业的监督和日常的检查工作，对违反特种作业规定的行为，按有关制度进行考核处理。

7 检查与考核

本标准执行情况由运行维护部进行监督、检查与考核。

8 报告与记录

序号	名称	保存地点	保存期
1	特种作业人员管理台账	水电站	长期
2	特种设备清册	水电站	长期
3	特种设备台账	水电站	长期
4	设备定期维护、检修及更换大部件记录	水电站	长期
5	特种设备故障检修记录	水电站	长期
6	特种设备定期试验记录	水电站	长期

附录 A 特种设备安全管理流程

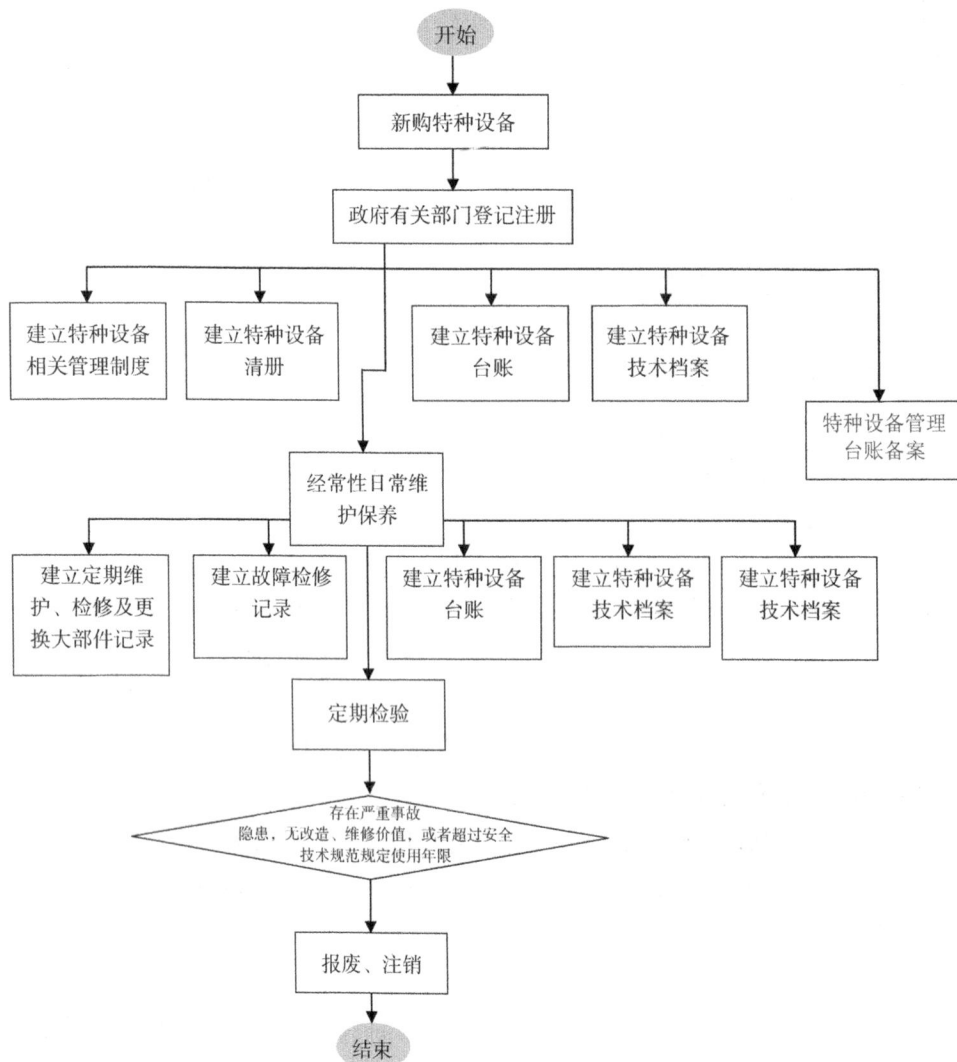

附录 B　特种作业人员安全管理流程图

附录 C　特种作业人员管理台账

序号	姓名	性别	身份证号	作业工种	作业资格证号	培训情况	有效期至	复审记录

附录 D 特种设备台账

名称：　　　　　　　　　　　　　　　　　　　　　　　　　　　　年　　月　　日

设备名称		制造国家		出厂日期	
型号		厂家		进场日期	
规格		出厂编号		安装日期	
安装地点		设备编号		使用日期	
总质量		安装单位		验收日期	
外形尺寸		电机功率		设备原值	

主要技术性能

设备技术配套主要附件

序号	名称	型号	规格	数量

附录 E 设备定期维护、检修及更换大部件记录

日期	记录编号	内容	维护检修单位	记录人

附录 F 特种设备故障检修记录

设备名称			编号	
检修日期		检修单位		
检修人员		工作负责人		

设备运行故障：

检修内容和情况说明：

检修更换零部件情况：

水电站验收人		水电站负责人	

附录 G 特种设备定期试验记录

设备名称			编号	
检修日期		检修单位		
检修人员		工作负责人		
试验内容：				
试验结果：				
试验记录附件情况：				
水电站验收人		水电站负责人		

附录 H 特种设备定期维护记录

设备名称			编号	
检修日期		维护单位		
维护人员		工作负责人		
维护内容：				
处理结果：				
水电站检查人		水电站负责人		

（六）劳动防护用品管理标准（示例）

1 范围

本标准规定了水电站劳动防护用品的计划、保管、验收、发放、定期检查；使用、报废、更新等方面的管理要求。

2 规范性引用文件

规范性文件清单

序号	名称	序号	名称
1	《水电站安全生产管理体系要求》	4	《水电企业安全生产工作规定》
2	《水电站安全生产管理体系管理标准编制导则》	5	《水电企业生产事故调查规定》
3	《水电企业安全检查与安全性评价工作规定》	6	《水电站大坝安全管理规定》

3 术语和定义

劳动保护用品是指由生产经营单位为从业人员配备的，使其在劳动过程中免遭或减轻事故伤害及职业危害的个人防护装备。劳动防护用品分为一般劳动保护用品和特种劳动防护用品。

4　职责

（1）运行维护部负责对一般和特殊劳动防护用品的计划、采购、保管、发放。

（2）运行维护部负责劳动防护用品正确使用，对使用期限到期的劳动保护用品提出报废申请。

5　流程与风险分析

5.1　管理流程图

劳动防护用品管理流程图见附录 A。

5.2　风险控制点

本标准中的风险控制点包括计划不足、未按规定保管存放、发放领用不及时、从业人员培训不到位、超期报废、质量不良。

5.3　风险分析

（1）编制计划不足，导致发放缺少或遗漏。

（2）未按规定存放，导致劳动防护用品损坏、失效。

（3）发放不及时、延误，导致从业人员不能得到及时防护造成伤害。

（4）未对使用劳动防护用品的从业人员进行培训，导致从业人员不能正确使用，造成人身伤害。

（5）使用超期报废的防护用品，导致从业人员在工作环境中得不到有效的保护，造成人身伤害和职业病。

（6）特种劳动防护用品没有定期报废，可能使从业人员使用不合格或失效的防护用品，导致人身伤害。

6　管理内容与方法

6.1　用品选择

（1）常用特种防护用品主要有高处作业（安全帽、防寒安全帽、安全带、防滑鞋、防坠落安全锁扣）；电气作业（绝缘手套、绝缘鞋）；焊接作业（护目镜、防护手套）；有毒气体环境作业（防毒面具）、粉尘环境作业（防尘口罩）；噪声环境作业（耳塞）等公用特种防护用品。

（2）定期更新配发的一般劳动保护用品。

6.2　预算计划

运行维护部每年年底应对特种防护用品进行统计、核实，及时上报到期更新或新增的公用特种防护用品，一般劳动保护用品到期更新应提前预算计划。

6.3　保管

库管人员应对购进的劳动防护用品组织验收，按照相关规定存放保管，建立防护用品台账，账物相符。

6.4　验收发放

（1）根据环境气候及员工作业特点和防护要求，按有关标准和规定发放劳动防护用品。

（2）发放的劳动防护用品应是经安全生产部门检查验收合格的正品，质量和性能均应符合国家相关标准规定。

（3）制订符合水电站实际所需的劳动防护用品发放细则。

（4）发放的劳动防护用品应符合人体特点，并规定正确的穿（佩）戴方法和使用规则。

（5）所有防护用品均应建立登记卡、册，记录用品的储存、发放和更换等内容。

6.5　定期检查

（1）至少每半年应对其员工使用的防护用品进行一次检查，了解防护用品的实际使用状况。

（2）现场安全生产负责人应检查并确保员工能够正确穿戴防护用品。

6.6　使用、报废、更新

（1）员工必须妥善保管各种防护用品并正确使用，严禁遗弃不用或损坏，对于在生产过程中不按规定使用安全防护用品的，按违章行为处理。

（2）特种安全防护用品使用前必须进行严格检查，不合格的严禁使用。

（3）发现不完整、失效的安全防护用品应进行报废处理，不应超过使用期限，及时更新。

（4）员工在作业过程中，必须按照安全生产规章制度和劳动防护用品使用规则，正确佩戴和使用劳动防护用品；未按规定佩戴和使用安全劳动防护用品的，不得上岗作业。

（5）凡符合下列条件之一的，应予报废：

①不符合国家标准或专业标准。

②未达到有关标准和规程规定的功能指标。

③在使用或保管储存期内遭到损坏或超过有效使用期。

6.7　使用管理

（1）员工在确认收到发放给自身的防护用品后，在领用登记卡上签名。

（2）安全负责人必须告知所有穿戴者，这种防护用品是法定必须穿戴的。

（3）水电站全体员工包括穿戴者都应遵循劳动防护用品的有关规定。

（4）特种防护用品应执行定期检验制度，不合格或失效的不得使用。

7　检查与考核

（1）本标准执行情况由安全生产管理部门进行监督、检查与考核。

（2）考核标准执行《安全生产考核管理标准》中的有关部分。

8 报告与记录

序号	名称	保存地点	保存期（a）
1	劳保用品领料单	水电站	3
2	劳保用品发放标准	水电站	3

附录 A 劳动防护用品管理流程图

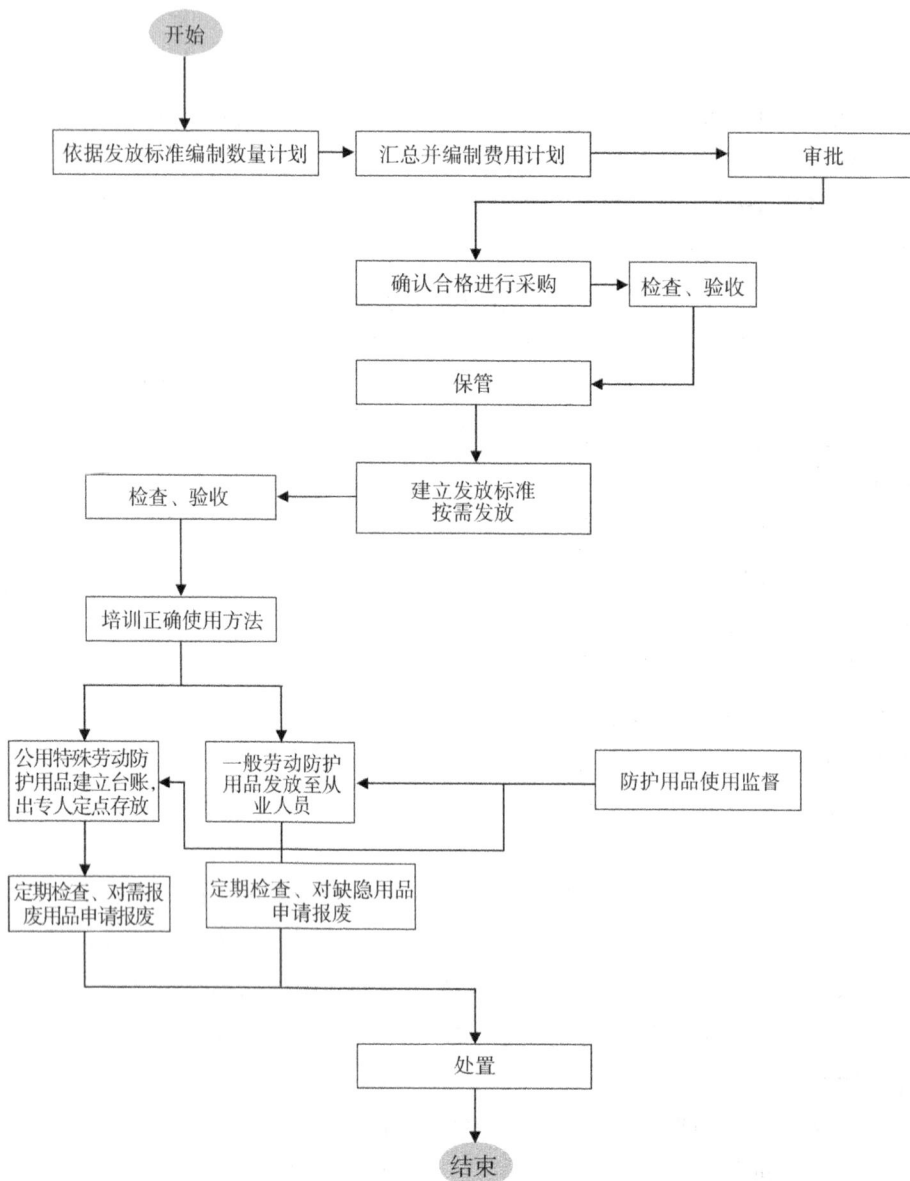

（七）安全防护设施及安全标志管理标准（示例）

1　范围

本标准规定了水电站安全设施和安全标志的管理内容、要求、检查和考核。

2　规范性引用文件

引用规范性文件清单

序号	名称	序号	名称
1	《电业安全作业规程（热力和机械部分）》	5	《水电企业安全检查与安全性评价工作规定》
2	《电业安全作业规程（电气部分）》	6	《水电企业安全生产工作规定》
3	《水电站安全生产管理体系要求》	7	《水电企业生产事故调查规定》
4	《水电站安全生产管理体系管理标准编制导则》	8	《水电站大坝安全管理规定》

3　术语和定义

3.1　安全设施

为防止生产活动中可能发生的人员误操作、人身伤害或外因引发的设备（施）损坏，而设置的安全标志、设备标识、安全警示线和安全防护的总称。

3.2　安全色

被赋予安全意义而具有特殊属性的颜色，包括红、蓝、黄、绿4种颜色。红色传递禁止、停止、危险或提示消防设备、设施的信息；蓝色传递必须遵守规定的指令性信息；黄色传递注意、警告的信息；绿色传递表示安全的提示性信息。

3.3　对比色

使安全色更加醒目的反衬色，包括黑白两种颜色。黑色用于安全标志的文字、图形符号和警告标志的几何边框；白色作为安全标志红、蓝、绿的背景色，也可用于安全标志的文字和图形符号。

3.4　安全标志

指用来表达特定的安全信息的标志。

3.5　禁止标志

禁止人们不安全行为的图形标志。

3.6　警告标志

提醒人们对周围环境引起注意，以避免可能发生危险的图形标志。

3.7　指令标志

强制人们必须做出某种行动或采用防范措施的图形标志。

3.8　提示标志

向人们提供某种信息（如标明安全设施或场所等）的图形标志。

3.9 说明标志

向人们提供特定提示信息（标明安全分类或防护措施等）的标记，由几何图形边框和文字构成。

3.10 设备、构（建）筑物标志

用以标明设备、构（建）筑物名称、编号等信息的图形或文字标志。

3.11 安全警示线

界定危险区域、防止人身伤害及影响设备（设施）正常运行或使用的标识线。

3.12 安全防护设施

为防止外因引发的人身伤害、设备损坏而设置的防护装置和用具。

3.13 安全栏杆

是指一种防止人员坠落或进入危险和有害因素作用地带的安全装置。

3.14 防护栏杆

用于防止人体从高处坠落的装置。

3.15 隔离栏杆

用于阻止人们进入危险区域的装置。

4 职责

负责辨识并配置生产现场、设施和工艺设备的安全标志，并负责标志的检查与维护。

5 流程与风险分析

5.1 管理流程图

安全防护设施及安全标志管理流程图见附录 A。

5.2 风险控制点

本标准中的风险控制点：标志分类、标志设置、职业有害因素警示、安全防护设施检查与整改。

5.3 风险分析

（1）现场对安全标志未分清，造成禁止、警告、指令和提示标志混淆，现场发生误触、误登事故，可能造成人员伤害和设备损坏。

（2）安全标志设置不醒目，数量不足，地点不合理，可能造成工作人员误走间隔，发生人身伤害和设备损坏。

（3）未按规定在现场存在职业有害因素区域设置警示标志牌，可能造成他人误入，发生人身伤害。

（4）未按国家和上级部门的有关规定设置各类安全防护设施，可能造成现场安全防护设施不全，发生人员伤害。

（5）未定期检查安全标志和安全防护设施，对不符合要求的标志和设施没有及时整改，可能造成现场安全标志和安全防护设施不全、不醒目，造成人身伤害。

6 管理内容与方法

6.1 安全设施设置要求

（1）安全设施应清晰醒目、规范统一、安装可靠、易于观察、便于维护，适应使用环境要求。安全设施所用的颜色应符合《安全色》（GB 2893—2008）的规定。

（2）设备区与其他功能区之间，运行设备区与检修、改（扩）建施工区之间应设置区域隔离遮栏；不同电压等级设备区宜设置区域隔离遮栏。

（3）现场安全防护设施要做到"三必有"。即有边必有栏，有孔（洞）必有盖，有施工项目必有安全措施。

（4）现场搭设的脚手架应符合《电力安全作业规程》中相关规定。

（5）现场预留洞口、坑井的防护要有严密的防护盖板。

（6）楼梯踏步及平台必须设牢固的防护栏杆，栏杆高度 1.05 m 和 0.18 m 高的挡脚板且坚固美观大方。

（7）现场高压带电区等均应有防护设施及警告标志，机械、电动工具的安全防护装置应齐全、可靠。

（8）阳台、楼面、屋面等临时保护必须防护严密，设不小于二道防护栏杆或挂安全网封闭。

（9）重要场所、危险场所、安全通道中装设了事故照明或应急灯的应进行定期检查，确保完好无缺。

（10）现场设置的各种安全设施严禁挪动或移作他用。

（11）安全设施设置后，不应构成对人身、设备安全的潜在风险或妨碍正常工作。

（12）新建、改建、扩建工程项目，应参照本标准配置安全设施；对本标准未涉及的设施、设备，应检查该设施、设备对有关安全设施配置的要求，并按照要求进行配置。

6.2 安全设施安装制作要求

（1）各种安全标志牌要按本标准规定适用于相应的场所。

（2）凡购买的各类安全标志，必须是符合国家标准的产品，安全标志牌的制作、材料、尺寸、图形、颜色及安全标志牌的补充标志应符合《安全色》（GB 2893—2008）和本标准中的有关规定。

（3）安全栏杆的采办应遵循以下要求：防护栏杆以防止人体坠落为目的，隔离栏杆应以防止人们进入危险区域为目的。固定式防护栏杆的高度、材料、结构和标记应符合《固定式工业防护栏杆安全技术条件》（GB 4053.3—1993）的规定，移动式防护栏杆和隔离栏杆的结构、高度、材料等均根据具体情况而定。

（4）安全标志、设备、构（建）筑物标志应采用标志牌安装。大型设备也可直接将设备名称喷涂在设备本体醒目位置。

（5）同类设备、构（建）筑物标志牌的规格、尺寸、设置高度及安装位置应统一。

（6）标志牌应采用坚固耐用的材料制作，一般不宜使用遇水变形、变质或易燃的材料。有触电危险或易造成短路的设备及作业场所悬挂的标志牌应使用绝缘材料制作。电气系统使用的移动悬挂式标志牌，其悬挂材料应使用绝缘材料。

（7）安全标志牌、设备标志牌宜采用工业级反光材料制作。标志牌应设置在明亮的环境中，光线不足时宜用自发光标志牌。

（8）涂刷类标志材料应选用耐用、不褪色的涂料或油漆，各类标线宜采用道路专用线漆涂刷。

（9）红布幔应采用纯棉布制作。

（10）标志牌应图形清楚，保证边缘光滑，无毛刺、孔洞、尖角和影响使用的任何疵病。

（11）设备、构（建）筑物上的标志牌宜使用螺丝、铆钉固定在专用支架上；阀门标志牌、电缆标志牌宜使用固定方式或专门绑扎材料悬挂在相应位置；开关柜、控制柜等设备的标志牌宜采用粘接方式固定在柜体相应位置；禁止使用铁丝绑扎、悬挂任何标志牌。

6.3 安全标志

6.3.1 一般规定

（1）安全标志包括禁止标志、警告标志、指令标志、提示标志4种基本类型和交通标志、消防、应急安全标志等特定类型。

（2）安全标志一般使用相应的通用图形标志和文字辅助标志的组合标志。

（3）安全标志一般采用标志牌的形式，应符合《安全标志及其使用导则》（GB 2894—2008）的规定。安全标志牌要有衬边，以使安全标志与周围环境之间形成较为强烈的对比。

（4）安全标志所用的颜色、图形符号、几何形状、文字，标志牌的材质、表面质量、衬边及型号选用、设置高度、使用要求，应符合《安全标志及其使用导则》（GB 2894—2008）的规定。

（5）安全标志牌应设在与安全有关场所的醒目位置，便于进入现场的人员发现，并有足够的时间来注意它所表达的内容。环境信息标志宜设在有关场所的入口处和醒目处；局部信息应设在所涉及的相应危险地点或设备（部件）的醒目处。

（6）安全标志牌不得设在可移动的部位上，以免标志牌随母体相对移动，影响认读。标志牌前不得放置妨碍认读的障碍物。

（7）多个标志在一起设置时，应按照警告、禁止、指令、提示的顺序，先左后右、先上后下地排列，且应避免出现相互矛盾、重复的现象。也可以根据实际，使用多重标志。

（8）安全标志牌的固定方式分为附着式、悬挂式和柱式三类，附着式和悬挂式的固定应稳固不倾斜，柱式的标志牌和支架应连接牢固。临时标志牌应采取防止脱落、移位。室外悬挂的临时标志牌应防止被风吹翻，宜做成双面的标志牌。

（9）安全标志牌设置的高度尽量与人的视线高度相一致，悬挂式和柱式的环境信息标志牌的下缘距地面的高度不宜小于 2 m，局部信息标志牌的设置高度应视具体情况确定。

（10）安全标志的最大观察距离与标志高度之间的关系应符合《图形符号　安全色和安全标志》（GB/T 2893.1—203）的规定。当生产现场所设安全标志牌，其观察距离不能覆盖相关设备所在区域面积时，应多设几个安全标志牌。

（11）安全标志牌应定期检查，如发现破损、变形、褪色等不符合要求时，应及时修整或更换。修整或更换时，应有临时的标志替换。

（12）生产场所、构（建）筑物入口醒目位置，应根据内部设备、介质的安全要求设置相应的安全标志牌。如注意安全、未经许可不得入内、禁止吸烟、必须戴安全帽等。

（13）产生噪声作业场所的醒目位置，应设置噪声有害、必须戴护耳器安全标志牌，宜设置噪声作业岗位职业病危害告知牌；存在放射性同位素和使用放射性装置作业场所的醒目位置，应设置当心电离辐射警告标志牌。使用有毒物品作业场所的醒目位置，应设置当心中毒警告标志牌，宜设置有毒物品作业岗位职业病危害告知牌。重大危险源醒目位置宜设置重大危险源标志。

（14）生产现场存在典型危险点的部位应设置危险点警示牌。

6.3.2　禁止标志及设置规范

（1）禁止标志牌的基本形式是一个长方形衬底牌，上方是禁止标志（带斜杠的圆边框），下方是文字辅助标志（矩形边框）。图形上、中、下间隙相等，左、右间隙相等。制作标准见附录 B.1。

（2）禁止标志牌长方形衬底色为白色，带斜杠的圆边框为红色，标志符号为黑色，文字辅助标志为红底白字、黑体字，字号根据标志牌尺寸、字数调整。

（3）常用禁止标志及设置规范见下表。

常用禁止标志及设置规范

序号	图形标志示例	设置范围和地点
1-1	禁止吸烟	规定禁止吸烟的场所

续表

序号	图形标志示例	设置范围和地点
1—2	禁止烟火	主控制室、电子设备间、蓄电池室、变压器室、配电装置室、电缆夹层、隧道、竖井等入口处、检修、试验工作场所、油处理室、易燃、易爆物品存放点、油漆场所、加油站、汽车库、汽车修理场所；计算机房、档案室等处
1—3	禁止用水灭火	变压器室、油库、配电装置室、电子设备间等处（有隔离油源设施的室内油浸设备除外）
1—4	禁止放置易燃物	具有明火设备或高温的作业场所，如动火区，各种焊接、切割等场所
1—5	禁止攀登　高压危险	变电站户外高压配电装置构架的爬梯上，主变压器、高压厂用变压器和电抗器等设备的爬梯上；架空电力线路杆塔的爬梯上和配电变压器的杆架或台架上
1—6	禁止入内	一旦进入就会或极易对人员有伤害的场所，如各种污染源（如射线探伤区）入口、高压试验区、高压设备室入口处
1—7	未经许可　不得入内	易造成事故或对人员有伤害的场所的入口处，如主控室、计算机、调度室和变电站（升压站、开关站）出入口处
1—8	禁止使用雨伞	户外变电站、出线构架的附近

续表

序号	图形标志示例	设置范围和地点
1-9	禁止堆放	消防器材存放处、消防通道、逃生通道及变电站（升压站、开关站）主通道、安全通道等处
1-10	禁止开启无线移动通信设备	易发生火灾、爆炸场所以及可能产生电磁干扰的场所，如电子间、微机保护设备室和加油站、油库以及其他需要禁止使用的地方
1-11	禁止启动	暂停使用的设备附近，如设备检修、更换零件等（临时设置）
1-12	禁止合闸　有人工作	一经合闸即可送电到已停电检修（施工）设备的断路器和隔离开关的操作把手上；悬挂在控制室内已停电检修（施工）设备的电源开关上（临时设置）
1-13	禁止游泳	电站库区及生产区域的其他水面
1-14	禁止钓鱼	库区
1-15	禁止触摸	在禁止触摸的设备或物体附近，如暴露的带电体，炽热物体，具有毒性、腐蚀性物体等处

续表

序号	图形标志示例	设置范围和地点
1-16	禁止靠近	不允许靠近的危险区域,如高压试验区、高压线、输变电设备、高温物体的附近
1-17	禁止开挖 下有电缆	禁止开挖的地下电缆线路保护区内

6.3.3　警告标志及设置规范

（1）警告标志牌的基本形式是一个长方形衬底牌,上方是警告标志（正三角形边框）,下方是文字辅助标志（矩形边框）。图形上、中、下间隙相等,左、右间隙相等。制作标准见附录 B.2。

（2）警告标志牌长方形衬底色为白色,正三角形边框底色为黄色,边框及标志符号为黑色,文字辅助标志为白底黑框黑字、黑体字,字号根据标志牌尺寸、字数调整。

（3）常用警告标志及设置规范,见下表。

常用警告标志及设置规范

序号	图形标志示例	设置范围和地点
2-1	注意安全	易造成人员伤害的场所及设备等处
2-2	当心触电	有可能发生触电危险的电气设备和线路,如变电站（升压站、开关站）、配电装置室、变压器室等入口,开关柜,变压器柜,临时电源配电箱门,检修电源箱门等处
2-3	止步　高压危险	带电设备固定遮栏上,室外带电设备构架上,高压试验地点安全围栏上,因高压危险禁止通行的过道上,工作地点临近室外带电设备的安全围栏上,工作地点临近带电设备的横梁上等处

续表

序号	图形标志示例	设置范围和地点
2-4	止步危险	一旦前进或进入就可能对人身造成伤害或影响设备正常运行的场所
2-5	当心火灾	易发生火灾的危险场所，如电气检修试验、焊接及有易燃易爆物质的场所
2-6	当心爆炸	易发生爆炸危险的场所，如易燃易爆物质的使用或受压容器等地点
2-7	当心中毒	在装有 SF6 断路器、GIS 组合电器的配电装置室入口
2-8	当心电缆	暴露的电缆或地下有电缆的施工地点
2-9	当心夹手	有产生挤压的装置、设备或场所，如自动门、电梯门等
2-10	当心吊物	有吊装设备作业的场所，如施工工地等处
2-11	当心碰头	有产生碰头危险的场所

续表

序号	图形标志示例	设置范围和地点
2-12	当心弧光	易发生由于弧光造成眼部伤害的焊接作业场所等处
2-13	当心塌方	有塌方危险的区域，如堤坝及土方作业的深坑、深槽等处
2-14	当心滑倒	地面有易造成伤害的滑跌地点，如地面有油、冰、水等物质及滑坡处
2-15	当心绊倒	现场有绊倒危险的地方，如管线现场、地面有其他临时性障碍物处
2-16	当心坠落	易发生坠落事故的作业地点，如脚手架、高处平台、地面的深沟（池、槽）等处
2-17	当心跌落	易于跌落的地点，如楼梯、台阶等
2-18	当心落水	码头、栈桥上、水池附近、库区岸边等适当位置
2-19	噪声有害	产生噪声的作业场所

续表

序号	图形标志示例	设置范围和地点
2-20	注意防尘	产生粉尘的作业场所
2-21	注意通风	易造成人员窒息或有害物质聚集的场所，如 SF6 装置室、蓄电池室、电缆夹层、隧道入口、长期封闭的沟渠孔洞入口等

6.3.4 指令标志及设置规范

（1）指令标志牌的基本形式是一个长方形衬底牌，上方是指令标志（圆形边框），下方是文字辅助标志（矩形边框）。图形上、中、下间隙相等，左、右间隙相等。制作标准见附录 B.3。

（2）指令标志牌长方形衬底色为白色，圆形边框底色为蓝色，标志符号为白色，文字辅助标志为蓝底白字、黑体字，字号根据标志牌尺寸、字数调整。

（3）常用指令标志及设置规范，见下表。

常用指令标志及设置规范

序号	图形标志示例	设置范围和地点
3-1	必须戴安全帽	生产场所主要通道入口处
3-2	必须系安全带	易发生坠落危险的作业场所，如爬梯、高处建筑、检修、安装等处
3-3	必须戴防护眼镜	对眼睛有伤害的作业场所，如砂轮机旁、化学处理、使用防腐剂或其他有害物品的场所

续表

序号	图形标志示例	设置范围和地点
3-4	必须配戴遮光护目镜	存在紫外、红外、激光等光辐射的场所，如焊接和金属切割工作场所等
3-5	必须戴防毒面具	具有对人体有害的气体、气溶胶、烟尘等作业场所，如有毒物质散发的地点或处理有毒物造成的事故现场等处
3-6	必须戴防护手套	易伤害手部的作业场所，如具有腐蚀、污染、灼伤、冰冻及触电危险的作业等处
3-7	必须穿防护鞋	易伤害脚部的作业场所，如，具有腐蚀、污染、灼伤、触电、砸（刺）伤等危险的作业地点
3-8	必须穿救生衣	易发生溺水的作业场所
3-9	触摸释放静电	静电释放装置旁的适当位置

6.3.5　提示标志及设置规范

（1）提示标志牌的基本形式是一个正方形衬底牌和相应标志符号、文字，四周间隙相等。制作标准见附录 B.4。

（2）提示标志牌衬底为绿色，标志符号为白色，文字为黑色或白色黑体字，字号根据标志牌尺寸、字数调整。

（3）常用提示标志及设置规范，见下表。

常用提示标志及设置规范

序号	图形标志示例	设置范围和地点
4-1	在此工作	工作地点或检修设备上
4-2	从此上下	工作人员可以上下的铁（构）架、爬梯上
4-3	从此进出	工作地点遮栏的出入口处
4-4	220 kV 设备不停电时的 安全距离3.00米	根据不同电压等级标示出人体与带电体最小安全距离。设备区入口处
4-5	1号风机 2号风机	生产现场需要提示生产区域方向位置处，如主要出入口的门楣、通道分叉口醒目处等；可制成标志牌或灯箱等形式，参数根据现场情况确定
4-6	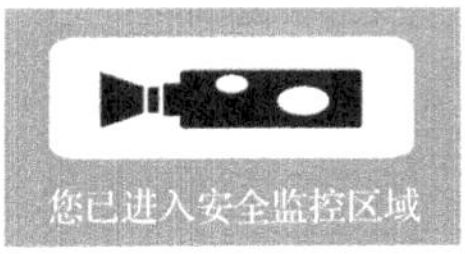您已进入安全监控区域	生产现场设置摄像设备区域附近

6.3.6 消防安全标志及设置规范

（1）应在主控制室、继电保护室、变压器室、配电装置室、电缆隧道、通信机房、发电机层、水轮机层、电缆层、蓄电池室、高低压室、空压机室、检修及渗水泵房等重点防火部位入口处以及储存易燃易爆物品仓库门口处，合理配置灭火器等消防器材，在火灾易发生部位设置火灾探测和自动报警装置。厂房储油罐室处，应挂“严禁烟火”的警示牌，并放置推车式干粉灭火器 2 个。还应按其性质不同，放置一些不同类型的小型灭火器材。

（2）各生产场所应有逃生路线的标示，楼梯主要通道门上方或左（右）侧装设紧急撤离提示标志。

（3）消防安全标志表明下列内容的位置和性质：

①火灾报警和手动控制装置。

②火灾时疏散路径。

③灭火设备。

④具有火灾、爆炸危险的地方或物质。

（4）消防安全标志按照主题内容与适用范围，分为火灾报警及灭火设备标志、火灾疏散路径标志和方向辅助标志，其设置场所、原则、要求和方法等应符合《消防安全标志》（GB 13495.1—2015）、《消防安全标志设置要求》（GB 15630—1995）的规定。

（5）常用消防安全标志及设置规范，如下表。

常用消防安全标志及设置规范

序号	图形标志示例	设置范围和地点
5-1		依据现场环境，设置在适宜、醒目的位置
5-2		依据现场环境，设置在适宜、醒目的位置
5-3		生产场所构筑物内的消火栓处
5-4		固定在距离消火栓 1 m 的范围内，不得影响消火栓的使用（组合标志）
5-5		固定在距离消火栓 1 m 的范围内，不得影响消火栓的使用（组合标志）
5-6		悬挂在灭火器、灭火器箱的上方或存放灭火器、灭火器箱的通道上。泡沫灭火器器身上应标注"不适用于电火"字样（组合标志）

续表

序号	图形标志示例	设置范围和地点
5-7		消防栓旁边应该设置消防水带
5-8	1号防火墙	在变电站的电缆沟（槽）进入主控制室、继电保护室处和分接处、电缆沟每间隔约60 m处应设防火墙，将盖板涂成红色，标明"防火墙"字样，并应编号
5-9		指示灭火设备或报警装置的方向（方向辅助标志）
5-10	消防自动喷淋设施 检查内容 手动操作说明	在自动消防设施及报警系统的适当位置标明检查内容及操作说明
5-11		指示到紧急出口的方向；用于电缆隧道等场所指向最近出口处（组合标志）
5-12	紧急出口 紧急出口	便于安全疏散的紧急出口处，与方向箭头结合设在通向紧急出口的通道、楼梯口等处（组合标志）
5-13	1号消防沙池	装设在消防沙池（箱）附近醒目位置，并应编号
5-14	防火重点部位 名称： 责任部门： 责任人：	有重大火灾危险的部位
5-15	紧急疏散图	控制楼内通道转弯处、交叉路口、主要出入门侧面及电缆隧道出入口、转弯处等，下边缘距地面约1 500 mm

6.4 设备标志

（1）所有设备（含设施，下同）应配置醒目的标志。配置标志后不应构成对人身伤害的潜在风险。

（2）设备标志由设备名称和设备编号组成。

（3）设备标志应定义清晰，具有唯一性。

（4）功能、用途完全相同的设备，其设备名称应统一。

（5）设备标志牌应配置在设备本体或附件醒目位置。

（6）2台及2台以上集中排列安装的电气盘应在每台盘上分别配置各自的设备标志牌。2台及2台以上集中排列安装的前后开门电气盘前、后均应配置设备标志牌，且同一盘柜前、后设备标志牌一致。

（7）电缆两端应悬挂标明电缆编号名称、起点、终点、型号的标志牌，电力电缆还应标注电压等级、长度。

（8）各设备间及其他功能室入口处醒目位置均应配置房间标志牌，标明其功能及编号，室内醒目位置应设置逃生路线图、定置图（表）。

（9）电气设备标志文字内容应与调度机构下达的编号相符，其他电气设备的标志内容可参照调度编号及设计名称。一次设备为分相设备时应逐相标注，直流设备应逐极标注。

（10）设备标志牌基本形式为矩形，衬底色为白色，边框、编号文字为红色（接地设备标志牌的边框、文字为黑色），采用反光黑体字。字号根据标志牌尺寸、字数适当调整。根据现场安装位置不同，可采用竖排。制作标准见附录 B，标志牌尺寸可根据现场实际适当调整。

（11）设备、工器具标志及设置规范见下表。

设备、阀门、管道、工器具标志及设置规范

序号	图形标志示例	名称	设置范围和地点
6-1	220 kV 设备区 电源箱	低压电源箱标志牌	（1）安装于各类低压电源箱上的醒目位置 （2）标明设备名称及用途
6-2	1号主变压器	变压器（电抗器）标志牌	（1）安装固定于变压器（电抗器）器身中部，面向主巡视检查路线，并标明名称、编号 （2）单相变压器每相均应安装标志牌，并标明名称、编号及相别 （3）线路电抗器每相应安装标志牌，并标明线路电压等级、名称及相别

续表

序号	图形标志示例	名称	设置范围和地点
6-3	220 kV ××线 断路器端 220 kV ××线 断路器 A相	断路器标志牌	(1) 安装固定于断路器操作机构箱上方醒目处 (2) 分相布置的断路器标志牌安装在每相操作机构箱上方醒目处，并标明相别 (3) 标明设备电压等级、名称、编号
6-4	220 kV ××线 隔离开关	隔离开关标志牌	(1) 手动操作型隔离开关安装于隔离开关操作机构上方 100 mm 处 (2) 电动操作型隔离开关安装于操作机构箱门上醒目处 (3) 标志牌应面向操作人员 (4) 标明设备电压等级、名称、编号
6-5	220 kV ××线 电流互感器 A相 220 kV ×段母线 1号避雷器 C相	电流互器、电压互感器、避雷器、耦合电容器等标志牌	(1) 安装在单支架上的设备，标志牌还应标明相别，安装于离地面 1 500 mm 处，面向主巡视检查路线 (2) 三相共支架设备，安装于支架横梁醒目处，面向主巡视检查线路 (3) 落地安装加独立遮栏的设备（如避雷器、电抗器、电容器、变压器等），标志牌安装在设备围栏中部，面向主巡视检查线路 (4) 标明设备电压等级、名称、编号及相别
6-6	220 kV ××线 断路器端 子箱	控制箱、端子箱标志牌	(1) 安装固定于控制箱门，端子箱门 (2) 标明间隔或设备电压等级、名称、编号

续表

序号	图形标志示例	名称	设置范围和地点
6-7	220 kV ××线 接地刀闸 A相	接地刀闸标志牌	（1）安装于接地刀闸操作机构上方100 mm处。标志牌应面向操作人员 （2）标明设备电压等级、名称、编号、相别
6-8	35 kV ××线 断路器 10 kV ××线 隔离开关	室内配电装置标志牌	（1）手推式开关柜标志：间隔名称、编号安装于柜前、柜后下柜门的上部 （2）成套式开关柜标志：间隔名称、编号安装于柜前上柜门和柜后门；隔离开关的名称、编号安装于操作机构的上方 （3）GIS组合电器标志：间隔名称、编号安装于控制箱门上；单元设备名称、编号安装于各单元气室的中部，且面向主巡视检查路线 （4）敞开式设备：间隔名称、编号安装于柜前上柜门和柜后门；隔离开关的名称编号安装于操作机构的上方；间隔名称、编号安装于控制箱门上 （5）间隔式设备：间隔名称、编号安装于遮栏的中部；隔离开关名称、编号安装于操作机构旁
6-9	1号主变压器保护屏	控制、保护、直流、通信等盘柜标志牌	（1）安装于盘柜前后顶部门楣处 （2）标明设备电压等级、名称、编号
6-10	＋　－ 34号	直流标志	（1）直流母线应标明+、-标志，蓄电池应编号 （2）装设在设备本体或附近醒目位置； （3）包括直流母线、蓄电池、直流端子排等处
6-11	A B C	线路（母线）相位标志牌	（1）起始杆塔每相 （2）终端杆塔每相 （3）换位杆塔及其前后第一基杆塔每相 （4）导线配置点的左、右边 （5）线路相位标志牌悬挂在龙门架醒目处，至少两端各挂1个 （6）母线相位标志牌设置在母联分段两端，中间有龙门架的应适当悬挂

续表

序号	图形标志示例	名称	设置范围和地点
6-12	220 kV ××线 Ⓐ Ⓑ Ⓒ	室外线路出线间隔标志牌	(1) 安装于线路出线间隔龙门架下方或相对应围墙墙壁上 (2) 标明电压等级、名称、编号、相别
6-13	220 kV Ⅰ段母线 Ⓐ Ⓑ Ⓒ	敞开式母线标志牌	(1) 室外敞开式布置母线，母线标志牌安装于母线两端头正下方支架上，背向母线 (2) 室内敞开式布置母线，母线标志牌安装于母线端部对应墙壁上 (3) 标明电压等级、名称、编号、相别
6-14	10 kV Ⅱ段母线 Ⓐ Ⓑ Ⓒ 220 kV Ⅰ段母线 Ⓐ Ⓑ Ⓒ	封闭式母线标志牌	(1) GIS 设备封闭母线，母线标志牌按照实际相序排列位置，安装于母线筒端部 (2) 高压开关柜母线标志牌安装于开关柜端部对应母线位置的柜壁上 (3) 标明电压等级、名称、编号、相别
6-15	10 kV ××线 Ⓐ Ⓑ Ⓒ	室内出线穿墙套管标志牌	(1) 安装于出线穿墙套管内、外墙处 (2) 标明出线线路电压等级、名称、编号、相序或相别
6-16	名称 起点 终点 型号 长度	电力电缆标志牌	固定于电缆两端
6-17	编号: 起点: 终点: 规格:	控制及普通电缆标志牌	固定于电缆两端
6-18	电缆 02线	电缆线路标志牌（桩）	设置在地埋电缆的上部
6-19	1号避雷针	避雷针标志牌	(1) 安装于避雷针距地面 1.5 m 处 (2) 标明设备名称、编号

续表

序号	图形标志示例	名称	设置范围和地点
6-20		明敷接地体	全部设备的接地装置（外露部分）应涂宽度相等的黄绿相间条纹。条纹间距以 100~150 mm 为宜
6-21		地线接地端	固定于设备压接型地线的接地端
6-22	A 相电流表	开关柜、控制柜（盘）、保护柜上仪表、按钮、指示灯、转换开关标志牌	（1）各种仪表、按钮、指示灯等部位的上方或下方适当位置 （2）标明设备名称、编号
6-24		转向标志	（1）配置在转动设备联轴器上，宜采用红色 （2）防护罩上宜用白色箭头标明转动方向

6.5 安全警示线

6.5.1 一般规定

（1）安全警示线用于界定和分割危险区域，向人们传递某种注意或警告的信息，以避免人身伤害。安全警示线包括禁止阻塞线、减速提示线、安全警戒线、防止踏空线、防撞警示线、防止绊跤线、生产通道边缘警戒线和机组分界线等。

（2）安全警示线一般采用黄色或与对比色（黑色）同时使用。

6.5.2 禁止阻塞线

（1）禁止阻塞线的作用是禁止在相应的设备前（上）停放物体。

（2）禁止阻塞线采用由左下向右上呈 45°黄色与黑色相间的等宽条纹，宽度为 50~100 mm，长度不小于禁止阻塞物 1.1 倍，宽度不小于禁止阻塞物 1.5 倍。

6.5.3 安全警戒线

（1）安全警戒线的作用是为了提醒在场区内的人员，避免误碰、误触运行中的设备。

（2）安全警戒线采用黄色，宽度宜为 50~150 mm。

6.5.4 防撞警示线

（1）防撞警示线的作用是提醒人员注意通道空间内的障碍物，警示通道空间或边缘有设备、设施。

（2）防撞警示线采用由左下向右上呈 45°黄色与黑色相间的等宽条纹，宽度为 50~150 mm。（圆柱体采用无斜角环形条纹）。

6.5.5　防止踏空线

（1）防止踏空线的作用是提醒工作人员注意通道上的高度落差。

（2）防止踏空线采用黄色线，色条的宽度为 100~150 mm。

6.5.6　安全警示线及设置规范，见下表。

安全警示线及设置规范

序号	图形标志示例	名称	设置范围和地点	备注
7-1		禁止阻塞线	（1）标注在地下设施入口盖板上 （2）标注在主控制室、继电器室门内外；消防器材存放处；防火重点部位进出通道 （3）标注在通道旁边的配电柜前（800 mm） （4）标注在其他禁止阻塞的物体前	
7-2		减速提示线	（1）标注在限速区域入口处 （2）标注在弯道、交叉路口处	
7-3	控制屏 转动机械 配电屏 配电屏	安全警戒线	（1）机组周围（1 000 mm） （2）落地安装的转动机械周围（800 mm） （3）控制屏（台）、保护屏、配电屏和高压开关柜等设备周围，安全警戒线至屏面的距离宜为 300~800 mm，可根据实际情况进行调整	
7-4		防止踏空线	（1）标注在上下楼梯第一级台阶上 （2）标注在人行通道高差 300 mm 以上的边缘处	

7　检查与考核

本标准执行情况由电站安全生产部进行监督、检查与考核。

8　报告与记录

序号	名称	保存地点	保存期
1	安全标志及防护设施整改通知单	水电站	1 a

附录 A　安全防护设施及安全标志管理流程图

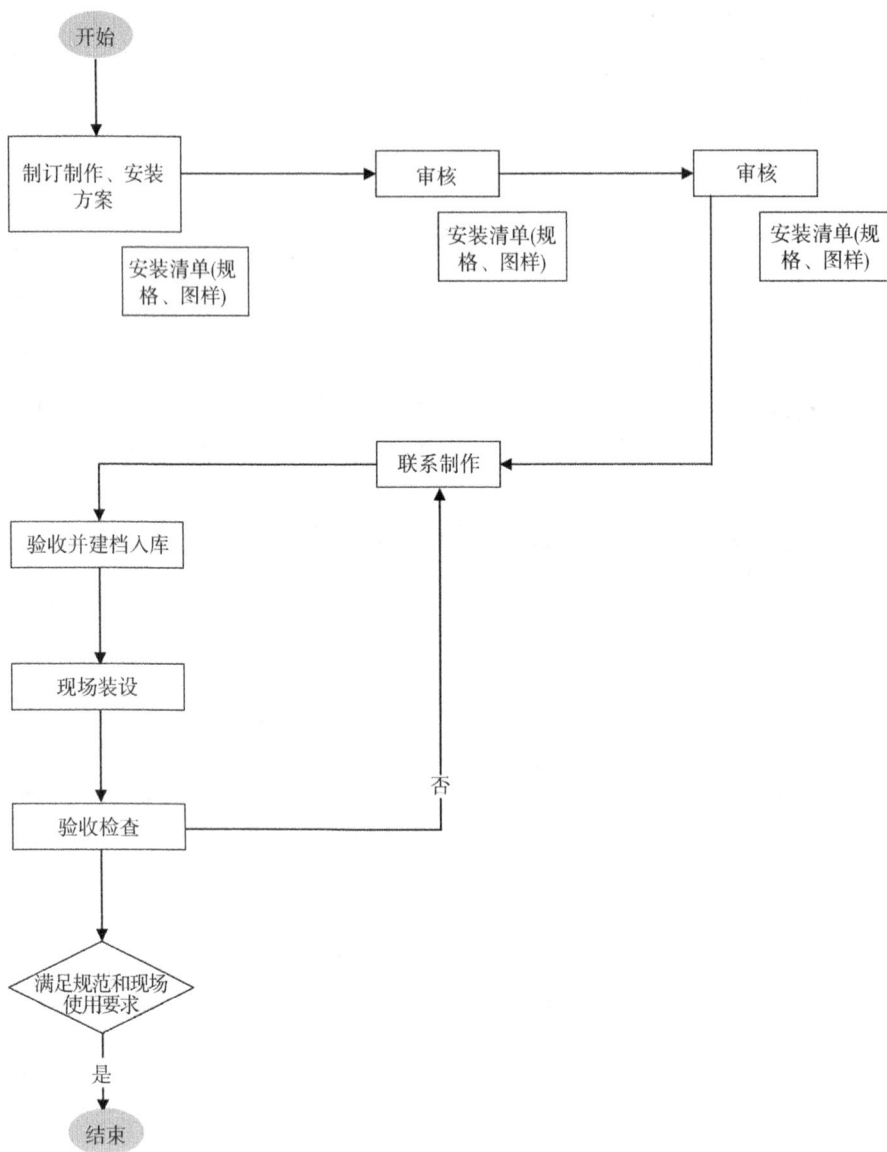

```
        ┌──────┐
        │ 开始  │
        └───┬──┘
            │
            ▼
    ┌──────────────┐        ┌──────┐           ┌──────┐
    │ 制订制作、安装 │───────▶│ 审核  │──────────▶│ 审核  │
    │    方案       │        └──────┘           └──┬───┘
    └──────────────┘      安装清单(规          安装清单(规
  安装清单(规              格、图样)           格、图样)
  格、图样)
                            ┌────────┐
        ┌──────────────────▶│ 联系制作 │◀──────────┘
        │                   └────┬───┘
        │                        ▲
        ▼                        │
  ┌──────────────┐               │
  │ 验收并建档入库 │              │
  └──────┬───────┘               │
         │                       │
         ▼                       │
  ┌──────────────┐               │
  │   现场装设    │               │
  └──────┬───────┘               │
         │                   否  │
         ▼                       │
  ┌──────────────┐               │
  │   验收检查    │───────────────┘
  └──────┬───────┘
         │
         ▼
    ◇─────────────◇
    │ 满足规范和现场 │
    │  使用要求     │
    ◇──────┬──────◇
           │ 是
           ▼
        ┌──────┐
        │ 结束  │
        └──────┘
```

附录 B　安全设施制作标准

B.1　禁止标志

（1）禁止标志牌的基本形式是一个长方形衬底牌，上方是禁止标志（带斜杠的圆边框），下方是文字辅助标志（矩形）。图形上、中、下间隙，左右间隙相等。

（2）禁止标志牌长方形衬底为白色，带斜杠的圆边框为红色，标志符号为黑色，辅助标志为红底白色黑体字，字号根据标志牌尺寸、字数调整。

（3）禁止标志牌的制图标准如下图，参数见下表。

禁止标志牌的制图标准

禁止标志牌的制图参数（$\alpha=45°$）　　　　　　　　　　mm

型号	参数					
	A	B	$A1$	D（$B1$）	$D1$	C
1	500	400	115	305	244	24
2	400	320	92	244	195	19
3	300	240	69	183	146	14
4	200	160	46	122	98	10
5	80	65	18	50	40	4

注：局部信息标志牌设 5 型、4 型或 3 型；车间内设 2 型或 1 型；车间入口处、厂区内和工地内宜设组合标志牌，型号根据现场情况选择 5 型或 4 型；尺寸允许有 3% 的误差。

B.2　警告标志

（1）警告标志牌的基本形式是一个长方形衬底牌，上方是警告标志（正三角形边框），下方是文字辅助标志（矩形边框）。图形上、中、下间隙相等，左、右间隙相等。

（2）警告标志牌长方形衬底为白色，正三角形边框底色为黄色，边框及标志符号为黑色，辅助标志为白底黑框，黑色黑体字，字号根据标志牌尺寸、字数调整。

（3）警告标志牌的制图标准如下图，参数见下表。

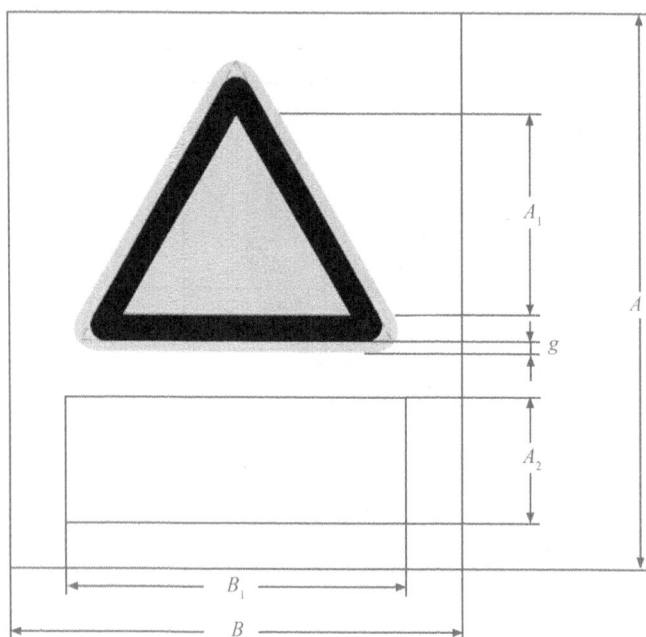

警告标志牌的制图标准

警告标志牌的制图参数　　　　　　　　　　　　　　　　　mm

型号	参数					
	A	B	$B1$	$A2$	$A1$	G
1	500	400	305	115	213	10
2	400	320	244	92	170	8
3	300	240	183	69	128	6
4	200	160	122	46	85	4

注：边框外角圆弧半径 $r=0.080\ A1$；局部信息标志牌设 4 型、3 型或 2 型；车间内设 2 型或 1 型；车间入口处、厂区内和工地内宜设组合标志牌，型号根据现场情况选择 4 型或 3 型；尺寸允许有 3% 的误差。

B.3 指令标志

（1）指令标志牌的基本形式是一个长方形衬底牌，上方是指令标志（圆形），下方是文字辅助标志（矩形）。图形上、中、下间隙相等，左、右间隙相等。

（2）指令标志牌长方形衬底为白色，圆形底色为蓝色，标志符号为白色，辅助标志为蓝底白色黑体字，字号根据标志牌尺寸、字数调整。

（3）指令标志牌的制图标准如下图，参数见下表。

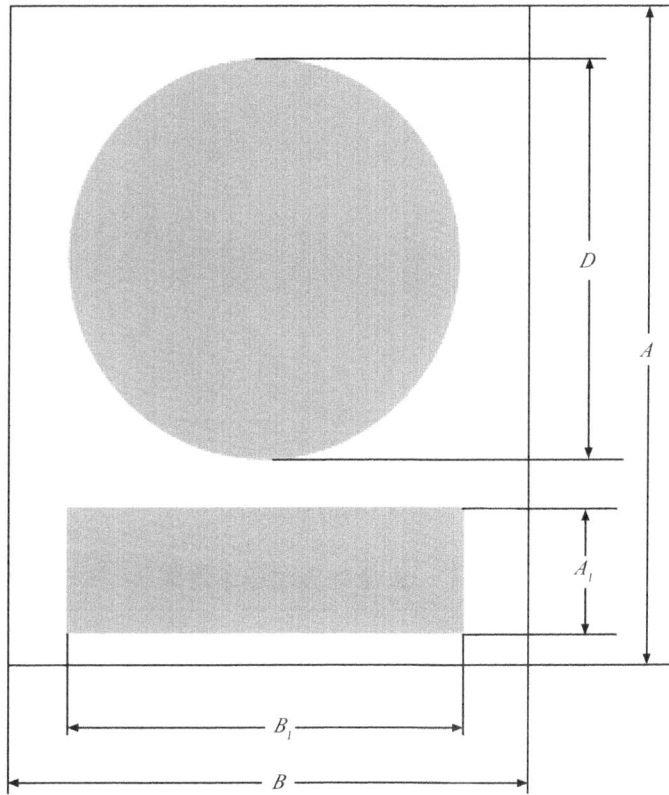

指令标志牌的制图标准

指令标志牌的制图参数   mm

型号	参数			
	A	B	$A1$	D（$B1$）
1	500	400	115	305
2	400	320	92	244
3	300	240	69	183
4	200	160	46	122

注：局部信息标志牌设 4 型、3 型或 2 型；车间内设 2 型或 1 型；车间入口处、厂区内和工地内宜设组合标志牌，型号根据现场情况选择 4 型或 3 型；尺寸允许有 3%的误差。

B.4 提示标志

（1）提示标志牌的基本形式是一个正方形衬底牌和相应文字，四周间隙相等。

（2）提示标志牌正方形衬底为绿色，标志符号为白色，文字为黑色（白色）黑体字，字号根据标志牌尺寸、字数调整。

（3）提示标志牌的制图标准如下图，参数为 $A = 250$ mm，$D = 200$ mm 或 $A = 80$ mm，$D = 65$ mm。

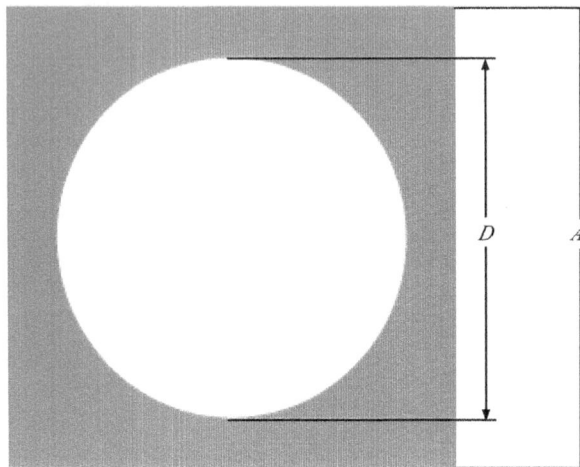

提示标志牌的制图标准

附录 C 安全标志配备参考表

序号	设备位置	配备标示牌
1	生产场所附近	戴安全帽
2	进入 GIS 设备气室内或变压器内部及其他需要穿防护服的作业场所等	穿防护服
3		穿防护鞋
4		戴保护手套
5		系安全带
6		禁止吸烟
7		禁止合闸
8		禁止明火
9		禁止用水灭火
10		禁止放置易燃物
11		注意安全
12		当心触电
13		从此上下
14		灭火器
15		火警电话

续表

序号	设备位置	配备标示牌
16	220 kV 线路、35 kV 线路、避雷塔架	禁止攀登，高压危险
17		禁止抛物
18		禁止垂钓
19	集电线路直埋电缆线路在拐弯、接头、交叉，进出建筑物等地段	设明显的方位标桩。电缆直线段每隔 50~100 m 处应加设间距适当的路径标桩；标桩应牢固，标志应清晰，标桩露出地面以 15 cm 为宜
20	220 kV 门型构架、220 kV 母线构架、主变、SVG 变压器爬梯上	禁止攀登，高压危险
21	主变、SVG（SVC）变、接地兼站用变（站用变）、站备变本体上	设备名称
22		线路名称
23		相别
24		止步！高压危险
25	35 kV 母线室、无功补偿 SVG 装置、35 kV 接地兼站用变（站用变）室门	止步！高压危险
26	继电保护室	禁止吸烟
27		戴安全帽
28		灭火器
29		紧急救护
30		未经许可，禁止入内
31		禁止吸烟
32		禁止使用通信设备
33		有电危险
34		未经许可，禁止入内
35		设备未接地，严禁入内
36	进入 GIS 设备气室内或变压器内部及其他需要穿防护服的作业场所等	必须穿防护服
37	易伤害脚部的作业场所，如具有腐蚀、污染、灼伤、触电、砸伤等危险的作业场所等	必须穿防护鞋
38	易伤害手部的作业场所，如具有腐蚀、污染、灼伤、触电、冰冻等危险的作业场所等	必须戴防护手套
39	具有对人体有害的气体、气溶胶、烟尘等作业场所或设备室，如有毒散发的地点或处理有毒物造成的事故现场等处	必须戴防毒面具
40	规定禁止吸烟的场所，如设备室、主控室等	禁止吸烟
41	一经合闸即可送电到已停电检修（施工）设备的断路器和隔离开关的操作把手上，悬挂在控制室内已停电检修（施工）设备的电源开关上	禁止合闸有人工作（临时设置）

序号	设备位置	配备标示牌
42	在检修或有其他作业的线路断路器和隔离开关的操作把手上	禁止合闸线路有人工作（临时设置）
43	接地刀闸与检修设备之间的断路器操作把手上	禁止分闸
44	乘人易造成伤害的设施	禁止乘人
45	抛物易造成伤害的设施	禁止抛物
46	主控室、电子设备间、蓄电池室、变压器室、配电装置室、电缆夹层、竖井等入口处、检修、试验工作场所、易燃、易爆物品存放点、油漆场所、档案室等	禁止烟火
47	在容易产生火花而导致危害的作业场所，如油库入口处等	禁止穿带钉鞋
48	高温、坍塌、坠落、触电等易造成人员伤害的设备设施表面，如箱式变电站外壳处	禁止坐卧
49	高温、坍塌、坠落、临时围栏、触电等易造成人员伤害的设备设施表面，如箱式变电站外壳处	禁止倚靠
50	不允许靠近的危险区域，如高压试验区、输变电设备的附近	禁止靠近
51	具有明火设备或高温的作业场所，如动火区、各种焊接、切割等场所	禁止放置易燃物（临时设置）
52	一旦进入就会或极易对人员有伤害的场所，如高压试验场所	禁止入内
53	易造成事故或对人员有伤害的场所的入口处，如主控室、设备室等出入口处	未经许可不得入内
54	对人员有直接危害的场所，如高处作业现场、吊装作业现场等处	禁止停留
55	有危险的作业区域入口或安全遮拦等处，如吊装现场等	禁止通行
56	户外变电站、出线构架的附近等	禁止使用雨伞
57	消防器材存放处、消防通道、逃生通道、安全通道等	禁止堆放
58	变电站户外高压配电装置构架的爬梯上，如主变压器、高压厂用变和电容器等设备的爬梯上，架空线路杆塔的爬梯上，220 kV 线路、35 kV 线路、避雷塔架等	禁止攀登，高压危险
59	禁止开挖的地下电缆线路保护区内	禁止开挖，下有电缆

续表

序号	设备位置	配备标示牌
60	有可能发生触电危险的电气设备和线路，如变电站设备室、变压器室等入口、开关柜、临时电源配电箱门、检修电源箱门等处	当心触电
61	在装有 SF6 断路器、GIS 组合电器的配电装置室门口等	当心中毒
62	暴露的电缆或地下有电缆的施工地点	当心电缆
63	易造成机械卷入、扎压、碾压、剪切等机械伤害的作业地点等	当心机械伤人
64	在吊装设备作业的场所或吊车作业口处等	当心吊物
65	有产生碰头危险的场所	当心碰头
66	易发生落物危险的地点，如高处作业、立体交叉作业的下方、吊车口下方、塔筒爬梯下方等处	当心落物
67	易发生坠落事故的作业地点，如爬梯上、脚手架、高处平台等处	当心坠落
68	易造成人员窒息或有害物质聚集的场所，如 SF6 装置室、蓄电池室、电缆夹层入口等	注意通风
69	带电设备固定遮拦上，室外带电设备构架上，高压试验地点安全围栏上，因高压危险禁止通行的过道上，工作地点临近室外带电设备的安全围栏上，工作地点临近带电设备的横梁上等处	止步，高压危险
70	在工作地点或检修设备上	在此工作（临时设置）
71	工作人员可以上下的铁架、爬梯上	从此上下

（八）消防器械及设施管理标准（示例）

1 范围

本标准规定了水电站消防器械及设施的配备、位置标志、采购、检查、定置管理、使用和维护保养、定期试验和年度检测等方面的管理要求。

2 规范性引用文件

引用规范性文件清单

序号	名称	序号	名称
1	《水电企业安全生产工作规定》	5	《水电企业安全生产工作规定》
2	《水电站安全生产管理体系要求》	6	《水电企业生产事故调查规定》
3	《水电站安全生产管理体系管理标准编制导则》	7	《水电站大坝安全管理规定》
4	《水电企业安全检查与安全性评价工作规定》		

3　术语和定义

下列术语和定义适用于本标准。

（1）消防设施

是指生产现场和其他部位固定式消防设施。

（2）消防器材

是指灭火器、消防水带、水枪等可移动式消防设施。

（3）巡查

是指对消防设施和消防器材进行直观性的巡视检查。

（4）单项检查

是指依照相关标准，对消防设施及消防器材进行单项功能和试验性的检查。

（5）联动检查

是指依照相关标准，对整体消防设施进行联动控制功能和综合技术性的检查。

4　职责

（1）安全生产部负责消防器材及设备日常管理、检修维护保养、人员培训、检查、定期检验等各项工作，履行最重要的现场监管职能。

（2）确保任何时候都可以拿到和看到紧急灭火设备。

（3）发生火灾时，组织现场人员正确操作消防器材，及时启用自动灭火设施进行有效灭火处置。

（4）安全生产部负责对所辖消防设施和消防器材的监控，消防器材的定置摆放管理。

（5）安全生产部负责所辖消防设施日常巡检、维护、消防设施定期切换、消防设施缺陷的联系处理。

（6）配合当地消防主管部门做好消防设施的定期试验和年度检测工作。

5　流程与风险分析

（1）管理流程图

消防设施及器材管理流程图见附录 A。

（2）风险控制点

本标准中的风险控制点：消防设施的配置、消防设施保管维护、消防设施定期检验。

（3）风险分析

①如果不按国家、行业有关标准配置数量充足的消防器材及设备，发生火情时不能及时消除，可能酿成火灾事故。

②如果消防器械及设备没有实行定置管理，随意挪动；保管、存放不符合要求；发现问题不组织进行整改或不采取临时措施，将留下消防安全隐患。

③消防设施如果不定期进行检验，保证其有效性；没有做好检测记录、存档，

现场消防设施不能保证正常使用，发生火情时不能及时消除，可能酿成火灾事故。

6　管理内容与方法

6.1　消防器材及设施的配备

（1）根据国家有关消防法规、标准规范要求，应合理配备消防设施及一定数量的消防器材。应在每台发电机组附近配置一台手提式干粉灭火器（二氧化碳）做现场应急灭火处置使用。

（2）火灾自动报警系统。主控制室、继电保护室、配电室、消防泵房等室内外应安装有楼宇显示器、智能感烟探测器、智能感温探测器、防暴感烟探测器、声光报警器、手动报警按钮、消火栓按钮、主控制室火灾报警控制器、主控室消防泵房启动按钮等消防设施。

（3）水消防系统。主要设施有潜水深井泵、消防主泵、消防稳压泵、消防用气压泵、电动葫芦、控制柜。对消防蓄水池、管道、控制阀门要通过联动试验应达到正常设计要求。

（4）消火栓系统。设施有室外消火栓井、室内消火栓及主变压器水喷雾管道系统，通过联动试验达到正常设计要求。

6.2　消防设备的位置标志

（1）须用统一的标志、标示指明消防设备所在位置。

（2）当灭火设备放置在不能从工作地点见到的位置时，须加上箭头标记以指示其确切位置。

（3）须在所有显眼位置展示标准图形标志，以标明消防设备种类（如灭火器、消火栓等）。

（4）应为放置在室外的手提式灭火器设置防风雨屏障，或将其放在防风雨箱（架）内。

（5）在整个办公或工作区域内，须设置并保持统一且符合标准的标志、标识。

（6）场区各建筑物之间应根据生产、生活、消防需要设置行车道、消防车通道和人行道，所有通向消防及紧急设备的通道不得阻塞。

6.3　消防器材

（1）消防器材的日常补充由水电站安全生产部提出申请，报主管领导批准。

（2）严格核实出厂日期、型号、压力和有效期，保证消防器材符合国家规定的质量标准。

6.4　消防器材及设施的检查

（1）消防设施的检查分为巡查、单项检查和联动检查，详细内容见附录 B。

（2）加强消防设施的检查。日常检查每日进行，单项检查每月进行 1 次，联动检查每年进行 1 次，联动检查可结合消防设施年度检测工作进行。

（3）各值应认真履行巡查的职责，发现消防设施存在故障或缺陷应及时通知上级主管部门处理，并做好相关记录。

（4）为使全站消防设施处于良好的备用状态，应责任到人，做好日常的维护检查工作。

6.5　消防器材的定置管理

（1）灭火器材的定置管理参照《电力设施典型消防规程》执行。

（2）灭火器的摆放位置按照水电站消防器材平面布置图进行定置摆放。

6.6　消防器材及设施的维护保养

（1）消防器材为扑救火灾专用设备，任何人不得擅自动用。消防器材使用后，值班安全员应及时告知水电站消防责任人并进行清理，及时补充，确保器材充足，随时处于备用状态。

（2）消防责任人应安排人员定期对器材进行维修和保养，对存在缺陷的灭火器材，应立即更换。

（3）消防设施的检修维护保养应在当地消防主管部门的监督指导下按有关规定执行。

6.7　消防设施的定期试验和年度检测

（1）按照消防设施试验周期的要求，进行消防设施定期试验。

（2）每年应根据消防设施的情况，制订年度消防检测计划，配合消防检测部门实施检测工作。对检测发现的问题，应提出整改方案，明确整改措施及整改时间，并形成书面材料。

（3）各类型号的灭火器按照检验周期，提前分批次，送当地公安消防部门进行检测、试验。不应一次性全部送检，以防火灾发生时无备用灭火器。

6.8　消防器材的其他管理

（1）应经常培训新入场员工正确使用消防灭火器材，使其熟练掌握使用方法和技能，养成爱护器材的良好习惯，自觉遵守各项消防管理制度，增强工作责任心。

（2）消防器材不应用于灭火、演练、火灾抢险以外的其他方面，特殊情况必须借用、动用时，要报请水电站消防责任人批准。

（3）应对消防器材建档登记，有专人负责管理，账、卡、物相符。

（4）应定期检查、保养、试验，确保器材、设备时刻处于良好战备状态。

（5）消防灭火器材应按水电站消防定置管理图进行定置摆放，并防止发生器械损坏。

（6）消防器材、工器具周围应干净整洁，通道上不应堆放杂物，禁止随意挪动器材或挪作他用。

（7）对违反消防管理规定，使用管理不善、丢失、损坏和造成事故的，应予以严肃处理。

（8）自动灭火装置如在发生火警时，出现故障不能自动投入，生产人员应就近立即手动启动，使消防设施投入工作。

（9）任何人不得在非火警情况下擅自启动消防设施。

7　检查与考核

本标准执行情况由安全生产部进行监督、检查与考核。

8　报告与记录

序号	名称	保存地点	保存期（a）
1	消防器材年度检验记录	水电站	3
2	消防器材设备检查整改记录	水电站	3

附录A　消防设施及器材管理流程

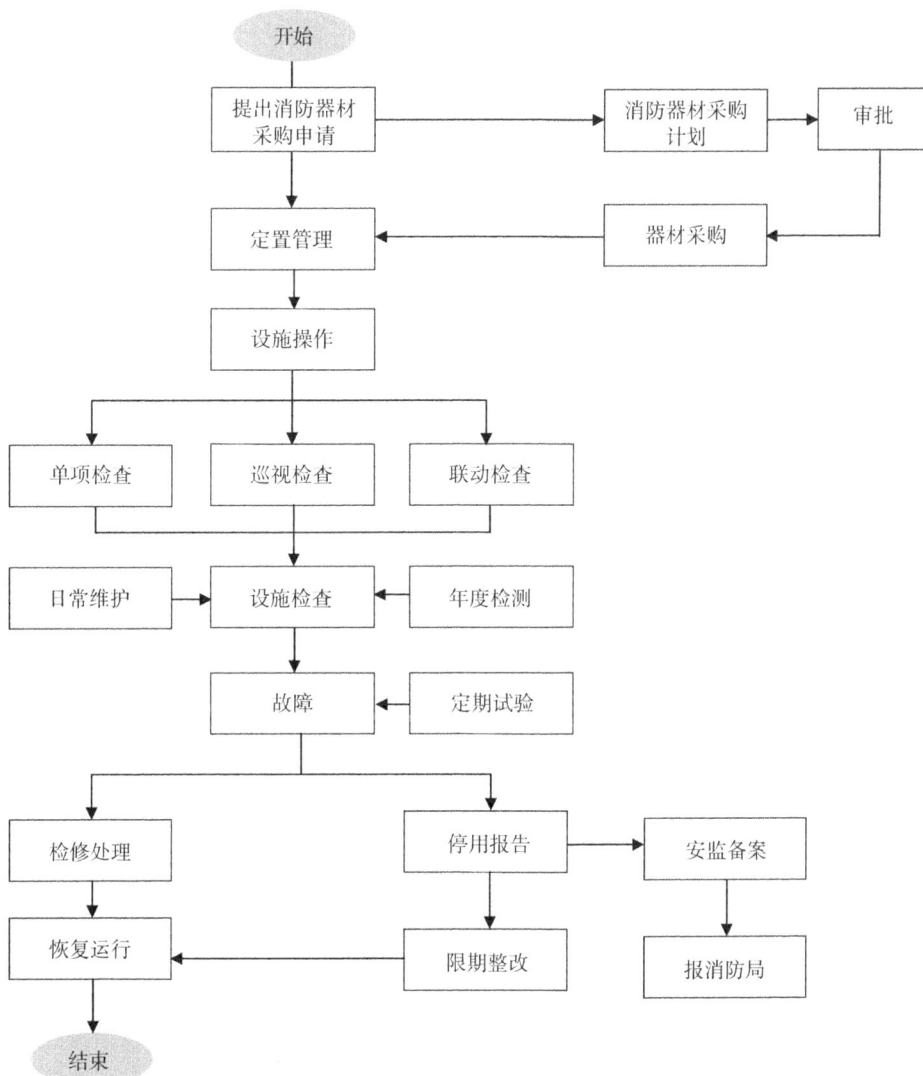

附录 B   消防设施检查内容

一、巡查的内容

1. 火灾自动报警系统：火灾报警器外观，区域显示器运行状态，CRT 图形显示器运行状况，火灾报警控制器运行状况，消防联动控制器外观和运行状况，手动报警按钮外观，火灾警报装置外观。

2. 消火栓灭火系统：室内消火栓外观，消防卷盘外观，室外消火栓外观，启动泵按钮外观。

3. 自动喷水灭火系统：喷头外观，报警阀组外观，末端试水装置压力值。

4. 灭火器：灭火器外观，设置位置状况。

二、单项检查的内容

1. 火灾自动报警系统：警报装置的报警功能，火灾报警控制器手动报警按钮、火灾报警控制器、CRT 图形显示器，火灾显示盘的报警显示功能，消防联动控制设备的联动控制和显示。其中火灾报警探测器和手动报警按钮的报警功能检查总量不少于总数量的 25%。

2. 消火栓灭火系统：室内外消火栓出水及压力，系统功能。检查数量不少于总数量的 25%。

3. 自动喷水灭火系统：报警阀组放水，末端试水装置放水，其中末端试水装置放水检查数量不少于总数量的 25%。

4. 灭火器：检查灭火器型号，压力值和维修期限。检查数量不少于总数量的 25%。

三、联动检查的内容

1. 火灾自动报警装置每层、每回路报警系统和联动控制设备的功能试验。每 12 个月对每只探测器、手动报警按钮检查不少于 1 次。

2. 自动喷水灭火系统在末端放水，进行系统功能联动试验，水流指示器报警，压力开关、水力警铃动作。对消防设施上的仪器仪表进行校验，每 12 个月对每个末端放水阀检查不少于 1 次。

3. 消防给水系统最不利点是消火栓出水，应分别用消防水箱和消防水泵供水。每 12 个月累计对每个消火栓检查不少于 1 次。

4. 对每只灭火器选型、压力和有效期检查每 12 个月不少于 1 次。

附录 C　消防器材设备检查整改记录

年　　月　　日

序号	检查日期	检查人	存在问题	整改措施	负责部门	责任人	计划完成时间	完成情况		
								完成情况说明	完成时间	生产负责人

未按时完成项目的原因说明及下一步采取的措施：	备注：

（九）设备维护检修管理标准（示例）

1　范围

本标准规定了水电站设备维护检修工作的管理职责、执行程序与要求，检查与考核等。

2　规范性引用文件

引用规范性文件清单

序号	名称	序号	名称
1	《发电企业设备检修导则》（DL/T 838—2003）	5	《检修管理规定》
2	《水电站设备检修管理导则》（DL/T 1066—2007）	6	《水电企业安全生产工作规定》
3	《电业安全作业规程（电气部分）》	7	《水电企业生产事故调查规定》
4	《电业安全作业规程（热力和机械部分）》	8	《水电企业安全检查与安全性评价工作规定》

3　术语和定义

3.1　定期维护检修

是一种以检查试验为基础的预防性维护检修，根据设备的磨损和老化统计规律，事先确定维护检修等级、维护检修项目、维护检修间隔、需用备件及材料等的维护检修方式。

3.2　状态维护检修

是根据状态检测和诊断技术提供的设备状态信息，评估设备的故障状况，在故障发生前进行维护检修的方式。

3.3　质检点

是指工序管理中根据某道工序的重要性和难易程度而设置的关键工序质量控制

点，这些质量工序不经质量检查签证不得转入下道工序。其中 H 点为不可逾越的停工待检点，W 点为见证点。

3.4　二级验收

是指对设备检修质量实行班组、水电站验收。

4　职责

4.1　水电站负责人

（1）负责组织水电站年度设备维护检修计划及 3 a 滚动规划的编制、审核。

（2）对水电站年度及各项设备维护检修工作的安全质量及工期控制负领导责任。

（3）负责审核设备维护检修安全质量管理方案。

（4）负责审核维护检修所需材料计划、备品配件计划。

（5）负责设备维护检修中重大问题的决策。

4.2　检修班组

（1）负责编制年度设备维护检修计划及 3 a 滚动规划。

（2）负责编制设备维护检修的安全质量管理方案。

（3）负责制订设备维护检修的材料、备品配件计划。

（4）负责日常维护及年度维护检修项目全过程安全、质量监督。

（5）负责编写年度设备维护检修总结。

（6）负责重要仪器、仪表、实验设备、电动工器具、安全器具的定期检验。

（7）负责编写日常维护及重大维护检修工程总体验收与评价工作。

（8）负责组织设备维护检修竣工验收工作。

（9）负责设备维护检修总结，做好设备维护检修记录上报电站。

4.3　运行值班

（1）参与编制设备的年度及各项设备维护检修工作及 3 a 滚动规划。

（2）参与制订并落实设备维护检修计划中的安全质量措施。

（3）参与检修后设备调试方案的编制并实施。

（4）参与设备检修后检查及质量评价工作。

5　流程与风险分析

5.1　管理流程图

设备定期维护检修管理流程见附录 A。

5.2　风险控制点

本标准中的风险控制点：计划及项目、修前准备、队伍资质审查、鉴定验收、总结评价。

5.3　风险分析

（1）由于计划及项目编制审核不严，设备检修出现漏项，给设备运行留下事故隐患，可能导致设备损坏的事故发生。

（2）设备检修维护前准备不足，备品配件或工器具缺失，导致工期延误，为设备检修留下安全和质量隐患。

（3）检修维护队伍把关不严，资质审查不到位，人员技能与实际工作要求不符，可能出现违章作业，导致人身伤害和设备事故发生。

（4）设备检修质量把关不严，未按质量监督流程控制，留存事故隐患，可能导致设备损坏或风险扩大。

（5）由于检修后文件、记录管理不严，造成丢失或记录不全，造成台账资料与现场不符，运行人员操作失去依据，可能导致误操作事故的发生。

6　管理内容与方法

6.1　基本要求

（1）设备检修管理的目的是提高设备的可用率、可靠性、安全性和经济性，延长设备的使用寿命，减少生产过程中对安全的不利影响，有效地控制成本。

（2）设备检修管理包括设备检修计划、检修准备及进度、安全和质量控制、检修总结和评价，检修外包项目管理，检修费用的核定管理与考核。

（3）对设备检修管理实行"预防为主、状态维护、定期检修"的方针，贯彻执行"安全、质量第一"及"应修必修、修必修好"的原则。要以消除重大隐患和缺陷为重点，恢复设备性能和延长设备使用寿命为目标。

（4）设备状态是检修策划的基本依据，水电站要重视设备状态的监测，完善设备测点，使用先进的测试设备，加强设备状态分析，根据不同设备的重要性、可控性和可维修性，开展状态检修工作。

（5）设备检修工作是一项严谨而细致的工作，要严格按照检修计划和规定的程序执行，做到安全第一，统筹工期和质量，不得随意抢工和漏项。对技术经济状况不好和存在重大缺陷、安全隐患的设备，经过技术论证后，检修间隔可适当缩短。

（6）为有效减少停机检修次数，降低检修成本，除发生非计划检修外，原则上将主变压器等检修项目结合水轮机组定期维护同步完成。

（7）在不影响电网调度和事故备用的前提下，水电站要积极利用非雨季或低库容时段进行维护检修工作。

6.2　检修间隔和停用时间规定

（1）机组的检修级别划分为 A、B、C、D 四级检修，各类型各级别检修间隔和停用时间规定如下：

①新投产水轮机组第一次 A/B 级检修可根据制造厂要求、合同规定及机组的具体情况决定。正常情况下水轮机组 A 级检修间隔为 8 a。

②主变压器第一次 A 级检修可根据试验结果确定，一般为投产后的 5 a 进行。A级检修间隔根据运行情况和试验结果确定，一般按 10 a 执行；两台主变压器的 C 级

检修可随机组年度检修轮流进行，根据运行和试验结果确定是否安排 A 修。

③机组检修等级组合方式：在两次 A 级检修之间，安排 1 次机组 B 修；除有 A、B 级检修外，每年安排 1 次 C 级检修，并可根据具体情况，每年增加 1 次 D 级检修，各级检修组合为 A—C（D）—C（D）—C（D）—B—C（D）—C（D）—C（D）—A。即第一年检修可安排 A 级检修 1 次，第二年安排 C 级检修 1 次，并可视情况增加 D 修 1 次，以后照此类推。

（2）检修机组停用时间。机组检修的停用时间是指机组从系统中解列（或调度同意检修开工）到检修完毕正式交付电网调度的总时间。

6.3　维护检修计划

（1）维护检修计划的编报和批复。

①每年运行维护部组织检修班组和运行值进行充分论证和研究提出下年度维护检修项目，提出下年度《检修工期申请表》。进行充分论证和研究提出下年度维护检修项目和费用计划，并按程序上报。

②按照批复的检修工期计划，按照有关规定向所在地区调度进行申报。

③年度检修费用计划按照生产设备、生产建筑物及非生产设施分类逐项列入，包括特殊项目费用计划。

④运行维护部根据水电站批复的年度维护检修项目和费用计划，并结合性能试验结果、检修前设备状况对检修项目做必要的调整，制订完整的年度维护检修实施计划，报水电站相关负责人批准后下发执行。

（2）维护检修项目的确定。

①主要设备的检修项目分为标准项目和特殊项目。

②A 级检修标准项目的主要内容：

a. 制造厂要求的项目。

b. 全面解体、检查、清扫、测量、调整和修理。

c. 定期监测、试验、校验和鉴定。

d. 按规定需要定期更换零部件的项目。

e. 按各项技术监督规定检查的项目。

f. 消除设备和系统的缺陷和隐患。

③B 级检修标准项目是根据设备状态评价及系统的特点和运行状况，有针对性地实施部分 A 级检修项目和定期滚动检修项目。

④C 级检修标准项目的主要内容：

a. 消除运行中发生的缺陷。

b. 重点清扫、检查和处理易损、易磨部件，必要时进行实测和试验。

c. 按各项技术监督规定检查的项目。

⑤D 级检修主要内容是消除设备和系统的缺陷。

可根据设备的状况调整各级检修的项目，原则上在一个 A 级检修周期内所有的标准项目都必须进行检修。

⑥特殊项目为标准项目以外的检修项目以及执行反事故措施、节能措施、技改措施等项目；重大特殊项目是指技术复杂、工期长、费用高或对系统、设备结构有重大改变的项目，水电站可根据需要安排在各级检修中。

⑦主要设备的附属设备和辅助设备应根据设备状况和制造厂要求，合理确定其检修项目。

⑧建筑物。

a. 水工建筑物检修间隔、检修项目和检修工期应根据日常巡查、年度详查、定期检查和特种检查结果确定检修项目。

b. 水工建筑物及泄洪设施的检修应确保安全发电和防洪度汛。

c. 生产建筑物（厂房、道路等）根据实际情况安排必要的检修项目。

⑨水电机组设备状态检修项目。

a. 设备状态监测诊断确定的项目（通过在线状态监测诊断参数，识别故障的早期征兆，对故障部位、故障严重程度及发展趋势做出判断，从而确定的预知性检修项目）。

b. 设备可靠性分析确定的项目（以可靠性为中心的项目，有效预防严重故障的发生）。

c. 设备性能、指标完善和提高要求的项目。

d. 设备寿命管理与预测确定的项目（延长机组寿命并保证效益。状态检修中寿命预测与评估技术的应用，有利于科学合理地安排检修和规范运行条件提高设备的寿命。寿命预测和评估研究的重点为水轮机叶轮、入口导叶）。

⑩水电机组设备故障检修项目：故障检修一般为单台水电机组重要配套设备突发性损坏（如水轮机叶轮、发电机、轴瓦、入口导叶）的抢修和事故性检修。

⑪水电机组设备特殊检修项目：主要为经检验、试验、测评已到寿命的大批量重要部件的更换的项目。

⑫年度维护检修实施计划一经批准，应严格执行，做好维护检修计划的落实工作（如落实备件、材料，对重大特殊项目做好设计工作，并制订施工技术方案，搞好内外联系和协作）。

（3）因故需要调整检修项目或需要增减重大非标准项目，必须报上级批准后方可实施；如果增减的重大非标项目对检修的工期产生影响时，还应向电网调度部门申报获得批准。

（4）设备维护检修物资计划。

①根据批准后的年度维护检修实施计划，提前一定周期，提出设备检修的材料计划和备品配件计划，经审批后按物资采购流程执行。

②要做好材料和备品的管理工作，编制设备检修项目的备品和配件的定额，合理安排备品配件的到货日期，既要满足检修的工期要求，又要减少库存资金的占用量，提高资金的周转率。

③建立和健全检修工时、材料消耗和费用统计制度，编制并不断完善设备检修管理的工时和费用定额，使定期检修工作规范化。

6.4   检修规划

（1）检修规划包括中长期检修规划和三年检修滚动计划。

（2）中长期检修规划的主要内容：设备 A、B 级检修计划、重大技术改造项目、费用等。

（3）3 a 检修滚动计划是对后 3 a 设备 A、B 级检修特殊项目的预安排，参见附录 B。

6.5   维护检修外包管理

（1）因技术难度高、工作量大、检修人员不足等水电站检修力量无法完成的工程项目，可委托外包或部分工作外协施工，具体检修外包、外协项目经审核批准后执行。

（2）维护检修工作对外承包项目的管理。

①维护检修对外承包应采用招标或邀标的方式进行，所有投标单位必须具备相应的资质，并具有相应检修项目的业绩，有完善的质量保证和监督体系。

②水电站要加强外包工程的合同管理，合同中要对项目、费用、时效、安全、质量标准及质量责任分工、验收标准、施工人员素质及构成等进行明确约定。项目开工前必须签订相关的合同，否则不得开工。

③水电站要明确各检修项目的负责人，以水电站人员为主做好检修外包项目的质量和安全管理，严禁"以包代管"。

④对参与施工的所有外包单位人员进行安全知识教育，考核合格后方可允许进入施工现场。

⑤维护检修外包工程中禁止转包和分包。

6.6   维护检修开工准备

（1）按照年度检修计划确定的检修重点项目，以及设备检查和试验结果，制订符合实际的对策和措施。

（2）组织编制检修安全质量管理方案，并上报相关负责人审核批准。安全质量管理方案应包括以下内容：

①上次检修后的设备运行概况和存在的主要问题，本次检修应达到的目标及主攻目标。

②检修工作组织管理措施。

③主要检修项目和更改项目的技术措施、施工方案及负责人。

④安全质量保障措施。

（3）落实检修项目，根据需要编制设备检修作业指导书，指导书应包括以下内容：

①设备名称、项目、工期。

②修前设备状况说明。

③检修工艺质量标准及有关的图纸、资料。

④重要项目的安全、技术措施。

⑤危险点及环境因素分析与控制。

⑥质量控制点（W、H点）清单及（W、H点）验收单。

⑦备品材料消耗清单。

⑧检修记录。

（4）编制维护检修工期进度表。

（5）确定外承包单位工作票签发人、工作负责人名单。

（6）建立设备检修台账并及时记录设备检修情况，加强技术档案管理工作，收集和整理设备、系统原始资料，实行分级管理，明确各级人员职责。

（7）落实检修中使用的起重设备、运输设备、施工机具、专用工具、安全用具、试验设备、标准仪器的检验情况。

（8）做好材料和备品的管理工作，合理安排备品配件的到货日期，既要满足检修的工期要求，又要减少库存资金的占用量，提高资金的周转率。

（9）组织检修班组、外包单位相关人员学习、讨论检修计划、项目、进度、措施及质量要求，并做好特殊工种的安排，确定检修项目的施工和验收负责人。

（10）组织制订施工安全措施、技术措施和组织措施，准备好检修文件包。

（11）负责向承包工程单位进行安全、环境、技术交底。

（12）负责组织进行检修现场警戒、隔离。

6.7　维护检修施工管理

（1）设备检修负责人向当值值长提交检修工作票，值长根据工作票要求布置安全措施，通知设备检修专责人员一同到现场确认，双方认可并在工作票上签字后，值长发出工作票，许可开工。

（2）在施工中，应做好下列各项工作：

①按照编制的检修安全质量管理方案检查各项安全措施，确保人身和设备安全。

②检查落实检修岗位责任制，严格执行各项质量标准、工艺措施、保证检修质量。

③随时掌握施工进度，加强组织协调，确保如期竣工。

（3）检修专责人员在施工中，应着重抓好下列各项工作：

①重点设备检修、调试或有严重问题的设备时，有关专业技术人员应在现场。

②设备检修要严格按检修工艺进行作业。

③设备检修后恢复的重要工序，必须严格控制质量。

（4）检修过程中，检修人员应及时做好记录。记录的内容应包括设备技术状况、修理内容、系统和设备结构的改动、测量数据和试验结果等。所有记录应完整、正确、简明、实用。

（5）检修过程中，检修人员应做好工具、零件、仪表管理，严防工具、机件或其他物体遗留在发电机、水轮机、变压器或其他设备内；重视消防、保卫工作；维护检修结束后，做好现场清理工作。

（6）检修中发现的重大设备问题，应协助制订解决方案并及时向上级汇报（包括图片和文档资料），如果该问题影响到检修的工期时，按规定申请延期。

（7）检修过程中，原定检修项目如有调整，检修负责人应填写检修项目更改申请单提出申请，经同意后施行。

（8）检修过程中，外包单位必须遵守水电站各项安全管理要求。

（9）设备检修完成后，检修工作负责人及时终结工作票，工作许可人到现场检查、确认并恢复必要的安全措施。发现问题应告知检修工作负责人进行及时处理。

（10）设备检修后实现的质量目标（不限于）：

①检修特殊项目及更改项目完成率达到100%。

②检修预试完成率达到100%。

③技术监督项目完成率达到100%。

④机组缺陷消除率达到100%。

⑤主要仪表装置、后台监控指示准确率达到100%。

⑥保护装置动作正确率达到100%。

⑦自动装置动作正确率达到100%。

⑧主保护投入率达到100%。

⑨水轮机效率、发电机效率高于修前，且不低于设计值。

⑩发电机并网一次成功，机组累计运行180天无非计划停运。

⑪机组设备修后不发生质量返工事故，整套设备达到无渗漏标准。

⑫水电机组振动摆动值优于设计保证值。

⑬设备修后达到"四无"，即主辅设备、系统无影响正常运行方式和正常运行参数的设备缺陷；无主辅设备、系统的安全隐患；无24小时不可消除的一般性缺陷；充油、充气设备达到无渗漏标准。

6.8　维护检修验收及试运

（1）主变及公用系统定期检修标准项目、水电设备定期维护保养项目实行"二级验收"；故障检修项目、特殊检修项目实行"三级验收"。

（2）检修质量实行自检修作业层逐级向上负责，对"二级验收"的项目行使质量验收权，对"三级验收"的项目行使质量验收权，并对"二级验收"的项目质量验收情况进行抽查。

（3）对设备检修的工艺过程、验收点质量标准、验收技术指标及执行情况负责。

（4）工作负责人对检修过程中各工艺质量及测量数据的准确性负责。

（5）检修过程中必须严格按照质量计划中制订的 W、H 点执行质量验收，检修单位项目负责人应准备检验过程中所必需的工器具，并做好检验的配合工作。

①W 点验收由水电站组织会同工作负责人参加。单项工作结束，工作负责人自检合格后，交水电站对 W 点签字验收。

②H 点验收由运行维护部组织检修单位项目负责人参加。检修单位项目负责人和水电站对设备自检合格后，填写 W/H 点质量验收联络单对 H 点进行验收。

（6）检修人员必须坚持质量标准，在检修过程中严格执行检修工艺规程和质量标准；验收人员必须深入检修现场，调查研究，随时掌握检修情况，不失时机地帮助检修人员解决质量问题，工作中应坚持原则，坚持质量标准，认真负责做好质量验收工作。

（7）当检修设备具备调试或试运条件后，工作负责人向水电站提出调试申请或试运申请，经批准后进行。

6.9　检修总结分析

（1）水电站整理检修记录及有关检修资料，分析检修过程中发现和处理的主要问题、原因，总结经验教训，对设备遗留问题进行重点分析，对所有检修后的设备状态进行跟踪，并形成水电站维护检修总结报告。

（2）定期组织召开维护检修分析会。

（3）机组 A/B 级检修竣工投运后 2 个月内，应按照有关标准要求及时完成性能试验和检修总结上报。

（4）对检修中消耗的备品配件及材料进行分析，修订备品配件、材料定额。

（5）对检修项目的工时费用进行分析总结。

（6）对检修外包工作进行总结，对外包队伍进行评价。

（7）根据设备异动情况修改图纸，修订、完善运行规程和检修规程。

（8）对所有检修技术资料、各类检修总结整理归档。

（9）完善整理相关检修基础数据库、指导书、设备台账、管理标准等，以达到管理工作的持续改进。

7　检查与考核

本标准执行情况由运行维护部进行监督、检查与考核。

8　报告与记录

序号	名称	保存地点	保存期（a）
1	检修安全质量管理方案	水电站	6
2	年度维护检修实施计划	水电站	6
3	检修工期进度表	水电站	1
4	检修作业指导书	水电站	1
5	检修试验报告	水电站	长期
6	检修总结报告	水电站	6

附录 A　设备定期维护检修管理流程

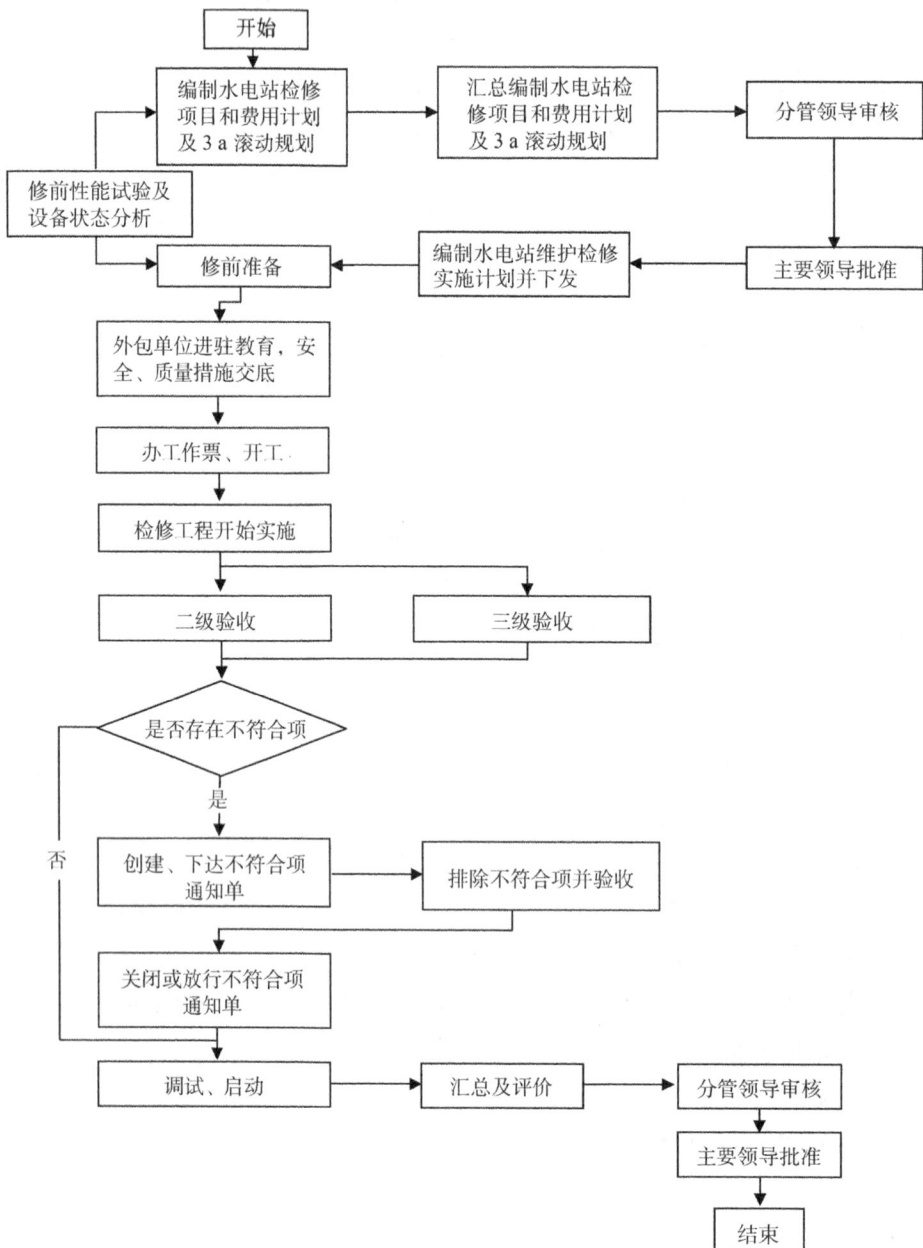

附录 B 3a检修滚动计划表

填报单位： 填报时间： 年 月 日

项目名称	上次 A/B 级检修时间	特殊项目名称	依据	技术措施	主要备件和材料	检修年度与费用			
						合计	20×× 年度	20×× 年度	20×× 年度
主要设备									
辅助设备									
水工建筑物									
生产建筑物									

批准： 审核： 编制：

附录 C 水电站××年度检修工期申请表

填报单位： 填报时间： 年 月 日

机组编号	容量/MW	进口/引进/国产	投运日期	上次 A 级检修竣工时间	上次 B 级检修竣工时间	上次 C 级检修竣工时间	20××年计划检修				
							检修级别	计划开工日期	计划竣工日期	工期/天	重大项目(含技改)

站长： 运行维护部： 填报人：

附录 D 水电站年度设备检修项目计划及费用申请表

填报单位： 填报时间： 年 月 日

工程编号	单位工程名称	检修级别	特殊项目列入计划原因	主要技术方案及措施	计划费用万元	备注
一	检修总费用					
二	××水电站					
(一)	机组检修					
1	××号机组检修					
(1)	标准项目					
(2)	特殊项目					
①						
……						
(二)	主变检修					
1	××号主变检修					
(1)	标准项目					
(2)	特殊项目					
①						
……						
(三)	公用系统检修					
1	标准项目					
2	特殊项目					
(1)						
……						
(四)	生产建（构）筑物检修					
1	标准项目					
2	特殊项目					
(1)						
……						
(五)	其他					
……						

站长： 运行维护部： 填报人：

附录 E 设备检修准备情况汇报表

填报单位：　　　　　　　　　　　　　　　　　　填报时间：

设备名称		检修级别	
计划检修时间：			

1. 大修费用计算（主要工程内容、工日及费用）：

2. 重大技改项目及特殊检修项目的方案落实情况：

3. 外包工程情况（拟外包的主要工程内容、工日及费用，队伍招标情况、技术协议、合同签订情况）：

4. 修前性能试验完成情况：

5. 重要物资（包括主要备件、材料、安全用具、专用工具及施工机具等）的准备情况：

6. 检修前基础管理工作开展情况（主要包括：安全措施、技术措施、检修文件包准备情况）：

填报人：　　　　　　　　　审核：　　　　　　　　　签发：

（十）设备缺陷管理标准（示例）

1　范围

本标准规定了水电站缺陷管理工作的管理职责、缺陷分类及消缺程序等管理内容。

2　规范性引用文件

引用规范性文件清单

序号	名称	序号	名称
1	《电业安全作业规程（电气部分）》	4	《水电企业生产事故调查规定》
2	《电业安全作业规程（热力和机械部分）》	5	《水电站大坝安全管理规定》
3	《水电企业安全生产工作规定》	6	《水电企业安全检查与安全性评价工作规定》

3　术语和定义

3.1　设备缺陷

水电站运行和备用设备降低出力、危及设备和人身安全，必须限期消除，恢复出力，保证设备和人身安全。如振动、位移、摩擦、卡涩、松动、断裂、变形、过热、泄漏、变声、缺油、失灵、固有安全消防、防洪设施损坏、照明短缺、标示牌不全等均称为设备缺陷。可分为一般缺陷、重大缺陷、紧急缺陷。

3.2　一般缺陷

是指不直接影响安全运行，能在运行中处理的缺陷或虽影响安全运行但可延至维修时处理的缺陷。

3.3　重大缺陷

是指严重影响安全运行，但不会很快造成事故，可以安排在临修计划中处理的缺陷，或虽不会造成事故，但对运行方式的灵活、可靠、经济有严重影响的缺陷。

3.4　紧急缺陷

是指威胁人身、设备安全，严重影响设备继续运行或继续运行可能造成事故，需立即进行处理的缺陷。

3.5　运行人员

是指水电站从事运行工作的专业生产人员。

3.6　检修班组

是指从事水电站管辖设备检修、维护的班组，包括外委检修单位。

3.7　检修人员

是指从事检修维护工作的专业生产人员。

4　职责

4.1　水电站相关负责人

（1）是缺陷管理第一责任人，对设备缺陷的登记、识别、上报以及水电站的缺陷管理工作负全责。

（2）发生重大缺陷、紧急缺陷，及时汇报，并采取必要的防范措施，避免设备缺陷扩大或发生事故。

（3）负责审核并组织实施各类缺陷消缺计划，及时上报消缺计划及组织措施，按批复的消缺计划和方案组织实施，对缺陷的消除过程和安全质量负责。

（4）每月组织对水电站设备运行状况及存在的重大设备缺陷进行总结分析，批复本水电站内部缺陷考核通报。

（5）组织汇总水电站缺陷发生、消除、结存情况，按周、月、季、年做好统计分析。

4.2　值长（副值长）

（1）组织本值运行人员，按时巡检及时发现并核实缺陷，通知检修人员消缺，及时填写缺陷记录本和认真验收。

（2）发现重大缺陷、紧急缺陷要依次汇报水电站相关负责人，同时根据运行规程进行事故处理，并做好记录。

（3）负责与电网调度的联系工作。

（4）参加水电站设备运行状况及重大设备缺陷的总结分析工作，提出相关措施。

（5）参加重大缺陷处理方案措施的讨论工作，提出确保安全、质量的建议。

（6）汇总水电站缺陷发生、消除、结存情况，按周、月、季、年做好统计分析。

（7）对未消除的缺陷要了解情况并做好记录；对在24小时内不具备条件消除的缺陷，副值长应填写延期消缺申请单，经相关负责人审核后上报延期消缺申请。

4.3　检修人员

（1）经常对设备进行巡回检查，及时发现设备出现的缺陷并及时消除。

（2）接到消缺通知后，应积极做好消缺准备工作，与现场运行值班人员一起分析缺陷、故障原因及处理方案，以最快的速度完成消缺任务。

（3）对于重大缺陷应编制消缺方案，明确组织措施、安全措施、技术措施，经水电站内部审核后报运行维护部审核批准。

（4）缺陷消除后，应在检修交代本上对运行人员予以书面交代，并及时填写设备消缺记录。

（5）参加水电站设备运行状况及重大设备缺陷的总结分析工作，提出相关措施。

5　流程与风险分析

5.1　管理流程图

设备缺陷管理流程图见附录 A。

5.2　风险控制点

本标准中的风险控制点包括缺陷发现、缺陷记录、处理与分析、待处理缺陷、重大缺陷、分析与考核。

5.3　风险分析

（1）未全面及时发现设备缺陷，导致缺陷扩大，影响设备安全、经济运行。

（2）对发现的缺陷判断不当，记录不准确将严重的缺陷划分到一般缺陷，延误处理时间，导致缺陷扩大，影响设备安全运行。

（3）设备缺陷未得到及时受理、分析和处理，导致缺陷扩大，影响设备安全、经济运行。

（4）对待处理缺陷未采取预控措施，导致缺陷扩大，影响设备安全、经济运行。

（5）对重大缺陷未及时制订相关的安全措施、技术方案、履行审批手续，导致缺陷处理不当，可能造成事故。

（6）对缺陷没进行定期的分析与考核，导致缺陷管理制度执行不利，缺陷分类错误，人员思想麻痹，造成缺陷重复发生或扩大，危及设备安全运行。

6　管理内容与方法

6.1　一般要求

（1）设备缺陷按紧急程度分成三类，即一般缺陷、重大缺陷、紧急缺陷三个类别，水电站应结合现场具体设备制订设备缺陷分类细则。

（2）水电站应设置设备缺陷管理记录和设备缺陷电子台账，记录内容包括设备缺陷类别、发生时间、发生部位、发生原因、处理过程及其所采用的方法、技术措施，以及更换的备品、各种必要的技术分析。

（3）检修人员在设备缺陷处理开工前，必须经运行人员同意，办理工作票和工作许可手续，才能进行消缺工作。缺陷消除后，应及时办理缺陷终结手续，否则按未处理对待。

（4）运行人员配合做好安全措施，检修人员保证消缺质量，在规定时间内完成消缺工作，杜绝重复消缺。

（5）在处理紧急缺陷时，相关人员必须在现场督促检查紧急缺陷的消除工作，并协助制订处理方案和质量验收，紧急缺陷必须连续进行处理。

（6）对有紧急或重大缺陷的设备，若因特殊原因，不能在规定时限内停运处理，而需带缺陷继续运行时，运行维护部必须制订实施防止缺陷扩大的措施并报分管负责人批准。

（7）每月 3 日前（遇节假日顺延）运行维护部汇总上月发生的缺陷事故，消缺完成情况及消缺率。每月 20 日后，对上月 21 日至本月 20 日期间运行发现并处理的缺陷进行统计，对于监盘、记表、操作中发现的一般缺陷，统计、核准后，按《考核管理办法》进行考核。

6.2 缺陷处理程序

6.2.1 缺陷的发现

运行人员、检修人员都有责任发现设备缺陷。运行人员通过设备巡检、设备定期切换和试验、查看系统过程数据、设备操作调整等发现设备缺陷。检修人员通过设备巡检、设备状态监测等发现缺陷。

6.2.2 缺陷的登记

（1）运行人员或检修人员发现设备缺陷后应及时将其记录在缺陷记录本中，以便进行交接和考核，同时通知设备管理部门进行处理，以保证设备安全运行，实现缺陷的闭环管理。在缺陷未消除前，应加强监视，采取可行措施，防止缺陷扩大，及时做好事故预测。

（2）运行中发现的大小缺陷由值长审核，必要时让有关技术人员到现场检查确认后，方可填写缺陷记录本，填写人对缺陷的描述要详细准确。

（3）为避免设备缺陷的重复填写，发现缺陷的人员应浏览设备缺陷记录本，认真查看缺陷是否已记录。

（4）对于重大设备缺陷要同时以电话或其他方式通知检修人员，对于紧急缺陷要同时通知水电站负责人。

（5）记录缺陷时，缺陷设备、部位要准确，缺陷内容要清楚。

6.2.3 缺陷的处理及验收

（1）检修班组在接到消缺通知后，应及时进行确认，并安排检修人员进行消缺。

（2）检修班组在接到重大及以上缺陷通知后，应立即安排负责人去现场同运行人员共同确认，制订缺陷处理方案，待批复后及时处理。一般缺陷可根据检修班组的具体工作安排进行消除，但原则是应尽快消除。

（3）如果不需运行人员布置相关措施即可消除的缺陷，则检修人员只需在消缺前办理生产区域工作联系单，待运行人员许可开工后进行消缺。若需运行人员布置相关措施，则检修人员在消缺前必须办理工作票。消缺工作严格按照《电力安全作业规程》和《工作票和操作票管理标准》有关规定执行。

（4）凡应立即处理的缺陷必须在当天不间断消除，需跨天或延期的，应提出申请，征得运行维护部及分管负责人批准方可。

（5）对需降低出力或主要设备及系统切换操作才能消除的缺陷，水电站在消缺前提出检修申请，并向电网调度报告，待申请批准后方可工作。

（6）对不可控的重大缺陷，由运行维护部尽快制订处理方案并办理消缺申请，明确方案实施人员职责及运行人员配合职责，经分管负责人批准后方可进行。

（7）对可控的重大缺陷，由运行维护部组织有关专业人员制订相应的技术方案，制订相关的事故预案并进行事故预演，择机安排彻底处理。

（8）因无备品或其他原因而不能及时消除的一般缺陷，经相关负责人同意，可转为挂起状态；对于重大以上缺陷须及时汇报，制订防范措施，经批准后方可转为挂起状态。

（9）夜间及节假日发生的缺陷，检修值班人员对能处理的缺陷要及时处理，并做好确认和联络工作，对影响水电机组运行的缺陷要及时联系相关人员来处理。

（10）缺陷消除后要及时恢复，做到工完、料净、场地清和工作手续终结。

（11）缺陷处理完毕后，根据缺陷性质由相关部门组织验收，有条件时，还应启动设备进行检查，验收合格后负责人在相关文件上签字存档。

（12）对 A 类设备缺陷的消缺处理验收，运行值长或副值长应到现场检查、验收。

（13）任何人员不得随意删除记录的缺陷。

6.2.4　缺陷的统计分析

（1）运行维护部每月定期按以下公式对缺陷进行统计，将当月的缺陷消缺完成情况及缺陷消缺率上报水电站。

$$缺陷消除率 = \frac{\sum 水电站已消除的设备缺陷}{\sum 水电站已发生的设备缺陷} \times 100\%。$$

$$缺陷复现率 = \frac{\sum 水电站缺陷重复条次}{\sum 水电站已发生的设备缺陷} \times 100\%。$$

（2）分管负责人每季度组织召开 1 次安全运行分析会，对设备缺陷及处理情况进行总结分析，形成相应的技术文件，为各部门提供技术支持。

（3）运行维护部每月要组织召开 1 次安全运行分析会，对设备缺陷及处理情况进行总结和分析并形成相应的技术文件，报送水电站负责人。

（4）对发生障碍以上的事故，运行维护部要组织专业人员按照"四不放过"的原则进行总结、分析，将事故分析报告报送分管负责人。

（5）对发生的设备异常，运行维护部要组织人员按照"四不放过"的原则进行总结、分析，将事故分析报告报送水电站负责人。

7　检查与考核

本标准执行情况由运行维护部进行监督、检查与考核。

8　报告与记录

序号	名称	保存地点	保存期
1	缺陷管理记录	水电站	长期
2	消缺维护台账	水电站	长期
3	月度缺陷管理工作总结	运行维护部	1 a
4	季度缺陷管理工作总结	运行维护部	3 a
5	频发性缺陷原因分析表	水电站	长期

附录 A　缺陷处理管理流程

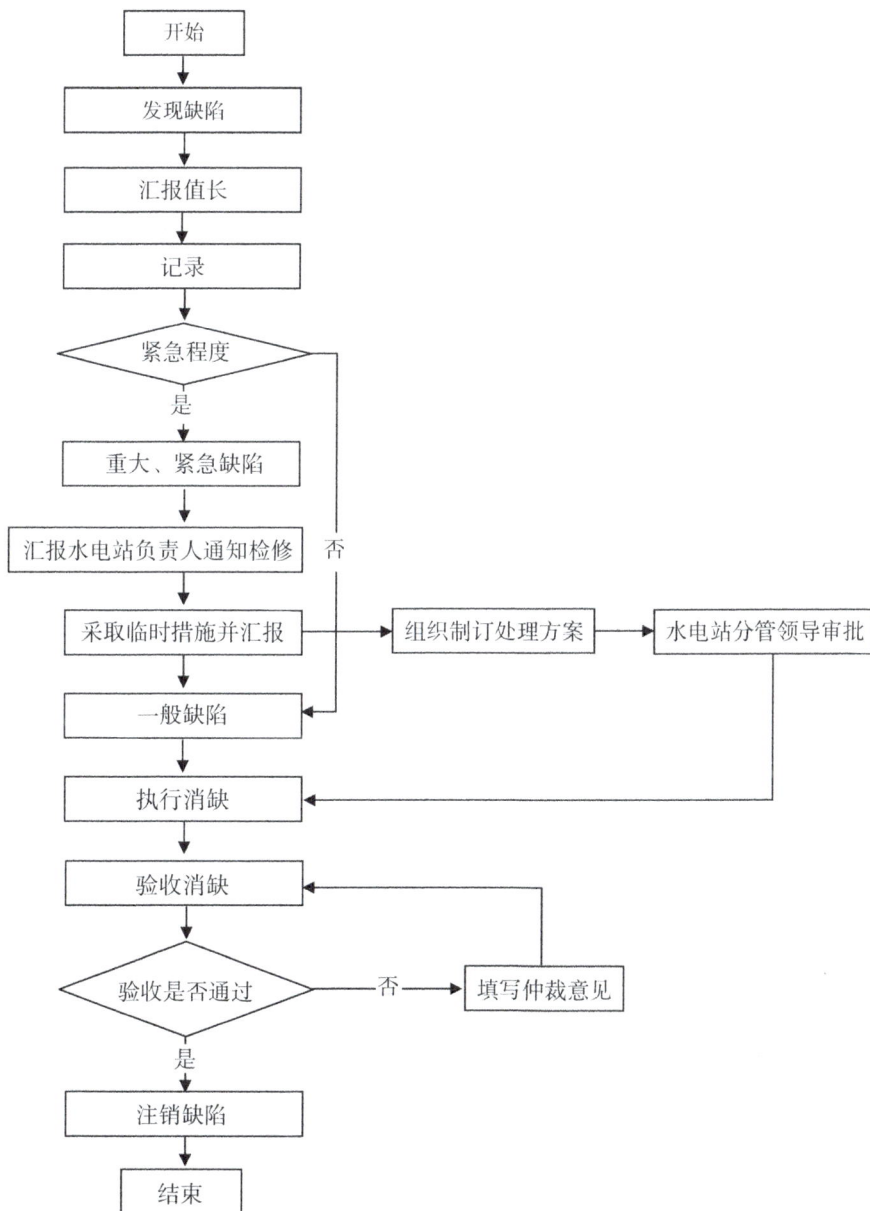

附录 B　缺陷管理记录

缺陷名称		设备地点	
发现人		紧急程度	紧急、严重、一般
发现时间			

缺陷内容（及现象）：

一般缺陷			
通知人		被通知人	
通知时间	月　日　时　分	到位人	
到位时间	月　日　时　分	工作票号	
紧急、严重缺陷			
通知人		被通知人	
通知时间	月　日　时　分		
通知人		被通知人	
通知时间	月　日　时　分		

故障（缺陷）原因及消除措施或（挂起措施）：

检修交代：

交代人		时间	月　日　时　分
验收人		验收时间	月　日　时　分

验收结果：

备注：

附录 C 消缺维护台账

时间: 年 月 日

缺陷名称:			缺陷设备编号	
消缺负责人		消缺成员	消缺工时/h	

缺陷现象:

消缺过程简述:

消缺过程中采取的主要技术措施:

损坏部件:

使用工具:

耗费材料:

合理化建议:

水电站负责人: 填表人:

（十一）设备停用、退役管理标准（示例）

1　范围

本标准规定了水电站生产、非生产设备停用、退役的内容与要求，检查与考核等。

2　规范性引用文件

引用规范性文件清单

序号	名称	序号	名称
1	《电业安全作业规程（电气部分）》	4	《水电企业生产事故调查规定》
2	《电业安全作业规程（热力和机械部分）》	5	《水电站大坝安全管理规定》
3	《水电企业安全生产工作规定》	6	《水电企业安全检查与安全性评价工作规定》

3　术语和定义

3.1　设备停用

指设备由于故障不能发挥功效或者系统功能取消，需要暂停使用的一种状态，包括计划正常停用和非计划故障停用，设备停用时仍为可用。

3.2　设备退役

指设备使用寿命到期、功能丧失或由于更新换代造成该设备永久停用的一种状态，设备退役后处于闲置或待报废状态。

4　职责

4.1　财务经营部

（1）负责设备的停用、退役计划或报告的审核。

（2）设备退役后，负责组织专业鉴定，负责对闲置、报废资产的处置。

（3）财务负责设备退役后报废处置的账务处理。

4.2　运行维护部

（1）负责设备的操作及状态监视，根据优化方式负责制订设备正常停用的措施、步骤并执行，在设备故障停用期间负责运行方式调整，降低设备非计划停用影响。

（2）负责设备运行使用期间的维护及寿命监测，负责所属设备的检修维护工期、周期、停用计划、退役计划的制订。

5　流程与风险分析

5.1　管理流程图

设备停用、复役管理流程图见附录 A，设备退役管理流程图见附录 B。

5.2　风险控制点

本标准中的风险控制点：设备退役措施不当、设备复役不及时。

5.3 风险分析

（1）运行人员对退出运行设备或备用设备采取的措施不周全，可能发生安全隐患，导致设备不能按期服役。

（2）运行人员无故拖延设备投运或试运时间，可能导致运行中的设备出现问题时，备用设备没能及时复役。

6 管理内容与方法

6.1 设备停用

（1）运行维护部对辖属设备行使管理权责。

（2）运行维护部应加强对设备使用状况、运行工况的跟踪了解，熟练操作、使用设备。

（3）运行维护部应根据上级要求和指令，结合季节性、周期性工作，合理制订设备运行方式、运行间隔，重要设备的正常停用必须提前组织论证，形成计划报告，经主要负责人批准后方可执行。

（4）运行维护部应加强设备运行状况、寿命状况的掌握，熟练检修维护工艺。要制订合理的检修计划、检修周期，组织相应的审核会签。在设备停用前要落实好备品、备件的采购工作。

（5）重要设备的停用，必须制订相应的异常应急措施，按停用操作卡执行。

（6）设备停用应同时做好相应记录。

（7）设备停用后，要继续做好设备的检查、确认和管理工作，确保设备处于冷备用或热备用状态。

（8）设备非计划故障停运时，水电站要启动相应的应急程序，降低故障影响，运行维护部要组织紧急抢修。

6.2 设备退役

（1）设备在损坏不可修复、寿命耗尽、功能丧失或更新换代，致使设备报废或闲置时方可退役。

（2）设备需退役时，运行维护部必须提交详细的技术报告，专业人员开展评估认定后，方可执行。

（3）设备退役时，应在相应技术台账做好完备记录。设备更新改造必须提交相应技术报告，新设备替换退役设备后，应及时对规程、操作卡、文件包等技术资料进行更新、修正。

（4）设备退役后，确无利用价值时，根据《物资管理标准》《固定资产管理办法》，组织相应评估鉴定，进行后续处置。

（5）设备退役后，财务经营部应做好相应的减值、冲值等账务处理。

7 检查与考核

本标准执行情况由运行维护部进行监督、检查与考核。

8　报告与记录

序号	名称	保存地点	保存期（a）
1	设备停用操作卡	水电站	1
2	设备退役操作卡	水电站	1
3	技术记录及技术报告	水电站	3
4	固定资产报废鉴定表	水电站	5
5	废旧物资鉴定表	水电站	5

附录 A　设备停、复役管理流程

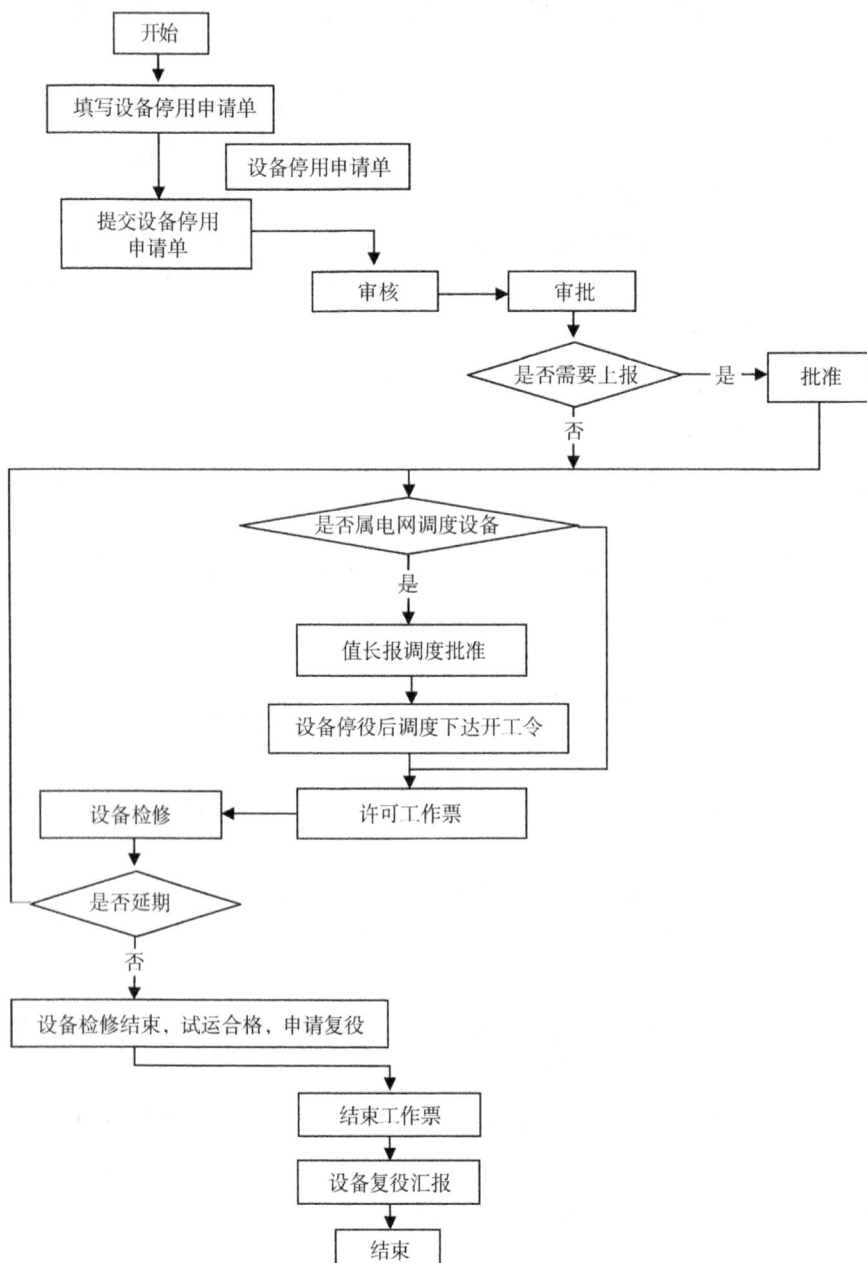

```
              ┌──────┐
              │ 开始 │
              └──────┘
                 │
     ┌────────────────────┐
     │ 填写设备停用申请单 │
     └────────────────────┘
                 │        ┌──────────────────┐
                 │        │ 设备停用申请单   │
                 │        └──────────────────┘
     ┌────────────────┐
     │ 提交设备停用   │──────────┐
     │ 申请单         │          │
     └────────────────┘          │
                           ┌────────┐    ┌────────┐
                           │ 审核   │───→│ 审批   │
                           └────────┘    └────────┘
                                              │
                          ◇是否需要上报◇──是──→│ 批准 │
                                │ 否
                                │
              ◇是否属电网调度设备◇
                     │ 是
           ┌────────────────────┐
           │ 值长报调度批准     │
           └────────────────────┘
           ┌────────────────────┐
           │ 设备停役后调度下达开工令 │
           └────────────────────┘
     ┌──────────┐    ┌──────────────┐
     │ 设备检修 │←──│ 许可工作票   │
     └──────────┘    └──────────────┘
           │
      ◇是否延期◇
           │ 否
  ┌──────────────────────────────────┐
  │ 设备检修结束，试运合格，申请复役 │
  └──────────────────────────────────┘
           ┌──────────────┐
           │ 结束工作票   │
           └──────────────┘
           ┌──────────────┐
           │ 设备复役汇报 │
           └──────────────┘
              ┌──────┐
              │ 结束 │
              └──────┘
```

附录 B　设备退役管理流程

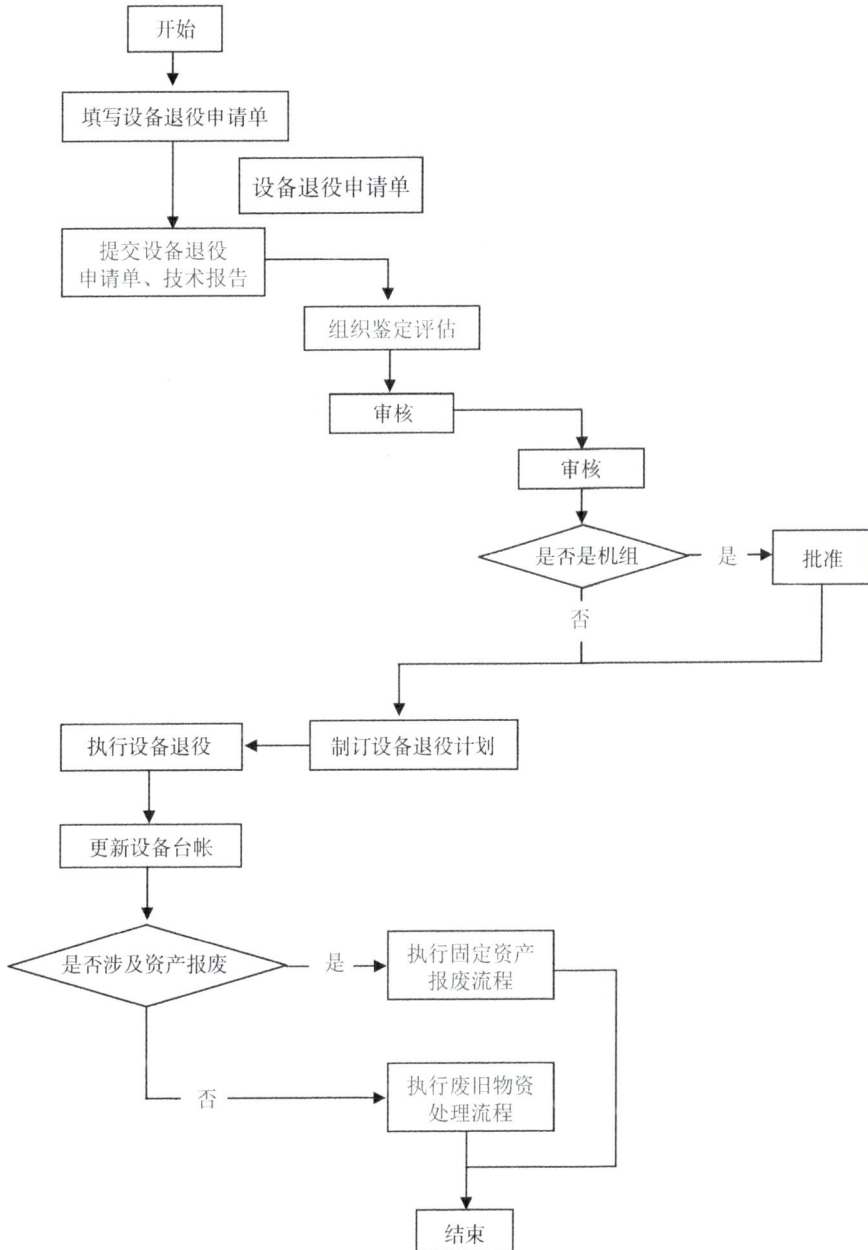

```
                    ┌──────────┐
                    │   开始   │
                    └────┬─────┘
                         ↓
              ┌──────────────────┐
              │  填写设备退役申请单 │
              └──────────┬───────┘
                              ┌──────────────┐
                              │ 设备退役申请单 │
                              └──────┬───────┘
              ┌──────────────┐       │
              │ 提交设备退役   │       │
              │ 申请单、技术报告│       │
              └──────┬───────┘       ↓
                              ┌──────────────┐
                              │  组织鉴定评估  │
                              └──────┬───────┘
                     ┌──────────┐    │
                     │   审核   │←───┘
                     └──────────┘
                              ┌──────────┐
                              │   审核   │
                              └────┬─────┘
                                   ↓
                          ◇─────────────◇      是   ┌──────────┐
                          │ 是否是机组    │─────────→│   批准   │
                          ◇──────┬──────◇           └────┬─────┘
                                 │否                      │
                                 ↓                        │
  ┌──────────┐          ┌──────────────┐                 │
  │ 执行设备退役│←────────│ 制订设备退役计划│←───────────────┘
  └────┬─────┘          └──────────────┘
       ↓
  ┌──────────┐
  │ 更新设备台帐│
  └────┬─────┘
       ↓
  ◇─────────────◇      是   ┌──────────────┐
  │ 是否涉及资产报废│────────→│ 执行固定资产   │
  ◇──────┬──────◇           │ 报废流程       │
         │否                 └──────┬───────┘
         │                          │
         │            ┌──────────────┐
         └───────────→│ 执行废旧物资   │
              否       │ 处理流程       │
                      └──────┬───────┘
                             ↓
                      ┌──────────┐
                      │   结束   │
                      └──────────┘
```

附录 C　设备停用操作卡

申请部门			申请人		编号	SBTY-20××-××-×××		日期	
设备名称									
设备停用 原因									
设备停用工作内容：									
安全措施和危险点控制措施：									
签发			审核				批准		
许可			执行				监护		
设备停用时间									
设备恢复工作内容：									
恢复许可			执行				监护		
补充说明：				恢复时间：					

附录 D　设备退役操作卡

申请部门			申请人		编号	SBTY-20××-××-×××		日期	
设备名称									
设备退役 原因									
设备退役工作内容：									
安全措施和危险点控制措施：									
签发			审核				批准		
许可			执行				监护		
设备退役时间									

（十一）备品配件管理标准（示例）

1 范围

本标准规定了水电站备品配件管理的职责、分类、计划审批、订购、储备、领用、盘点和报废等管理内容。

2 规范性引用文件

引用规范性文件清单

序号	名称	序号	名称
1	《电业安全作业规程（电气部分）》	4	《水电企业生产事故调查规定》
2	《电业安全作业规程（热力和机械部分）》	5	《水电站大坝安全管理规定》
3	《水电企业安全生产工作规定》	6	《水电企业安全检查与安全性评价工作规定》

3 术语和定义

3.1 备品配件

水电站生产设备的备用零配件及生产所需的各种材料，以及其他为保证水电站安全生产必须储备的设备、部件、配件和材料。

3.2 备品配件计划

由水电站根据机组或系统检修、维护、更新改造等生产项目需要备品配件编制的计划。

4 职责

4.1 分管负责人

（1）负责批准年度、月度备品配件采购计划。

（2）负责批准临时性备品配件采购计划

4.2 物资管理部

（1）负责执行批准后的备品配件采购计划，并对采购过程进行控制。

（2）负责组织备品配件到货验收。

（3）负责定期组织对备品备件进行盘点与统计分析。

（4）指导水电站的备品配件的使用与保管工作。

4.3 运行维护部

（1）负责审核水电站备品配件计划。

（2）组织备品配件到货验收。

（3）组织日常备品配件的使用审核。

（4）负责备品配件的保管、领用和统计，定期协助对备品配件进行盘点，统计分析备品配件数据并上报。

（5）参加重要备品的技术谈判、验收和鉴定。

4.4　检修班组

（1）负责编制水电站备品配件计划，对计划的准确性负责，在保证不影响检修的前提下降低库存。

（2）参加备品配件到场的验收，按需领取备品配件。

（3）参加重要备品的技术谈判、验收和鉴定。

4.5　材料员

（1）负责库存物资的保管、保养。

（2）负责仓库物资的安全。

（3）对物资验收、发放、建账登卡等工作的准确性负责。及时办理出入库手续。有权拒绝不合格、不符合审批程序的物资入库，有权拒绝不符合审批手续的物资出库。

5　流程与风险分析

5.1　管理流程图

备品配件储备管理流程见附录 A

备品配件领用管理流程见附录 B

5.2　风险控制点

本标准中的风险控制点：备品配件管理、计划编制和采购、验收、储存。

5.3　风险分析

（1）没有配备专职或兼职保管员，责任不明确，造成管理混乱。

（2）没有编制采购计划，没有按备品配件的价格、重要程度、磨损频率等进行分类、分地域、数量可控保管，造成备品配件积压资金浪费或备品配件短缺影响生产工作。

（3）没有履行严格的采购验收手续、报废手续造成库存备品配件不可用及经济损失。

（4）备品配件的日常储存保养管理不到位，造成备品配件损坏。

（5）无严格进行出入库登记与盘点，造成账实不符。

6　管理内容与方法

6.1　备品配件分类

6.1.1　按备品配件用途分类

（1）事故备品配件是指当水力发电主设备或主要辅助设备发生事故时需要更换的较重要部件或特殊材料，该类设备一般指加工制造周期长、机件占用资金较大或比较特殊的材料并有特殊的规范要求等，如水轮机叶片、轴瓦等。

（2）易损性备件是指故障多发，有一定规律性，用量较多的备件。

（3）消耗性备件是指设备在正常运行时经常磨损，在生产运行中需定期补充使用的备件。如碳刷、润滑油脂、液压油、防冻液等。

（4）一般性备件是指故障率小，投入使用周期较长，用量比较少或经过维修后可以再次投入使用的备件，包括某些标准件。

6.1.2 按备品配件的使用专业分类

（1）机务设备备品配件。

①水轮机机械系统备品配件。

②水轮机液压系统备品配件。

③水轮机消耗性备品配件。

（2）电控设备备品配件。

①变电一次系统备品配件。

②变电二次系统备品配件。

③变电日常维护消耗性备品配件。

④变电其他特殊备品配件。

⑤水轮发电机组控制系统备品配件。

⑥导线及电缆。

（3）水工设备备品配件。

①大坝扬压力观测系统备品配件。

②大坝绕坝渗流观测系统备品配件。

③水文观测系统备品配件。

（4）其他备品配件。

6.1.3 按备品配件通用性分类

（1）上述的专业系统备品配件，都应按通用型和专用型分为两类。这样划分的目的是为了查询专业的一些通用型备品配件，必要时可以通用调配，达到更合理的储备数量。

（2）通用型指非本专业所独有的备品配件类型，其他专业也有同类备品配件，如普通接触器、电磁阀、电力熔断器等。

（3）专用型指只有本专业独有的类型，如水轮机叶片、水位测量装置等。

6.2 备品配件计划审批

（1）备品配件计划管理是备品配件管理的基础工作，以保障安全生产及满足运行、检修工作需要，并重视备品配件储备的品种、数量与资金占用之间矛盾，要摸清设备的使用情况及设备可能发生事故的规律性，实事求是地确定其品种和数量，确定合理的订货周期减少资金占用。

（2）备品配件计划编制采取水电站及运行维护部两级管理方式来进行。

（3）备品配件计划编制一般以月度及年度为一周期，上半年结束后修正年度计划的后半年部分。

（4）备品配件计划编制主要内容包括：

①项目及用途。

②专业类别。备品配件的使用专业分类，如一个计划中有多个子类，可只写大

类的类别。

③计划类别。正常年度（月度）或临时紧急计划。

④备品配件名称。要求名称准确、具体。国外进口备品配件要同时标外文名称。

⑤备品配件编号。编制备品备件编号，编号包括水电站编号和制造厂家编号，以方便对照申购。

⑥备品配件规格及型号。

⑦备品配件参考单价。

⑧备品配件计划订购数量。

⑨备品配件计量单位。

⑩备品配件制造厂家。

⑪备品配件小计价格。

⑫备品配件要求到货时间。

⑬备品配件目前的库存数量。

⑭备注。备品配件的通用性标注及其他特殊情况说明。

（5）备品配件计划的编制原则。

①事故备品配件。原则上在保证安全生产，不影响检修工期的基础上提出计划，不可造成该类备件过剩，长期积压和资金浪费。

②易损性备品配件。在掌握其更换规律后，其存储量应有一定的充裕度。

③消耗性备品配件。按照设备厂家技术规范，长期做好备品储备。

④一般性备品配件。对其计划及存储基本上可保证使用即可。

（6）备品配件计划编制与审批程序。

①运行维护部根据设备实际运行维修情况，按照备品配件储备原则和要求，提出备品配件计划，按要求填写《备品配件需求计划表》，经初审后上报。初审重点是：备品配件项目是否齐全，数量是否合理，备品配件计划各项内容是否完整准确。

②水电站对《备品配件需求计划表》进行复审，经分管负责人批准后确定采购计划，交物资管理部门。

③物资管理部门对备品配件计划实现纸质文档与计算机表格同步备份存档，以方便备品配件统计与管理。

（7）临时性备品配件审批。因突发性故障需要，且未列入备品配件计划的紧缺备品配件，应及时汇报分管负责人审批，保证备品配件购置使用，并及时补签临时备品配件计划。

6.3   备品配件订购

（1）备品配件订购是计划的具体实施，在完成备品配件计划后，物资管理部门负责实施对备品配件的订购及资金使用。

（2）备品配件订购要充分利用市场机制，综合各方面的制造能力，努力实现备品配件的优化代替。

（3）国内订购的通用型备品配件，应采用招标方式，综合质量、价格、交货期、信誉等条件货比三家，择优订购。

（4）专用型及国内无法订购的备品配件，可从水轮机制造厂或其他专业制造厂采购。对于此类备品配件，也要多方比选，择优订购。

（5）计划内备品配件采用批量订购；临时性备品配件计划视具体情况进行订购。

6.4　备品配件储备及定额管理

（1）备品配件的存储应根据批准的备品配件计划安排，对尚未储备和储备不齐的备品配件，要根据供应和资金的可能，分轻重缓急，有计划地储备。

（2）备品配件完成购置后，由运行维护部组织验收工作和进行必要的实验或检查工作，验收合格后填写《备品配件到货验收入库单》，有关人员签字后妥善保管；验收不合格的备品配件不能入库。验收人应将验收情况及有关单据及时报送运行物资管理部。

（3）备品配件图纸和制造厂家的检验合格证书等有关文件，由水电站设专档妥善保存。

（4）新机组随机带来的专用工具和备品配件，由运行维护部会同物资管理部供货方共同清点登记。

（5）应定期对备品配件数量及使用和储备情况进行检查，每半年做出备品配件使用、储备报告，以便全面掌握了解，及时修正补充备品配件计划。

（6）备品配件的存储应尽量满足生产的需要，对尚未储备和储备不齐的备品配件，要根据需要的程度和资金的可能，有计划地储备。

（7）备品配件储备定额应由运行维护部提出，每 2 a 修订 1 次。

（8）备品配件储备定额经运行维护部审核及主要负责人批准后生效。

（9）备品配件仓库的定置管理

①水电站要设置 4 种仓库：普通备品配件库、危险品库、工器具库、废品库。

②备品配件仓库的设置要根据备品配件的品种、存储数量，做到场地大小要合适，通道畅通，备品配件运转方便。库区卫生清洁，不得存放与备品配件无关的物品。

③备品配件库要放置消防器具，建立防火制度，并悬挂消防警示牌。

④凡备品配件入库，必须填写《备品配件到货验收入库单》，并登记入备品配件存货记数账及其他相关记录。

⑤入库的备品配件按备品配件类别存库并分区定置，按机型存放。按"四号"（库号、架号、层号、位号）定位，做到齐、方、正、直、上轻下重，整齐有序，保证安全，便于作业，取用方便。

⑥每种备品配件必须有卡片，标明品名、规格、数量和用途，做到账、卡、物相符。标牌的高低、大小、色调要统一规范，定置类型，区域划分的要求。区、架、

位标志准确醒目。

⑦燃料油及润滑油等易燃、易爆、有毒品要分类存放在危险品库内，并做好保护措施，还应设置相应警示标示。

⑧精密仪表、精密备品配件的保管，要注意温度、湿度和阳光照射的影响，按技术要求妥善保管。

⑨需要进行定期保养的备件应按期保养，并标明下次保养时间，同时在相关台账中进行备注。

⑩需要进行定期检验的特殊备品配件，应按规定定期进行检验，并在检验合格的备品配件贴上标签标明检验有效期等信息，同时保管好对应的检验报告；检验不合格应办理报废手续。检验等其他处理信息应在相关台账中进行备注。

6.5　备品配件领用

（1）备品配件领用时，须填写《备品配件出库发货单》，履行审批手续。

（2）易损性备品配件、消耗性备品配件、一般性备品配件的领用需经物资管理部审批。

（3）事故备品配件的领用需经运行维护部审批。

（4）凡备品配件领用出库，必须登记入备品配件存货记数账及其他相关记录。

6.6　备品配件盘点

（1）相关人员负责备品配件存货记数账纸质文档与计算机表格的登记，并定期实现同步更新。负责定期对备品配件数量及使用和储备情况进行盘点，填写水电站《备品配件消耗统计表》，编制水电站备品配件使用、储备报告，汇总报运行维护部和物资管理部门。

（2）运行维护部每年组织对备品配件使用、储备情况进行分析，指导下一年的备品配件编制计划，为生产经营决策提供依据。

6.7　备品配件报废

（1）损坏、检验不合格和淘汰的备品配件，应由仓库物资管理员如实填报《备品配件报废鉴定表》，按程序进行报废鉴定。

（2）易损性备品配件、消耗性备品配件、一般性备品配件的报废经运行维护部负责人批准，报相关负责人完成报废鉴定；事故备件的报废，除以上程序外还须报主要负责人审批同意后方可正式完成报废鉴定手续。

（3）经报废鉴定后，报废的备品配件转入废品库存放，并应及时按照有关报废物资的处理规定进行无害化处理。

（4）凡备品配件报废转库、出库处理，必须登记《备品配件存货记数账》及其他相关记录。

7　检查与考核

本标准执行情况由运行维护部进行监督、检查与考核。

8　报告与记录

序号	名称	保存地点	保存期（a）
1	备品配件需求计划表	运行维护部	1
2	备品配件到货验收入库单	物资管理部	3
3	备品配件出库发货单	物资管理部	3
4	备品配件报废鉴定表	物资管理部	3
5	备品配件存货记数账	物资管理部	3

附录 A　备品配件储备管理流程

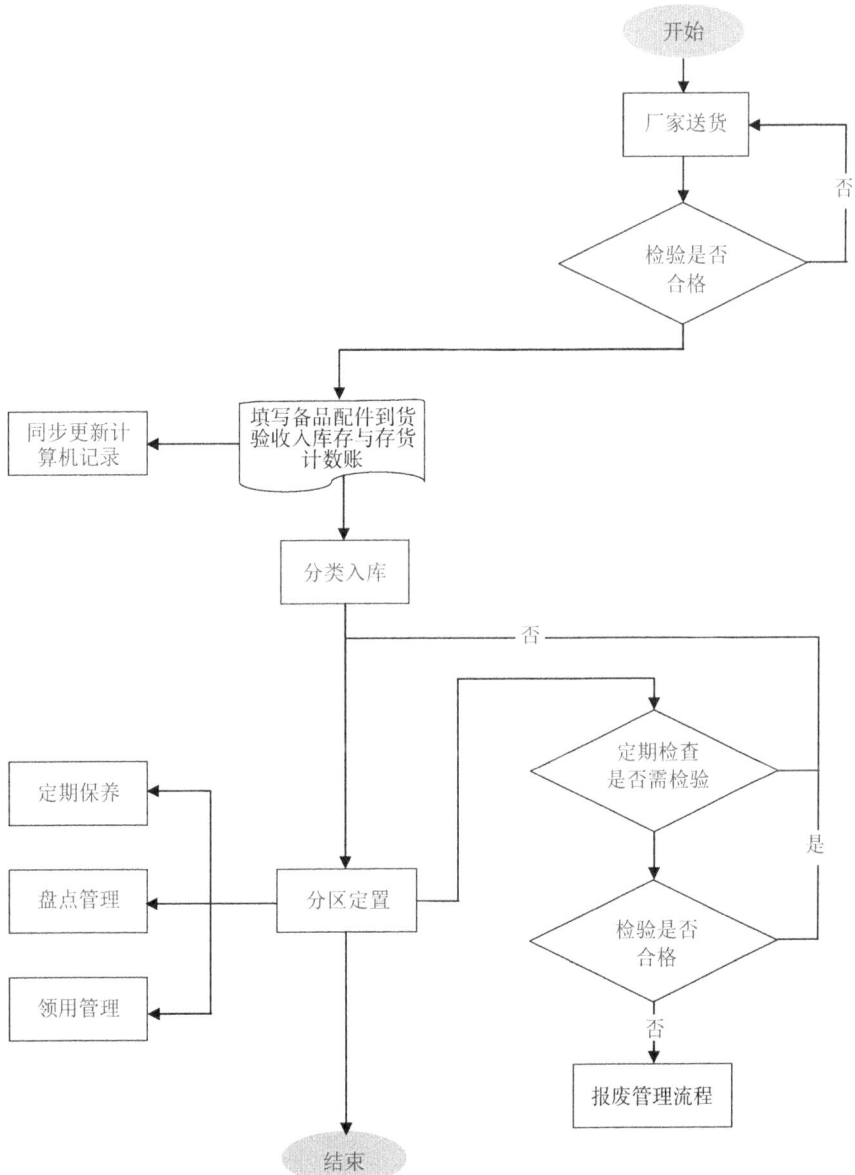

附录 B 备品配件领用管理流程

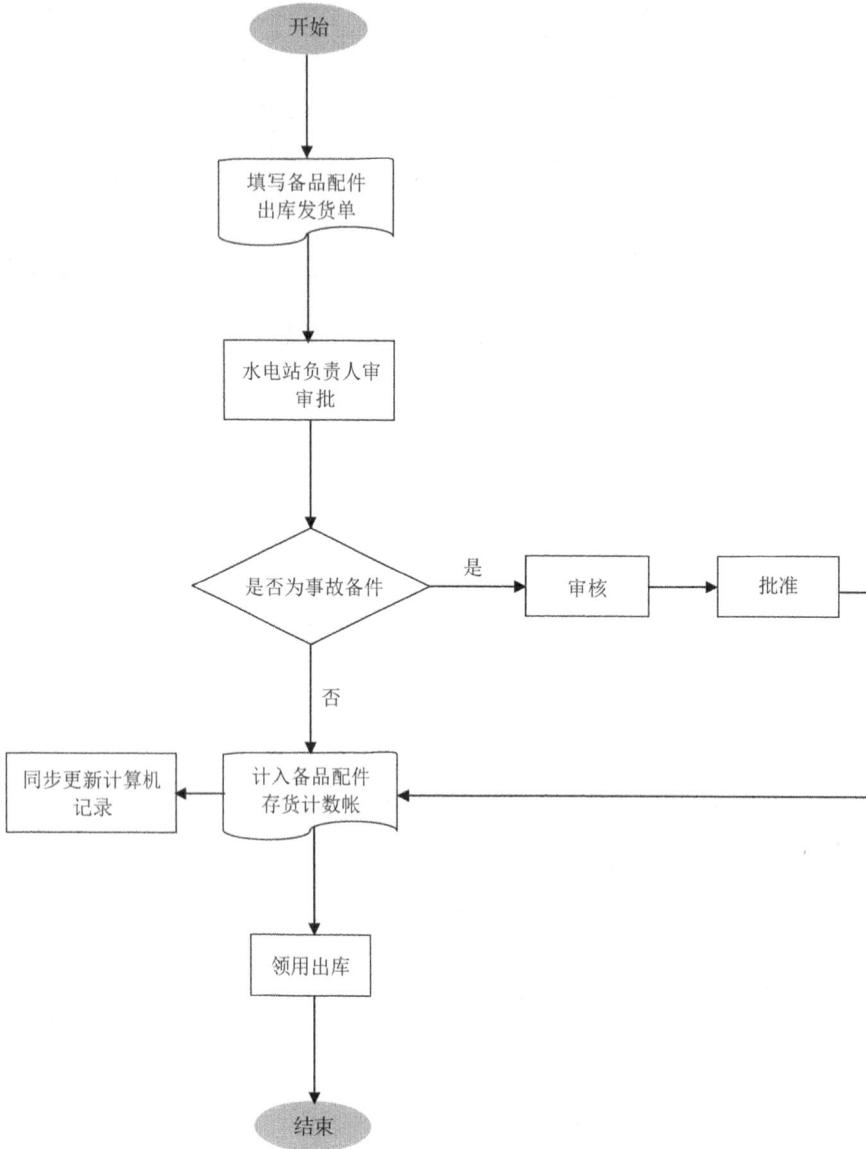

```
        开始
         │
         ▼
    ┌─────────┐
    │ 填写备品配件 │
    │ 出库发货单  │
    └─────────┘
         │
         ▼
    ┌─────────┐
    │水电站负责人审│
    │   审批   │
    └─────────┘
         │
         ▼
      ◇─────────◇    是   ┌──────┐      ┌──────┐
      │ 是否为事故备件 ├──────→│ 审核 ├─────→│ 批准 │
      ◇─────────◇       └──────┘      └──────┘
         │ 否                                │
         ▼                                  │
┌────────┐   ┌─────────┐                   │
│同步更新计算机│←──│ 计入备品配件 │←──────────────────┘
│  记录   │   │ 存货计数帐 │
└────────┘   └─────────┘
                  │
                  ▼
             ┌────────┐
             │ 领用出库 │
             └────────┘
                  │
                  ▼
               结束
```

附录 C 备品配件需求计划

项目及用途					专业类别					计划类别		
序号	名称	编号	规格及型号	参考单价/元	数量	单位	厂家	小计/元	需求时间	备注
以上合计参考总价：								元		
编制人：	水电站分管负责人：		运行维护部：		物资管理部门：			水电站负责人审批意见（月度计划不需水电站负责人批准）：		
编制时间：	时间：		时间：		时间：					

附录 D 备品配件到货验收入库单

日期： 年 月 日

物资合同编号：		供货单位：			承运单位：			运输工具号牌：
名称	规格型号	单价	实收数量	单位	生产厂家	出厂报告	总价	备注

验收人： 保管员签名： 送货人员签名：

（十三）设备可靠性管理标准（试行）

1 范围

本标准规定了水电站设备可靠性管理的数据统计、填报、储存及分析与总结等管理内容。

2 规范性引用文件

引用规范性文件清单

序号	名称	序号	名称
1	《发电设备可靠性评价规程》	6	《水电企业安全生产工作规定》
2	《输变电设施可靠性评价规程》	7	《水电企业生产事故调查规定》
3	《电业安全作业规程（电气部分）》	8	《水电站大坝安全管理规定》
4	《电业安全作业规程（热力和机械部分）》	9	《水电企业安全检查与安全性评价工作规定》
5	《电力可靠性管理办法》		

3 术语和定义

3.1 可靠性

是指一个元件、设备或系统，在预定的时间内、规定的条件下，完成规定功能的能力。其量度特性的指标则称为可靠度，是表示元件、设备或系统成功的概率。

3.2　可靠性管理

是用系统工程的观点对设备的可靠性进行控制，即对设备全寿命周期中各项可靠性工程技术活动进行规划、组织、协调、控制、监督，以实现确定的可靠性目标，使设备全寿命周期费用最低。

3.3　状态填报的规定

3.3.1　运行

（1）设备每月至少应有一条事件记录。否则，此台设备该月被视为未统计。

（2）机组在全月运行时，只需填写一条运行事件记录；如当月发生任何停运事件，只需如实填写停运事件，运行事件可不填写。

3.3.2　备用

（1）机组因电网需要安排停运但能随时投入运行时，记为调度停运备用。

（2）因机组以外的厂内设备设施停运（如母线、厂用变、厂备变、主变等故障或计划检修）造成停运时，视作厂内原因受累停运备用。

（3）机组因自然灾害（如冰冻、凌汛、大风、暴雨）等不可抗拒原因、电力系统故障等外部原因造成停运时，视作厂外原因受累停运备用。

3.3.3　计划停运

在机组计划检修中发生新的设备损坏，且在原计划检修工期内不能修复时，自计划检修终止日期起应转为非计划停运事件。

3.3.4　非计划停运

非计划停运是指设备处于不可用而又不是计划停运的状态。

（1）对于机组，根据停运的紧迫程度分为以下五类：

第1类：机组需立即停运或被迫不能按规定立即投入运行的状态（如启动失败）。

第2类：机组虽不需立即停运，但需在6 h以内停运的状态。

第3类：机组可延迟至6 h以后，但需在72 h以内停运的状态。

第4类：机组可延迟至72 h以后，但需在下次计划停运前停运的状态。

第5类：计划停运的机组因故超过计划停运期限的延长停运状态。

上述第1~3类非计划停运状态称为强迫停运。

（2）机组在非计划停运修复期间，如发生设备损坏或发现新的必须消除的缺陷，除填写原发事件记录外，尚需填写新事件记录。

（3）由于设备（或零部件）多种原因造成机组非计划停运时，对于能够区分先后的，以最先发生的事件视为"基础事件"；对于不能区分先后的，以修复时间最长的事件作为"基础事件"。把机组此次停运状态的时间作为基础事件的记录时间。

（4）对于设备多种原因造成机组非计划停运，除了要填写"基础事件"外，还必须再将"基础事件"和其他所有事件按实际修复时间进行记录。

1　职责

4.1　设备可靠性管理领导小组

负责建立设备可靠性管理网络。组长由水电站主要负责人担任，副组长由水电站分管负责人、运行维护部部长担任，可靠性管理办公室设在运行维护部。工作小组成员由运行维护部、水电站专业专工、值长（副值长）组成。

4.2　运行维护部

（1）贯彻执行国家、电力行业颁发的电力可靠性管理规定和技术标准，按有关制度和要求，制订相关措施，并组织实施。

（2）负责组织并建立健全可靠性管理工作体系，落实可靠性管理岗位责任制，检查、监督、考核水电站可靠性管理情况。

（3）推行可靠性目标管理，层层分解落实。负责检查、考核可靠性管理目标落实情况，确保目标实现。

（4）定期开展可靠性管理分析、总结工作，制订提高设备可靠性的措施，推广运用电力可靠性成果，并组织实施。

（5）积极配合、协助电力监管部门进行现场检查，按有关规定提供相关资料和数据。

（6）可靠性管理专工是运行维护部设备可靠性管理专责人，具体实施设备可靠性的管理工作。

（7）建立可靠性管理信息系统，负责管理水电站可靠性数据和信息，准确、及时上报发电、输变电可靠性信息。

（8）负责可靠性的日常管理工作。按月、季、年度定期分析设备可靠性数据，并提出提高设备可靠性的建议和措施，同时对设备可靠性管理工作进行总结。

5　流程与风险分析

5.1　管理流程图

设备可靠性管理流程图见附录 A。

5.2　风险控制点

本标准中的风险控制点包括职责、基础数据和分析总结。

5.3　风险分析

（1）职责划分不明确，导致可靠性管理工作无法正常开展。

（2）基础数据统计错误，导致可靠性数据报错、错误地引导设备的可靠性管理方向。

（3）没有定期对可靠性数据进行分析，导致对设备存在的问题不能及时制订整改措施。

6　管理内容与方法

6.1　数据的统计及要求

（1）水电站应按《发电设备可靠性评价规程》《输变电设施可靠性评价规程》的规定，对发电设备及输变电设施的可靠性指标进行统计、分析、评价。新机组从投产之日起开始可靠性统计。

（2）设备可靠性数据的采集，应以运行日志记录为主要数据来源和见证，其他记录系统数据及相关资料为辅，以保证可靠性数据真实有效。

（3）运行人员和专业技术人员应及时、真实、清晰、准确地记录设备事件发生的时间、部位（件）、原因和结果。

（4）为了保证设备可靠性数据的准确性和及时性，生产现场各项记录应真实、有效、及时、清晰。

6.2　数据的填报及储存

（1）可靠性数据的采集、整理与上报，必须按国家电力监管部门的相关管理规程的具体要求进行。

（2）填报可靠性数据应当做到准确、及时、完整。准确的含义是：按客观实际如实进行统计评价，做到事件定性、代码准确；及时的含义是：按规定程序，在规定时间内报送可靠性数据；完整的含义是：按规定项目填报可靠性数据，做到事件和内容无遗漏。

（3）重大非计划停运、停电事件发生，应及时向上级报送事件分析报告。

（4）可靠性数据报告与分析资料必须长期积累、分析，永久保存，不得丢失。

6.3　数据分析与总结

（1）运行维护部应通过对设备可靠性指标的分析和评价，发现设备的薄弱环节和安全隐患，对设备的运行方式、检修、技术改造等工作提出指导性意见，超前控制事故的发生，提高设备的可靠性水平。分析结果要及时反馈给水电站领导。

（2）运行维护部应在每年1月5日前完成上一年度的可靠性管理工作年度分析与总结，编写年度《可靠性管理工作报告》，并经分管负责人或负责人审批。

（3）设备可靠性分析报告的主要内容包括：

①可靠性指标完成情况分析；

②对非计划停运、降出力事件，必须客观、认真地分析原因，并详细记录；

③影响设备可靠性的主要原因，提出建议和改进措施。

（4）要分析影响可靠性指标的突出问题并提出建议，分析结果要及时反馈给有关部门及领导。可靠性管理负责人要组织有关人员进行深入分析，提出处理措施，并定期检查。

7　检查与考核

本标准执行情况由运行维护部进行监督、检查与考核。

8 报告与记录

序号	名称	保存地点	保存期
1	主机设备可靠性数据报告	运行维护部	长期
2	输变电设施设备可靠性基础事件数据报告	运行维护部	长期
3	年度可靠性管理工作报告	运行维护部	长期

附录 A 设备可靠性管理流程

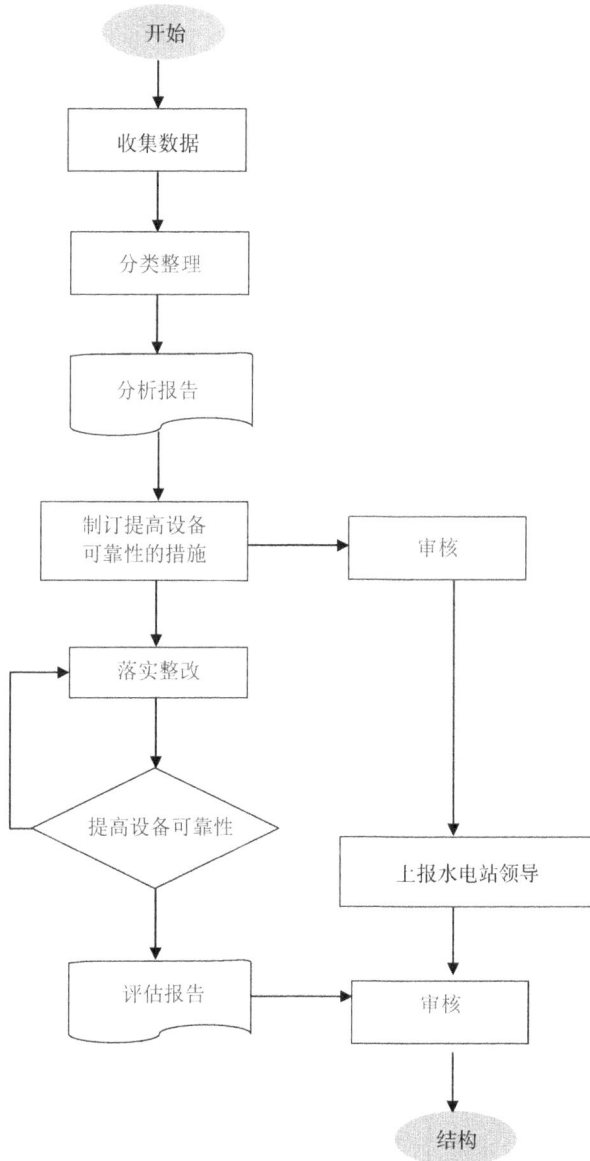

开始

收集数据

分类整理

分析报告

制订提高设备可靠性的措施 → 审核

落实整改

提高设备可靠性

上报水电站领导

评估报告 → 审核

结构

（十四）运行管理标准（示例）

1 范围

本标准规定了对水电站各级运行管理人员、运行人员及其他有关人员的管理标准与要求。

2 规范性引用文件

引用规范性文件清单

序号	名称	序号	名称
1	《安全生产责任制》	4	《水电站大坝安全管理规定》
2	《水电企业安全生产工作规定》	5	《水电企业安全检查与安全性评价工作规定》
3	《水电企业生产事故调查规定》	6	

3 术语和定义

3.1 "两票"

工作票、操作票。

3.2 "三制"

交接班制度、巡回检查制度、设备定期试验轮换制度。

3.3 运行台账

是指值班人员在运行过程中对设备状态、技术数据等信息建立的记录。

3.4 定置管理

是指根据现场实际情况，每一件物品都摆放在最适合的地方，操作人员所使用的工具、设备、材料、工件等物品的位置要规范、醒目，符合安全人机工程要求的一种设备放置方法。

4 职责

4.1 水电站主要负责人

负责组织建立、健全运行生产管理体系，创造良好的安全生产环境。

4.2 水电站相关负责人

（1）组织建立水电站现场生产运行系统，健全各级运行岗位责任制。

（2）批准运行规程、运行管理制度及有关运行生产文件。

4.3 运行维护部

（1）负责制订水电站运行规程，编写重大操作的技术措施，经批准后实施。

（2）负责接受并正确执行电网调度命令，做好电网辅助服务工作。

（3）负责贯彻执行《水电企业安全生产工作规定》《水电站运行规程》、"两票三制"等各项规章制度。组织制订和实施水电站全年、季度、月度工作计划。

（4）负责水电站安全经济运行分析，开展值际小指标竞赛活动。

（5）负责水电站运行人员的安全及岗位技能培训工作。

（6）负责组织协调所辖设备的日常维护和定期维修。

（7）负责事故及异常情况处理，并参加事故调查和分析，制订相应的反事故措施。

4.4　值长

（1）是本值运行管理的负责人，领导、指挥本值的运行生产工作。

（2）负责审核两票，并做好安全监督工作。

（3）负责重大运行操作的监护工作。

（4）负责对生产运行具体数据进行总结分析。

（5）负责生产报表的审核。

4.5　运行值班员

（1）负责填写各种运行台账、记录等，并存档。

（2）负责现场实际操作。

（3）负责生产各项报表的填写。

5　流程与风险分析

5.1　风险控制点

本标准中的风险控制点包括运行调度、运行规程、岗位培训、台账与记录、定置管理、经济运行、运行分析、检查与考核。

5.2　风险分析

（1）运行调度流程及相关人员的职责不明确，可能导致生产调度指令执行错误，造成水电站设备及电网异常或事故。

（2）设备运行规程内容未涵盖水电站的所有设备，或未能根据现场实际情况进行定期修订、更新，可能导致设备运行监视、巡查、操作等失去依据，造成人身伤害、设备损坏事故等。

（3）运行年度、月度岗位培训计划没有编制或执行不严，可能导致运行人员达不到相应岗位的技术水平。

（4）运行台账与记录清单没有建立或保存地点和时限不明确，可能导致与运行工作相关的技术资料查阅不方便，也不利于生产统计与分析。

（5）定置管理制度未建立或执行不严，可能导致物品的摆放、存放混乱，影响文明生产和正常工作。

（6）没有积极开展机组优化运行、生产指标管理等节能工作，可能导致经济运行水平得不到提高、节能指标得不到实现。

（7）没有定期开展以技术经济运行和安全为主要内容的运行分析及专题运行分析，可能导致优化机组经济运行和设备的经济技术改造失去针对性的依据。

（8）没有定期对运行管理工作进行检查和考核，可能导致运行管理工作中出现的问题不能及时解决，不能提高运行管理水平。

6　管理内容与方法

6.1　运行调度管理

（1）值长是水电站运行调度的指挥者，水电站各级人员在运行调度上必须无条件服从。

（2）值长应按《电网调度管理规程》和《水电站设备运行规程》接受并执行电网调度员的调度命令。

（3）对电网调度管辖、许可的设备，在进行方式改变、投停运等操作前，值长应先请示电网调度员，经批准许可后执行。

（4）当发生影响人身和设备安全情况时，值长有权先行指挥处理，事后应第一时间向运行维护部汇报。

6.2　运行规程管理

（1）水电站在设备投运前，应编制《水电站设备运行规程》，运行人员经培训上岗，按规程规定执行运行操作。

（2）《水电站设备运行规程》其内容涵盖水电站运用中的所有设备，并根据现场实际情况进行定期修订、更新。

（3）运行生产的各级人员均应熟知《水电站设备运行规程》；离开运行岗位工作3个月以上者，再上岗前应进行运行规程培训并经考试合格。

6.3　运行培训管理

（1）水电站应制订年度、月度培训计划，并按照全员培训的要求逐级逐项落实。运行岗位人员必须先培训，后上岗。

（2）培训的内容及要求应切合实际，重点是针对当前运行人员的业务技术水平的欠缺、设备及系统的投运和异动等，要有相应的考核激励机制。

6.4　运行台账和记录管理

（1）水电站应建立设备运行台账和记录，并根据实际情况和需要及时修订和增减。

（2）水电站设备运行台账的管理应执行《水电企业设备技术台账管理标准》的相关部分。

（3）水电站的运行值班记录主要有以下形式：

①运行值班工作记录。

②设备运行参数记录表。

③设备缺陷登记簿。

④工作票登记簿。

⑤操作票登记簿。

⑥设备巡回检查记录。

⑦设备定期试验与轮换记录。

⑧运行交接班记录卡。

⑨事故预想。

（4）各级运行人员应及时准确地填写、更新运行台账和各种记录。

（5）运行维护部管理人员应定期检查运行台账和记录，及早发现和处理相关问题。

6.5　运行定置管理

（1）水电站应制订适合运行实际的定置管理规定，并认真执行。

（2）定置管理规定的内容包括：

①绘制订置图。

②明确物品的名称、数量、摆放位置。

③取用和补充要求。

④文明、清洁的要求。

6.6　经济运行管理

（1）水电站应严格执行《水电企业生产指标管理标准》。

（2）水电站应逐级落实上级下达的年度、月度生产运行指标。

（3）积极开展各值之间的主要生产指标（发电量、上网电量、厂用电率、设备可利用率等）的竞赛活动。实施横向、纵向对标制度。

（4）运行人员要在电网调度允许的情况下，结合水资源状况，合理调整设备运行方式、优化机组运行参数，尽可能提高水能利用率。

（5）设备检修维护及故障处理时间应尽可能缩短，设备的定检和计划检修应避开多水季节，努力提高机组的利用小时数。

（6）水电站应制订节能降耗细则，减少生产和生活用电。

6.7　运行分析管理

（1）运行分析应包含安全运行、经济运行、运行管理等方面。

（2）运行分析包括以下两种形式：

①定期综合分析：回顾水电站定期的安全运行、经济运行、运行管理等方面的情况，查找问题、经验和教训，分析原因，制订相关的安全、技术措施和改进方法，提高设备健康经济运行和管理水平。

②专题分析：就水电站当前或近期出现的问题，进行专门深入的分析，避免同类问题重复发生。

（3）定期综合分析的要求。运行维护部负责人每月应组织召开 1 次运行分析会，分析总结 1 个月以来的生产运行情况，形成月度水电站运行分析报告。

（4）专题分析一般由运行维护部自行组织召开，但涉及安全、经济运行的重点、难点问题以及出现设备障碍、事故、人身伤亡等情况，由电站负责人组织召开。

6.8 运行值班管理

（1）水电站应制订运行值班管理规定，并严格执行。各级运行人员按岗位职责履行相应的值班工作。

（2）认真执行"两票""三制"。

（3）认真监视设备运行工况，合理调整设备状态参数，正确处理设备异常情况。

（4）发现设备缺陷及时填报，并按《水电企业设备缺陷管理标准》及时进行缺陷处理后的验收和设备投运工作。

（5）水电站应制订万能解锁钥匙和配电室及配电设备钥匙的相关制度，并认真执行。

（6）运行值班人员根据设备状况，合理安排机组运行方式，做好事故预想，开展反事故演习，并做好各类运行记录。

7 检查与考核

本标准执行情况由运行维护部进行监督、检查与考核。

8 报告与记录

序号	编号	名称	保存地点	保存期（a）
1		运行值班工作记录	水电站	3
2		设备运行参数记录表	水电站	3
3		设备缺陷登记簿	水电站	3
4		工作票登记簿	水电站	3
5		操作票登记簿	水电站	3
6		设备巡回检查记录	水电站	3
7		设备定期试验与轮换记录	水电站	3
8		运行交接班记录卡	水电站	3
9		事故预想	水电站	3

（十五）运行交接班管理标准（示例）

1 范围

本标准规定了水电站运行交接班前准备、交接班内容及注意事项等管理内容。

2 规范性引用文件

引用规范性文件清单

序号	名称	序号	名称
1	安全生产管理体系要求	3	《水电企业安全生产工作规定》
2	安全生产管理体系管理标准编制导则	4	《水电企业安全检查与安全性评价工作规定》

3 术语和定义

3.1 运行交接班管理

交接班管理是交班与接班之间交流情况，明确交接班双方在运行上的责任，保证安全生产的一项重要制度。

4 职责

4.1 运行维护部

（1）负责组织制订运行交接班管理的具体内容及要求。

（2）负责监督、检查运行交接班管理制度的贯彻执行情况，并提出考核意见。

（3）负责协调解决各值之间运行交接班管理中出现的有关问题。

4.2 值长

负责组织、领导、检查本值的运行交接班工作。

4.3 运行值班人员

按岗位职责要求，执行运行交接班任务。

5 流程与风险分析

5.1 管理流程图

运行交接班管理流程图见附录 A。

5.2 风险控制点

本标准中的风险控制点包括交班内容、接班后确认。

5.3 风险分析

（1）交班人员向接班人员交代的内容（运行方式、设备缺陷及安全情况、运行操作及检修情况等）如有遗漏，接班没能及时掌握处理，可能导致人员误操作、人身伤害、缺陷扩大、设备损坏。

（2）接班人员对上一班交代主要问题没有及时确认，可能导致缺陷扩大，造成设备损坏或经济损失。

6 管理内容与方法

6.1 交班前的准备工作

（1）交班人员在交班前 1 h 对所辖设备及负责的工作全面检查，发现问题妥善处理。

（2）本班的设备操作、设备缺陷、运行方式、调整及异常情况等按岗位职责由值班人员详细记入各项记录簿内，值长将当值期间生产运行情况和其他需要交代的事项记入值长日志。对设备缺陷的处理情况记录，必须保证其内容的连续性、完整性。

（3）检查各种公用交接物件、物品（安全用具、工具、钥匙、图纸资料、备品等）是否齐全完好无损。

（4）做好交班前卫生清扫工作。

（5）做好下一班接班后 1 h 内预计进行操作的准备工作。

6.2　交接班内容

（1）接班人员接班前设备情况掌握：各岗位通过就地设备检查、查阅各类运行记录和询问交班值班人员，了解设备运行方式变更情况、设备缺陷以及工作票、工作任务的进程和注意事项等，检查卫生情况，为接班做准备。

（2）班前会。全体接班人员重新集合列队，向接班负责人汇报接班设备检查情况，听取接班负责人对接班后的工作交代。具体内容包括：

①系统运行方式，在本班和前几班所进行的操作。

②设备运行备用情况，存在的缺陷和预防事故所采取的措施。

③保护和自动装置运行的方式和投入情况。

④设备检修情况及安全措施的布置情况。

⑤上级有关指示、命令。

⑥布置本班需要完成的主要任务，交代安全注意事项并根据工作任务适当调配人员。

（3）接班设备状况和工器具核实：根据接班前掌握的情况进行核查，若发现异常以及设备状况和数据与工作任务（技术指令、工作票等）、交接班记录、统计表单不符，应要求交班人员解释、更正和调整；进行工器具检查，若发现损坏或丢失，应及时提出并要求交班人员签字确认。

（4）交接班签字。接班人员签字和签字时间作为交接班结束的标志，确认交接班的签字手续执行《运行交接班记录卡》（附录 B），接班人员签字后即对本岗位的一切工作任务开始负责。交接班出现争议应逐级进行汇报，最终由双方值长认定后协商解决；如仍存在争议，在不影响设备安全运行和工作任务的继续完成情况下，双方值长可先进行交接班，事后报水电站分管负责人。

（5）班后会。交班人员向本班值长汇报本班工作任务的完成情况，反映需要上级解决的困难和问题，各岗位之间交流本班的操作经验和心得；值长清点本班的人员，点评各岗位工作任务的完成情况。

6.3　交接班注意事项

（1）交班前半小时和接班后 15 min 内一般不接受新的工作任务和进行重要操作；如因临时特别需要，执行工作票、操作票等操作量大的工作在交班前未全部完成，交班人员应对已经操作的项目和操作情况对接班人员进行重点交代，并在已操作的项目上进行标记和签字（工作票等不允许进行标记的项目要在相应的值班记录本上进行记录）。

（2）在处理事故或进行重要操作时，不得进行交接班。如在交接班时发生事故，在接班人员尚未签字接班时，由交班人员负责事故处理和操作，接班人员可在交班值的值长指挥下主动协助处理事故，在事故处理完毕或告一段落后方可履行签字交接手续。

（3）任何岗位的接班人员因故不能在准点交接班时间到达现场，交班人员不得擅自离开工作岗位。到准点交接班时间相应岗位接班人员未接班，该岗位值班人员应向本班值长汇报，直到有人接班并履行交接班手续后方可离开岗位，任何情况运行岗位均不得空岗。在接班岗位人员发生空缺且本值无法进行调整安排的情况下，接班值长应申请水电站领导安排人员替班，任何岗位均不允许连值替班。值长替班由水电站领导安排。

（4）交接班时，交接人员应严格遵守"五交""五不接"的规定。

"五交"是指：①交设备运行方式，设备启停切换、试验及注意事项。②交设备检修情况及所做的安全措施。③交设备运行情况、缺陷以及为预防事故所做的措施。④交公用工器具、图纸、资料和领导的指示。⑤交预计下一班进行的重大操作和工作。

"五不接"是指：①运行方式不清不接。②正在事故处理或重大操作及异常情况未查明原因不接。③记录不全，参数与实际不符，领导指令无签字不接。④设备缺陷不明不接。⑤设备环境卫生不清洁不接。

7 检查与考核

本标准执行情况由运行维护部进行监督、检查与考核。

8 报告与记录

序号	名称	保存地点	保存期
1	运行交接班记录卡	水电站	3 a

附录 A 运行交接班管理流程

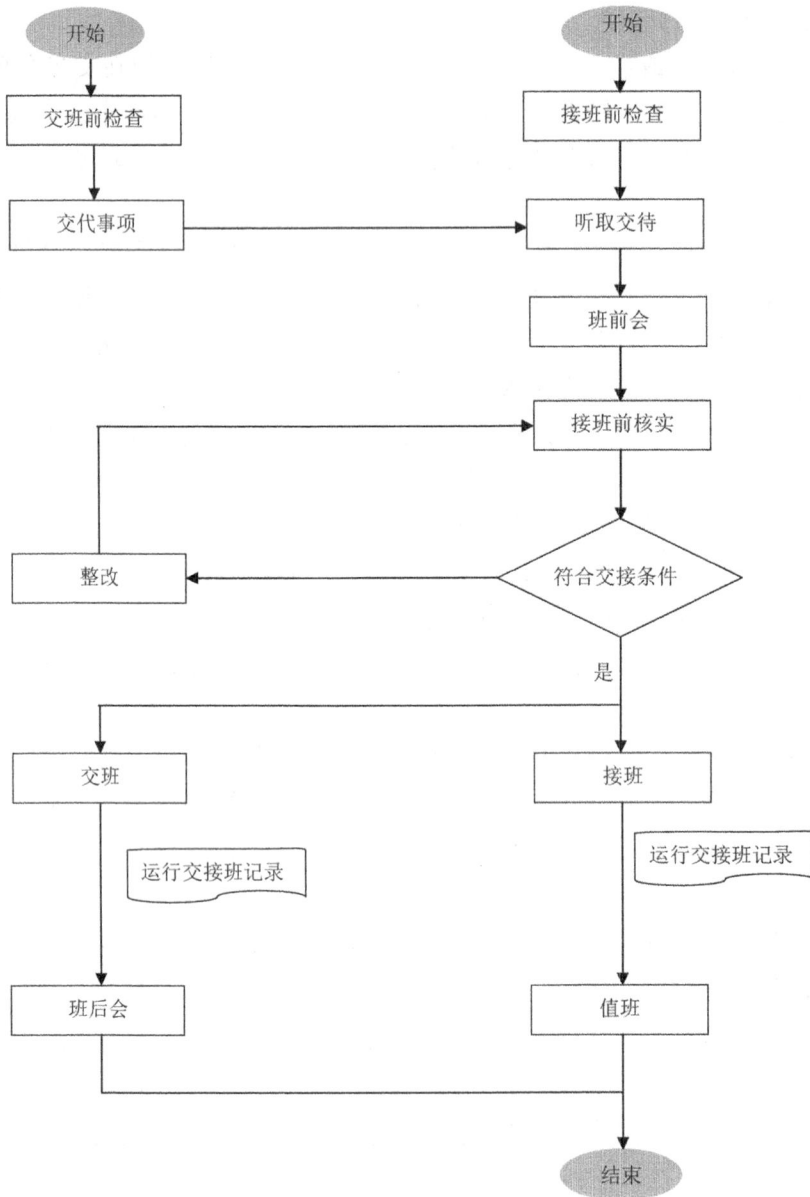

附录 B 运行交接班记录卡

序号	交接项目	确认√	备注
1	各种运行记录齐全、明晰		
2	调度命令及其执行情况		
3	上级或有关部门的通知、命令及交代		

续表

序号	交接项目	确认√	备注
4	设备的运行方式及检修维护情况		
5	工作票、操作票的执行情况		
6	本班进行的设备操作调整情况		
7	设备的定期试验与轮换的结果		
8	设备的缺陷、异常、事故及其处理情况		
9	安全用具、工具、钥匙、规程、图纸等齐全完备		
10	现场卫生已打扫，达到要求		
11	其他需要交代的内容		

交班负责人：   接班负责人：   年 月 日 时 分

（十六）设备定期试验与轮换管理标准（示例）

1 范围

本标准规定了水电站设备定期试验与轮换的内容、周期与要求。

2 规范性引用文件

引用规范性文件清单

序号	名称	序号	名称
1	《电业安全作业规程（电气部分）》	5	《水电企业生产事故调查规定》
2	《电业安全作业规程（热力和机械部分）》	6	《水电站大坝安全管理规定》
3	《工作票和操作票管理标准》	7	《水电企业安全检查与安全性评价工作规定》
4	《水电企业安全生产工作规定》	8	

3 术语和定义

设备定期试验与轮换是指运行设备或备用运行设备的联动、动作和轮换试验，是为适应电力生产的连续性和重要性要求，确保设备缺陷和隐患能够及时得到发现和处理，保障备用设备处于良好备用状态的重要规范，是"两票三制"的重要组成部分。

4 职责

4.1 运行维护部

（1）负责组织制订设备定期试验与轮换的项目、周期与方法。

（2）负责监督、检查设备定期试验与轮换管理制度的贯彻执行情况，并提出考核意见。

4.2 值长

（1）负责设备定期试验与轮换的组织领导。

（2）负责重大设备定期试验与轮换项目及操作的指导和监护。

4.3   运行值班人员

按岗位职责要求，执行设备定期试验与轮换任务。

5   流程与风险分析

5.1   管理流程图

设备定期试验与轮换管理流程图见附录 A。

5.2   风险控制点

本标准中的风险控制点包括事故预想不周、记录不清、监视检查不到位、未进行设备定期试验、切换或漏项。

5.3   风险分析

（1）在设备定期试验和切换之前，事故预想不全，可能导致人身伤害、设备损坏。

（2）在定期试验和轮换过程中，监视或检查不到位，未能及时发现隐患，可能造成事故扩大。

（3）未能按期进行试验和轮换或发生漏项且未写明原因的，可能造成人员误操作、设备损坏、不能及时投入使用造成损失。

6   管理内容与方法

（1）设备定期试验与轮换工作必须按水电站运行规程的相关条款执行，严格执行操作票及操作监护制度，操作前做好事故预想。

（2）设备定期试验与轮换时，值班人员做好定期切换、试验的有关记录。

（3）设备定期试验与轮换工作执行过程中，发现缺陷及异常应立即停止试验和轮换，汇报值长，做好记录，联系处理。

（4）设备试验结果与前次试验或标准数据有较大差异时，应查明原因，必要时可重做一次，确属异常应汇报值长。

（5）设备定期试验与轮换运行后，值班人员做好该设备的运行参数记录工作，并适当增加对该设备的巡视次数，发现异常及时处理。

（6）遇节假日、公休日应提前进行，若因特殊情况不能试验、轮换时，经值长请示水电站负责人同意后可改日进行，并在交接班记录本上写明原因。

（7）具体设备定期试验与轮换的内容及周期见附录 B《设备定期试验与轮换周期表》，包括但不限于所列内容。

7   检查与考核

本标准执行情况由运行维护部进行监督、检查与考核。

8 报告与记录

序号	名称	保存地点	保存期（a）
1	值长运行日志	水电站	5
2	定期试验与轮换记录	水电站	5

附录 A 设备定期试验与轮换管理流程

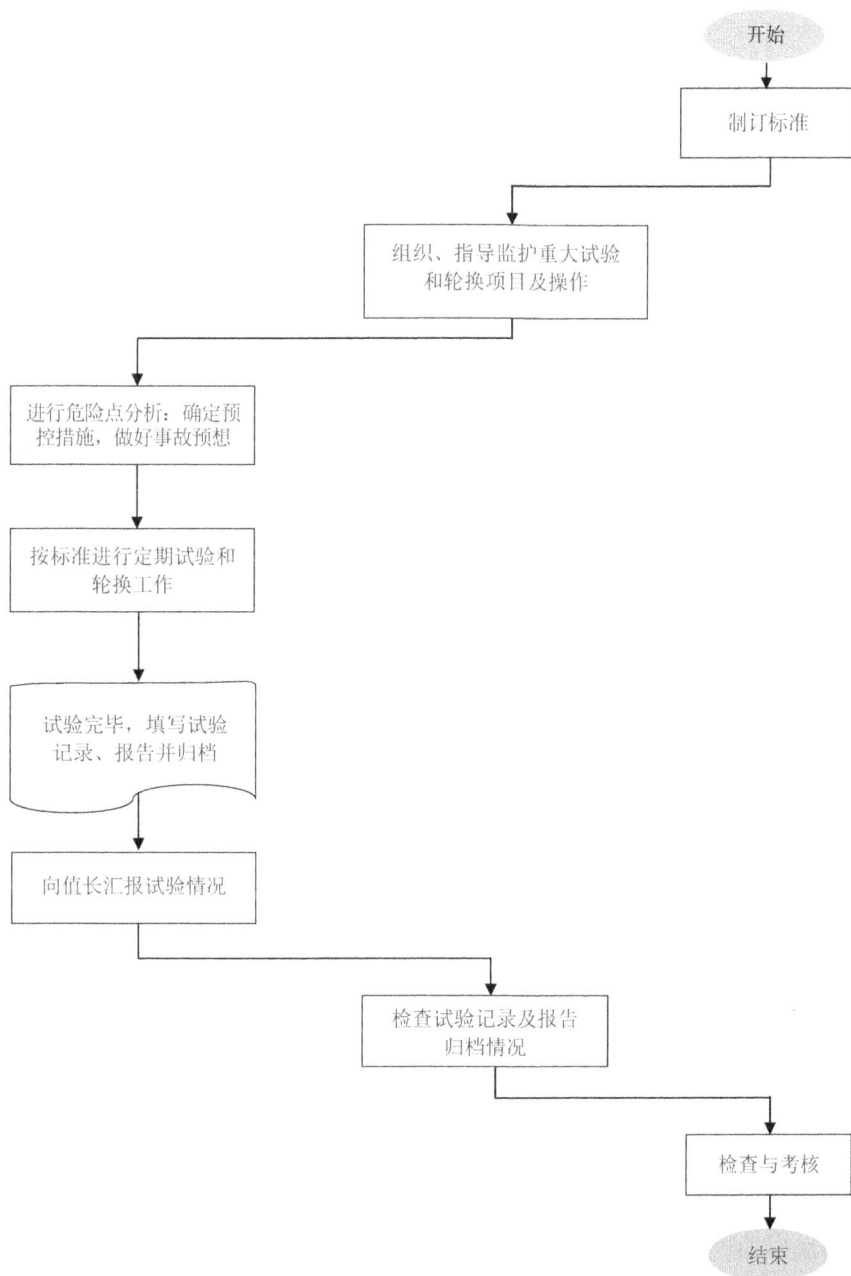

```
                              ┌──────────┐
                              │   开始   │
                              └────┬─────┘
                                   ↓
                              ┌──────────┐
                              │ 制订标准 │
                              └────┬─────┘
                                   ↓
                     ┌─────────────────────────┐
                     │ 组织、指导监护重大试验  │
                     │    和轮换项目及操作      │
                     └──────────┬──────────────┘
                                ↓
       ┌──────────────────────┐
       │ 进行危险点分析：确定预 │
       │ 控措施，做好事故预想   │
       └──────────┬───────────┘
                  ↓
       ┌──────────────────────┐
       │ 按标准进行定期试验和   │
       │ 轮换工作               │
       └──────────┬───────────┘
                  ↓
       ┌──────────────────────┐
       │ 试验完毕，填写试验     │
       │ 记录、报告并归档       │
       └──────────┬───────────┘
                  ↓
       ┌──────────────────────┐
       │ 向值长汇报试验情况     │
       └──────────┬───────────┘
                  ↓
              ┌──────────────────────┐
              │ 检查试验记录及报告   │
              │ 归档情况             │
              └──────────┬───────────┘
                         ↓
                     ┌──────────┐
                     │ 检查与考核 │
                     └────┬─────┘
                          ↓
                     ┌──────────┐
                     │   结束   │
                     └──────────┘
```

附录 B 水电站设备定期试验与轮换周期表

时间	工作内容
每日定期工作	三值计 6 次巡回检查
每周六的定期工作	巡检发电机风洞 贮气罐放水 空压机气水分离器手动排水 技术供水泵试转（1 周以上未启动） 滤水器试运（1 周以上未启动） 检修、渗漏排水泵试转（1 周以上未启动）
每周日的定期工作	记录避雷器动作次数 事故照明试验 低压空压机试运（1 周以上未启动） 高压空压机试运（1 周以上未启动）
每月 1 日的定期工作	微机保护装置打印机测试 厂区消防水泵试转 厂房消防水泵试转 漏油泵试转（1 个月以上未启动） 调速器压油泵、技术供水泵、漏油泵、高压空压机、低压空压机、检修排水泵、渗漏排水泵主备用切换 转子顶起（机组 1 个月未启动）

（十七）设备巡回检查管理标准（示例）

1 范围

本标准规定了水电站巡视人员资格、设备巡回检查的间隔、项目、标准、重点、方法及注意事项等管理内容与要求。

2 规范性引用文件

引用规范性文件清单

序号	名称	序号	名称
1	《电业安全作业规程（电气部分）》	5	《水电企业生产事故调查规定》
2	《电业安全作业规程（热力和机械部分）》	6	《水电站大坝安全管理规定》
3	《工作票和操作票管理标准》	7	《水电企业安全检查与安全性评价工作规定》
4	《水电企业安全生产工作规定》	8	

3 术语和定义

3.1 设备巡回检查

设备巡回检查是运行人员对运行设备监护的基本手段，是运行人员的基本职责。通过巡回检查能及时发现设备异常，排除设备隐患，防止设备事故，保证发电设备安全经济运行，是"两票三制"的重要组成部分。

4　职责

4.1　运行维护部

（1）负责组织制订所属设备的巡检内容，巡检的具体要求；根据设备的运行状况，规定重点检查内容。

（2）负责监督、检查设备巡回检查管理制度的贯彻执行情况，并提出考核意见。

4.2　值长

（1）负责组织安排本值运行值班人员巡回检查工作。

（2）负责监督、检查本值运行值班人员的巡回检查工作。

（3）按标准规定进行重点巡回检查。

4.3　运行值班人员

按岗位职责要求，执行设备巡回检查任务。

5　流程与风险分析

5.1　管理流程图

设备巡回检查管理流程图见附录 A。

5.2　风险控制点

本标准中的风险控制点包括巡检工器具配备、执行巡检规定、缺陷分级。

5.3　风险分析

（1）运行人员违章巡检，可能导致人身伤害。

（2）运行人员巡回检查使用的工具（手电筒、听针、测温仪等）配备不全，可能导致未能及时发现设备隐患，造成设备损坏。

（3）运行人员未按规定的巡回检查路线、项目、内容进行巡回检查，可能遗漏缺陷，导致未能及时发现设备隐患，造成设备损坏。

（4）带缺陷运行的设备，未加强巡检频度，可能造成缺陷扩大。

（5）巡回检查发现的缺陷分级处理不当，重要设备缺陷得不到及时处理可能造成设备损坏。

6　管理内容与方法

6.1　基本要求

（1）巡检人员的着装必须附和《电力安全作业规程》规定，按劳动保护要求佩戴相应劳动防护用品。

（2）巡回检查必须针对性地携带相应的工具，如钥匙、对讲机、手电筒、测温仪、望远镜等。

（3）每次巡回检查时要校对手持机时间与计算机时间同步。

（4）巡回检查内容：现场设备是否存在火灾隐患；现场设备是否存在不正常的泄漏、噪声、振动和异响；按设备运行规程检查设备参数、状态是否正常；检查设备的防护措施（防雨、防火、防尘、防寒）是否完备并符合相关的措施要求；检查现场的卫生和照明是否符合相关规定要求，并按要求进行巡检记录登记。

（5）设备或系统停运后检修，巡视人员应检查现场安全措施是否正确、安全标示是否齐全、运行隔绝是否可靠。

（6）巡视人员除检查规定项目外，对巡视路径的公用系统、厂房建筑、库区、大坝等是否存在问题，水位是否正常，安全措施亦应注意检查。

（7）巡视人员应按规定把设备参数和运行状况准确无误地做好记录。若发现设备有异常或疑问，应加强监视，分析原因，并及时向值长汇报。

（8）巡检人员在检查过程中遇设备发生紧急情况时，可以先处理，后汇报。

（9）巡检人员发现的设备缺陷应按设备缺陷管理标准的规定处理。

（10）由于运行操作繁忙而不能按时进行巡回检查时，可由值长决定临时变更巡视时间或省略部分巡视项目。

6.2　巡视人员资格

（1）经技能、专业培训，并考试合格独立上岗的人员。

（2）设备检修维护专责人员。

（3）分管生产的领导和专业技术人员。

（4）外来人员、见习人员不能单独巡视设备，只有在有权单独巡视设备的人员监护下，才能参观或熟悉设备。

6.3　巡回检查路线、时间间隔、项目、方法

（1）水电站应根据机组和设备状况及重要性确定设备的巡视周期。变电站、中央监控室内设备，每天至少巡视两次。

（2）值长在值班过程中，每班至少对重点设备、部位检查一次。

（3）运行值班员要按所管辖设备分工进行交接班巡回检查一次，对有缺陷的设备应根据设备运行状况随时检查。

（4）检修维护人员按检修规程中的规定周期和次数进行检查。

（5）水电站检查项目和方法。

①一次设备巡回检查标准。

66 kV 主变压器巡回检查标准（示例）

序号	检查项目	巡视标准	检查方法	异常运行情况
1	变压器本体	声音正常均匀、无杂音，无渗油，无局部过热现象，本体不变形、无锈蚀，本体油温在 85 ℃以下（温升在 55 ℃以下）、设备本体及周围无杂物，接地良好	1. 在本体不同部位细听有无不均匀声 2. 目视钟罩平直无凸起，卵石无油迹 3. 检查本体温度表、手触摸本体，远方测温表与本体测温表数值应接近	
2	储油柜	油位与环境温度相对应，通向油枕的各部位阀门位置正确，无渗漏油现象	油位指示与环境温度相对应	
3	变压器分接头	现场机构指示分接头位置正确	1. 就近观看或使用望远镜 2. 三相位置一致	
4	呼吸器	玻璃罩完好、硅胶变色不超过 2/3	硅胶正常蓝色，受潮后变粉红色	
5	瓦斯继电器	防雨盖应盖好，无渗油现象；与储油柜间的连接阀门应打开；气体检查窗挡板打开，内部无气体	1. 就近观看或使用望远镜 2. 保护无信号	
6	压力释放装置	完好，不变形，无油迹	仔细检查	
7	冷却装置	无异常声响，风扇运转正常、不过热	检查风向（吹出）	
8	控制柜	各把手位置与设备运行方式相对应，并符合运行规定且标志齐全，接线无松动、过热，接触器吸合良好	1. 按规程核对各冷却器运行方式正确 2. 检查盘内接线接触良好，无过热现象	
9	套管	套管无破损、裂纹、污垢、无油迹、无放电痕迹，套管油位在规定范围内	就近观看或使用望远镜	
10	引线及接头	接线无破损断股现象，弛度无过紧、过松现象。接头无放电、异常变色和发热现象	1. 站在不同角度对导线对比检查 2. 听声音及观察、有条件时可使用测温仪检查	
11	电缆	标志齐全、完好，排列整齐，护管密封良好	仔细检查	

续表

序号	检查项目	巡视标准	检查方法	异常运行情况
12	管道阀门	无破损、渗油现象、阀门开闭正确	阀门打开标志与管道走向一致	
13	本体端子箱	密封良好（箱门开启灵活）、接线无松动过热现象	仔细检查	

66 kV 断路器巡回检查标准（示例）

序号	检查项目	巡视标准	检查方法	异常运行情况
1	SF6 气体	无漏气，压力正常 0.3～0.45 MPa，无告警信号	查看表计	
2	本体	无放电异音，无异常，构架不倾斜	与同类设备听到的声音相比较	
3	瓷套	清洁无破损、裂纹，无放电、闪络现象	对外观进行仔细检查	
4	分、合闸位置	与运行方式相符，三相位置一致	与控制盘对比：红色合位，绿色分位	
5	弹簧储能	指示位置正确，应为储能位置	核对弹簧指示器	
6	开关柜	与构架联结牢固，内部接线接触良好、远、近控开关在"远控"位置，柜门开启灵活、密封良好，通气孔无破损	打开控制柜检查	
7	引线接头	接线无破损断股现象，弛度无过紧、过松现象	站在不同角度、与不同导线对比检查，听声音及观察	
8	其他	接地完好，电缆封堵良好、设备周围无杂物	仔细检查	

66 kV 隔离开关巡回检查标准（示例）

序号	检查项目	巡视标准	检查方法	异常运行情况
1	本体	无振动，无锈蚀，不倾斜	在不同位置检查，三相本体一致或与同型设备比较	
2	瓷瓶	清洁，无裂纹、污垢、闪络、放电现象	仔细检查瓷质表面	

续表

序号	检查项目	巡视标准	检查方法	异常运行情况
4	触头	动静触头接触良好、插入合适，位置正确，无间隙，无过热、发红现象，允许温度不超过70 ℃	1. 日视动触头插入静触头 2. 使用测温仪 3. 雨、雾、雪天气无异常放电、熔化	
5	引线及接头	接点无异常变色、发热现象 接线无破损断股现象，弛度良好	1. 听声音及观察，利用雨、霜、雪天气检查 2. 在不同角度、与其他设备比较	
6	操作机构	闭锁及连接装置良好，防误装置良好无锈蚀	仔细观察	
7	传动部分	传动杆不变形，无锈蚀，连接牢固不松动	仔细观察	
8	接地刀闸	分闸到位，把手加锁，机械闭锁可靠	仔细观察	
9	其他	电缆封堵良好，接地及色标完好，标示正确完整	仔细观察	

避雷针（避雷器）巡回检查标准（示例）

序号	检查项目	巡视标准	检查方法	异常运行情况
1	支架（接地）	无锈蚀，螺丝齐全，不松动	仔细观察	
2	避雷针	整体不倾斜，晃动，不弯曲折断	参照其他同类设备	
3	避雷器	避雷器接线完好	仔细观察	
4	计数器	接线、外观良好，记录动作次数	仔细观察	

66 kV 母线巡回检查标准（示例）

序号	检查项目	巡视标准	检查方法	异常运行情况
1	母线	无杂物，弛度无过紧、过松、断股现象	对比观察	
2	相别牌	色标准确，线路牌齐全，符合实际，不松动	逐个观察	
3	绝缘子	销子及销针不脱落；表面无裂纹	就近观看或使用望远镜	
4	接点	无松动、过热、放电现象	就近观看或使用望远镜	

66 kV 电压互感器巡回检查标准（示例）

序号	检查项目	巡视标准	检查方法	异常运行情况
1	本体	外部无污垢、锈蚀、渗油漏油现象，接线可靠，屏蔽环和均压环连接牢固不松动，接地良好无异音、温度正常	对 PT 四周进行观察，地面无油迹，听声音	
2	瓷套	无裂纹、破损及渗油现象	对 PT 四周进行观察、听声音	
3	引线及接头	接线无破损断股现象，弛度良好接点无放电、异常变色、发热现象	1. 站在不同角度观察不同导线导线弛度比对 2. 听声音及观察，利用雨、霜、雪天气检查	
4	油位油色	符合要求	仔细观察或用望远镜	
5	二次接线盒	密封良好，不渗水，无锈蚀	接线盒盒盖好，不松动	
6	二次输出电压	电压正常且三相平衡	检查电压表	
7	电缆	标志完好、齐全、排列整齐，护管密封良好	仔细观察	

②二次设备巡视检查标准。

66 kV 线路微机保护巡回检查标准（示例）

序号	检查项目	巡视标准	检查方法	异常运行情况
1	微机保护	1. "运行"灯亮，其余各灯均灭 2. 定值区号显示正确 3. 检查保护光纤通道正常 4. 装置的交流电流量切换片连接正确、接触良好	1. 外观检查指示灯指示正确，无故障指示 2. 定值正常运行在"1"区	
2	打印机	工作正常、打印纸充足	检查试验正常	
3	压板及其他	1. 压板及把手投入位置正确，接触良好 2. 盘内接线牢固，无松动，无放电异音、无异常 3. 标注齐全与实际相符，柜门密封良好，电缆孔洞封堵严密、良好 4. 屏体干净无灰尘	站在不同角度、与不同导线对比检查，听声音及观察	

③端子箱巡回检查标准。

端子箱巡回检查标准（示例）

序号	检查项目	巡视标准	检查方法	异常运行情况
1	箱体	平整、无脱漆、密封良好、开启灵活、关闭紧密；电缆孔洞封堵严密、良好，箱体内干净无灰尘	1. 检查外观 2. 门开关灵活 3. 箱内无灰尘	
2	接线	箱内无放电异音，无烧焦异味，接线牢固，无松动	接线端子无放电打火现象	
3	箱内电缆	排列整齐，标志齐全	开箱检查	
4	开关	按运行方式投入且接触良好、不过热	1. 开箱检查 2. 使用测温仪	

④机械设备巡回检查标准。

水轮机室巡回检查标准（示例）

序号	检查项目	巡视标准	检查方法	异常运行情况
1	水轮机室照明系统	水轮机室内照明4组、每组2个灯泡，入口照明1组、1个灯泡	外观检查	
2	水轮发电机组运行状态	机组运行时大轴转动、停机时大轴静止。无异常声音、气味、烟雾	外观检查 热风口检查	
3	顶盖入孔	封闭严密不漏水	外观检查	
4	一号接力器	固定良好无裂纹、无渗油。推拉杆无卡滞弯曲	外观检查 与同类设备比较	
5	一号接力器开侧供油阀	阀门全开，无渗油	外观检查	
6	一号接力器关侧供油阀	阀门全开，无渗油	外观检查	
7	水导示流器	连接紧固无渗漏，机组运行时流量计显示正确，停机时为0	外观检查	
8	真空破坏阀	完整无渗漏	外观检查	
9	锁锭油源阀	阀门全开，无渗油	外观检查	

续表

序号	检查项目	巡视标准	检查方法	异常运行情况
10	二号接力器	固定良好无裂纹、无渗油。推拉杆无卡滞弯曲	外观检查 与同类设备比较	
11	二号接力器开侧供油阀	阀门全开，无渗油	外观检查	
12	二号接力器关侧供油阀	阀门全开，无渗油	外观检查	
13	水导水压表	连接完整，无渗漏，机组运行时为 0.2 MPa，停机时为 0	外观检查	
14	控制环	安装平稳，动作灵活无卡滞。轴销无过度磨损	外观检查	
15	拐臂	连接完整，动作灵活无卡滞，轴销无过度磨损	外观检查	
16	剪断销	连线完整，无突出，无剪断信号	外观检查	
17	射流泵	阀体完好，顶盖无上水，无射流泵启动信号	外观检查、水位检查，检查保护信号	
18	导叶反馈	连接牢固，无跳槽、无破股	外观检查，检查调速器运行正常	

机旁巡回检查标准（示例）

序号	检查项目	巡视标准	检查方法	异常运行情况
1	调速器	1. 盘面各表计指示正常，无异常摆动现象 2. 调速器工作正常，无异常信号表示 3. 导叶状态指示灯显示正确 4. 机械部件无异常抽动与摆动现象，步进电机无过热 5. 导叶反馈无松动现象 6. 液晶显示屏显示正常，屏内各参数显示正常，模式灯与运行方式相符	外观仔细检查无异常现象，显示屏进行主画面切换操作正常，状态、参数指示正确	

续表

序号	检查项目	巡视标准	检查方法	异常运行情况
2	压油装置	1. 开关及操作把手位置正确 2. 动力电源、操作电源正常 3. 压油泵启动正常，停止不倒转，效率正常 4. 阀组工作正常，阀门位置正确，管路不漏油 5. 压油装置各压力表定值正确、各压力开关接线无脱落、松动 6. 压油罐、集油槽油位正常	1. 检查集油槽油位在基准油位 400~600 mm 2. 压油泵手动启停试验运转正常，无异音，试验过程中监视压力不超过 2.5 MPa	
3	风闸制动柜	1. 盘面各压力表指示正确 2. 盘内各阀门位置正确，管路、阀门无漏气现象	外观检查，听声音有无漏气	
4	机旁动力电源盘	1. 各电流、电压表指示正确 2. 各开关、刀闸、操作把手位置正确 3. 盘后接线牢固，无松动、过热、烧黑，无放电异音	外观检查，与相同工况其他导线进行颜色对比，用红外线测温仪测量导线温度（或以手指背碰导线绝缘外皮）判断导线是否过热	
5	机组 PLC 控制盘	1. 各操作把手位置正确，接触良好 2. PLC 装置电源常，无故障信号表示 3. PLC 装置输入、输出状态指示正确	外观检查，对照输入、输出状态表检查 PLC 各点状态是否正确	
6	灭磁开关柜	1. 盘面各表计指示正确，灭磁开关分合闸指示灯与开关状态相符 2. 盘内各继电器工作正常，无过热及异常响声 3. 灭磁开关主触头接触良好，无过热 4. 各接线连接牢固，无过热烧黑现象 5. 盘后快熔熔断器无熔断	外观检查	

续表

序号	检查项目	巡视标准	检查方法	异常运行情况
7	励磁调节器	1. 调节器各交直流电源开关状态正确 2. 调节器内部无故障及告警信息，无非正常噪声 3. 调节器 A 套与 B 套一主一备 4. 人机接口上通信指示灯正常闪烁 5. 调节器信道显示正确，对应指示灯亮，励磁电流、发电机电压及无功稳定 6. 人机接口上的"自动"指示灯点亮 7. 调节器屏内显示屏上各通道输出一致 8. 各仪表指示正常	按顺序逐项检查各指示灯正确、开关位置正确	
8	发电机部分	1. 上导（下导）油位计指示正确，无漏油 2. 推力油位计指示正确，无漏油 3. 上导（下导）油槽供排油系统阀门位置正确，各部无漏油现象 4. 推力油槽供排油系统阀门位置正确，各部无漏油现象 5. 上导（下导）油槽冷却水供排水系统阀门位置正确，各部无漏水现象 6. 上导（下导）油槽冷却水供排水系统阀门位置正确，各部无漏水现象 7. 滑环运行无异音，无火花 8. 发电机运行声音正常	外观仔细检查，听声音	

6.4 巡回检查的重点

（1）设备运行的关键参数应符合规程规定。

（2）设备运行的方式及所处的运行状态（运行、备用、检修）。

（3）监控自动化、电气保护及自动装置的运行情况。

（4）常设安全措施是否健全，固定是否牢靠，临时安全措施布置的情况等。

（5）新投入运行的设备。

（6）检修后试运行的设备。

（7）异常情况、存在缺陷或有过频发故障的设备。

（8）接班时交代的注意事项。

（9）特殊运行方式的设备。

（10）受自然条件变化（如寒潮、高温、台风、暴雨、雷击等）需做好防冻、防火、防风、防雷、防汛的设备。

6.5 巡回检查注意事项

（1）室外高压电气设备和特殊天气巡检时，应注意下列事项：

①高压设备巡视时，不得进行其他工作，不得移开或越过遮栏。

②雷雨天气，需要巡视室外高压设备时，应穿绝缘靴，并不得靠近避雷针和避雷器。

③高压设备发生接地时，室内不得接近故障点 4 m 以内，室外不得接近故障点 8 m 以内。进入上述范围人员应穿绝缘靴，接触设备的外壳和构架时，应戴绝缘手套。

④巡视配电装置，进出高压室，应随手关门。

（2）巡检转动设备时，应注意下列事项：

①巡检中，禁止在运行的转动设备的旋转和移动部分进行触摸、擦拭等工作。

②巡检时，工作服上衣和袖口必须扣好。

③女同志的长发、辫子必须盘在工作帽内。

（3）巡视人员进入危险区域或接近危险部位检查时，应严格按有关规程规定执行，做好安全防护措施，进入或离开上述区域时应用对讲机向值长报告。

（4）巡检时，必须看清设备和装置的各种标识牌，不清楚的按钮不准擅自触摸，不要触碰监控自动化测量元器件和仪表，以防误碰误动。

7 检查与考核

本标准执行情况由运行维护部进行监督、检查与考核。

8 报告与记录

序号	名称	保存地点	保存期
1	巡回检查记录	水电站	1 a

附录 A　设备巡回检查管理流程

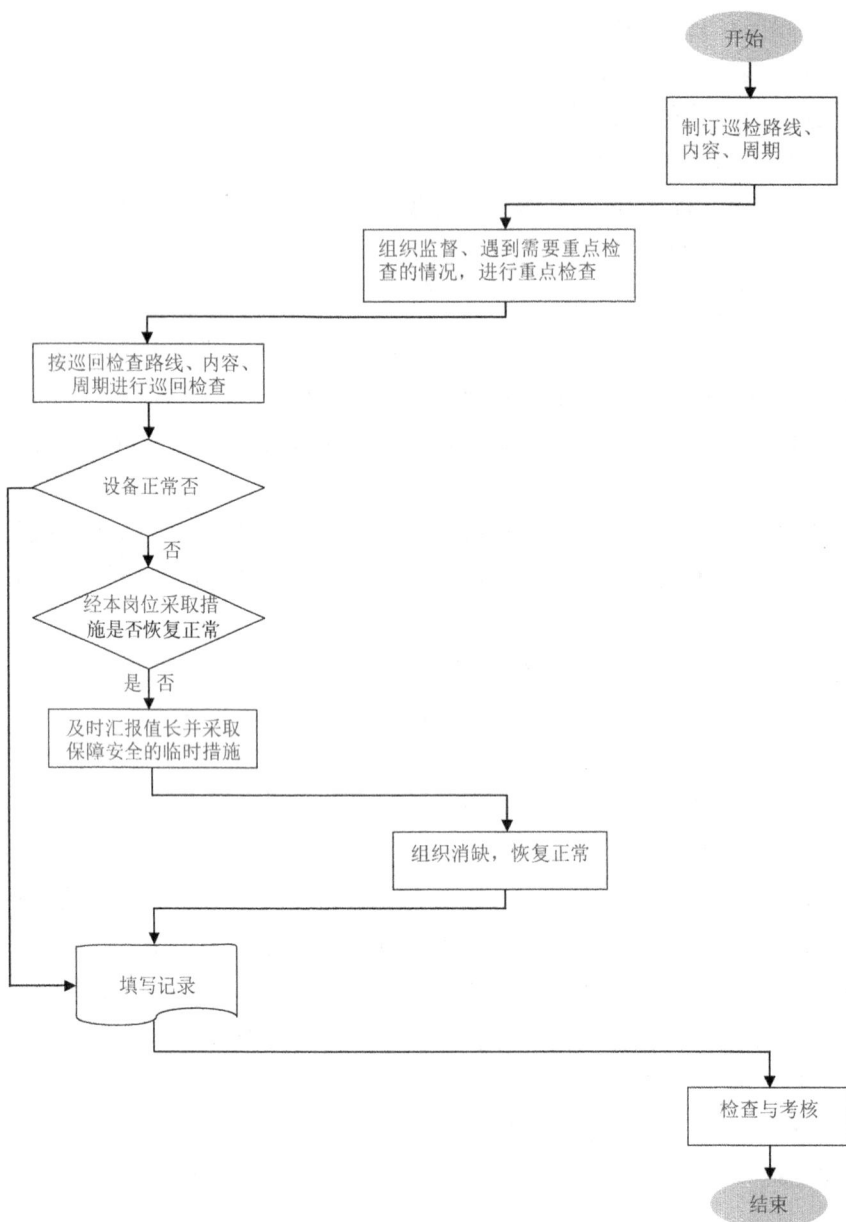

```
                                        开始

                                   制订巡检路线、
                                   内容、周期

                            组织监督、遇到需要重点检
                            查的情况，进行重点检查

                     按巡回检查路线、内容、
                     周期进行巡回检查

                          设备正常否
                                否
                          经本岗位采取措
                          施是否恢复正常
                       是      否
                     及时汇报值长并采取
                     保障安全的临时措施

                                   组织消缺，恢复正常

                     填写记录

                                             检查与考核

                                                结束
```

（十八）应急管理标准（示例）

1　范围

本标准规定了水电站应急管理职责、应急响应分级、预防与应急准备、监测与预警、应急处置与救援和事后恢复与重建等工作要求。

2　规范性引用文件

引用规范性文件清单

序号	名称	序号	名称
1	《重大突发事件（事故）应急管理办法》	5	《水电企业安全生产工作规定》
2	《电业安全作业规程（电气部分）》	6	《水电企业生产事故调查规定》
3	《电业安全作业规程（热力和机械部分）》	7	《水电站大坝安全管理规定》
4	《应急救援管理规定》	8	《水电企业安全检查与安全性评价工作规定》

3　术语和定义

3.1　突发事件

是指突然发生，造成或者可能造成严重社会危害，需要采取应急处置措施予以应对的自然灾害、事故灾难、公共卫生事件和社会安全事件。

3.2　应急救援

在应急响应过程中，为消除、减少事故危害，防止事故扩大或恶化，最大限度地降低事故造成的损失或危害而采取的救援措施或行动。

3.3　应急预案

针对可能发生的事故，为迅速、有序地开展应急行动而预先制订的行动方案。

3.4　应急响应

事故发生后，有关组织或人员采取的应急行动。

3.5　重大事故

是指水电站生产活动中发生的重大火灾、爆炸、毒物（或放射性物质）泄漏事故、危险化学品事故或其他事故，并给现场人员或公众带来严重危害，造成重大人员伤亡或对环境造成严重污染或重大财产损失的事故。

3.6　电力安全事故

是指电力生产或者电网运行过程中发生的影响电力系统安全稳定运行或者影响电力正常供应的事故。

3.7　综合应急预案

是从总体上阐述处理事故（事件）的应急方针、政策、应急组织机构及相关应急职责，应急行动、措施和保障等基本要求和程序，是应对各类事件（事故）的综合性文件。

3.8　专项应急预案

是针对具体的事故（事件）类别、危险源和应急保障措施而制订的计划或方案，是综合应急预案的组成部分，应按照综合应急预案的程序和要求组织制订，并作为综合应急预案的附件。专项应急预案应制订明确的救援程序和具体的应急救援措施，共分为自然灾害、事故灾难、公共卫生事件、社会安全事件四类。

3.9 现场处置方案

是各生产部门针对具体的设备、场所或设施岗位发生的事故（事件）所制订的应急处置措施。现场处置方案应具体、简单、针对性强。现场处置方案应根据风险评估及危险性控制措施逐一编制，做到事件（事故）相关人员应知应会，熟练掌握，并通过应急演练，做到迅速反应、正确处置。

4 职责

4.1 应急领导小组

应急领导小组是应急响应和危机处理的最高管理机构。水电站主要负责人担任应急领导小组组长，是应急响应行动的最高指挥者和决策人。

（1）统一领导各类突发事件（事故）处置工作。分析、研究事件（事故）的有关信息，对事件（事故）处理过程中的重要举措做出决策，发布指挥调度命令，并督促检查执行情况。

（2）根据事件（事故）类型和实际应急工作需要，成立应急处理现场指挥组、技术专家组以及相应的应急救援小组开展应急工作。

（3）审定并签发总体应急预案、各专项应急预案、各现场处置方案。

（4）审定新闻发布材料并指定新闻发言人。

（5）向所在地政府寻求援助。

（6）审批突发事件（事故）应急救援费用。

4.2 应急领导小组办公室

（1）是突发事件总体协调的应急管理机构，负责日常应急管理；分析处理现场的信息，向应急处理领导小组提供决策参考意见。

（2）应急领导小组办公室设在安全生产部。负责上报材料的起草工作。

（3）跟踪事件发展动态，沟通情况并汇总信息，及时向应急处理领导小组报告。

（4）根据应急处理领导小组的指示，向政府有关部门报送事件动态信息。

（5）完成应急救援总结的审核和归档工作。

（6）按应急处理领导小组的指令统一对外联系。

（7）组织应急预案的培训、演练、总结、修编，定期组织进行评审，并做详细记录。

4.3 应急处理现场指挥组职责

发生突发事件（事故）时，应按实际情况成立现场应急处理指挥组。指挥组职责：

（1）按照应急处理领导小组的指令，负责现场应急指挥工作。

（2）收集现场信息，核实现场情况，针对事故发展趋势，制订控制事故措施，并实施。

（3）根据应急处理的需要，整合现场应急资源、调集人员、储备的物资、交通工具以及相关设施、设备。

（4）负责事故现场应急救援人员的避险工作。

（5）负责应急处理领导小组交办的其他任务。

4.4　技术专家组

发生突发事件（事故）时，按启动的预案要求，并结合突发事件（事故）实际情况，成立技术专家组。技术专家组职责：

（1）参加事故应急救援方案的研究，提出科学合理的救援方案。

（2）研究分析事故灾害形势演变和救援技术措施。

（3）提出防范事故扩大的有效措施和建议。

（4）对事故应急响应终止和后期分析评估提出建议。

4.5　资源保障行动组

按应急领导小组批准的应急要求，提供资源计划和保证，协调和调用相关技术人员和物资，联络应急技术专家。

5　流程与风险分析

5.1　管理流程图

应急管理流程图见附录 A。

应急演练流程图见附录 B。

5.2　风险控制点

本标准中的风险控制点包括组织与职责、突发事件分级、应急预案体系、预防工作、监测工作、预警工作、应急响应与处理、突发事件信息发布、后期处理、培训与演练、应急预案管理。

5.3　风险分析

（1）如果没有明确应急组织及其构成部门或人员，并明确其相应的职责，则会导致职责不清、突发事件分级不合理、监测及预防工作不到位、预警机制不健全、培训及演练不到位等，可能造成严重后果。

（2）如果没有根据突发事件的危害程度、影响范围和水电站控制事态的能力，对突发事件进行分级，并按分级负责的原则，明确应急响应级别，则在应对突发事件时的考虑不全面不系统，导致灾难性的后果。

（3）如果不能按综合应急预案、专项应急预案以及现场处置方案，并以现场处置方案为重点建立应急预案体系，则不能做到应急科学决策和早期预警，影响应急处置的能力。

（4）如果不能通过对各类风险的辨识和评估，确定可能发生的重大突发事件，做好突发事件预想和应急准备工作，并采取有针对性预防措施，防止各类突发事件的发生及扩大，可能导致应急处置需要的资金和物资供应不及时、不充分，而不能对突发事件进行有效应急处置，影响应急处置效果。

（5）如果不能根据对重大危险源及风险点辨识和风险评估的情况，明确对重大危险源及风险点监测监控的方式、方法，以及采取的预防措施，则不能科学、准确、及时发现重大危险源及风险点。

（6）如果没有建立预警机制，明确预警的启动条件及预警信息的接收、发布的方式、方法和程序，则不能对突发事件的性质、类型和级别做出正确判断，从而做出快速的应急反应。

（7）如果不能根据突发事件的大小和发展态势，明确应急指挥、应急行动、应急保障、应急避险、应急控制、应急终止等响应程序，则不能对突发事件进行有效的应急处置。

（8）如果没有明确突发事件信息发布的部门以及发布原则，则可能造成突发事件信息发布的错误和延误，不能及时与相关媒体进行沟通以正确引导舆论。

（9）如果突发事件得到初步控制后，没有积极采取措施和行动，尽快恢复到正常状态，做好善后处置和调查与评估工作，则事态的发展不能得到完全控制，带来后遗症。

（10）如果没有明确培训与演练的规定，定期组织培训与演练及反事故演习，并做详细记录，则突发事件发生后不能从容应对，严重影响应急处置的效果。

（11）如果没有明确应急预案维护和更新的基本要求，定期进行评审，则应急预案不能实现可持续改进，应急管理水平不能持续提高。

6 管理内容与方法

6.1 突发事件（事故）应急工作

应当遵循预防为主、常备不懈的方针和贯彻统一领导、分级负责、反应及时、措施果断、依靠科学、实事求是的原则。

6.2 组织机构

水电站必须建立如下的应急组织机构：成立水电站应急领导小组，组长由水电站主要负责人担任；副组长由分管负责人和相关人员担任。下设应急领导小组办公室、各应急保障组（也可根据实际情况成立应急处理现场指挥组、技术专家组）。

6.3 预防与应急准备

6.3.1 建立健全突发事件应急预案体系

（1）建立的应急预案体系包括一个突发事件总体应急预案，若干个突发事件专项应急预案和现场处置方案；应急预案应当根据水电站实际需要和情势变化，适时修订。

（2）应急预案应当针对水电站突发事件的性质、特点和可能造成的社会危害，具体规定突发事件应急管理工作的组织指挥体系与职责和突发事件的预防与预警机制、处置程序、应急保障措施以及事后恢复与重建措施等内容。

（3）建立突发事件应急管理工作的组织指挥体系：应急领导小组、应急领导小组办公室、资源保障行动组、公共关系协调组等。

（4）水电站应对危险源、危险区域进行调查、登记、风险评估，定期进行检查、监控，并采取安全防范措施。

（5）水电站应掌握并及时处理存在的可能引发社会安全事件的问题，防止矛盾激化和事态扩大；对水电站可能发生的突发事件和采取安全防范措施的情况，应按规定及时向所在地人民政府或者政府有关部门报告。

（6）突发事件应对工作实行预防为主、预防与应急相结合的原则。

6.3.2　应急准备

（1）开展全方位的应急培训，增强各级人员的应急知识和应急能力，在应急响应过程中能够保障自身和他人安全，控制以至消除风险和危害因素。

（2）落实充分的应急装备。应急装备包括控制紧急状态所采用的防护措施和设施（如通信设备、照明设备等），以及人员进入应急状态和应急救援所需的足够的防护用品，如个人急救包、担架等。

（3）掌握紧急突发事件应急预案，明确应急联络方式。

（4）规划办公区域人员的紧急疏散（逃生）路线和紧急集合点，定期进行演练。

6.3.3　个人应急准备

（1）保持走廊和应急通道畅通清洁，发现并清除周围的有害物，尽可能消除有害因素。

（2）学习并理解所在区域的应急预案，参加应急和急救培训以及应急演练。

（3）了解工作区内的危险因素以及迅速撤离危险区域到达安全地带的路径（至少知道两种撤离路径）。

（4）了解最近的紧急集合地点，掌握基本应急（急救）用品的使用方法。

（5）应将电脑中的文件进行备份。

（6）应急管理人员具有丰富应急知识和用于应急学习的资料。

（7）明确无关人员不得进入紧急突发事件现场，以避免人身安全受到威胁。

6.4　预防、监测与预警

6.4.1　预防工作

遵循"安全第一、预防为主、综合治理"的方针，水电站应根据所管辖设施、设备特点，进行重大危险源辨识和风险评估，确定可能发生的重大突发事件（事故）灾难、危害程度，依据相关法律法规、技术标准等，加强应急管理，做好突发事件（事故）预想和应急准备工作，采取有针对性的预防措施，防止各类突发事件（事故）的发生及扩大。

6.4.2 监测工作

水电站应当加强对重大危险源和风险点的监测监控，对可能引发重大突发事件（事故）的重要信息和潜在隐患及时开展分析，做到早发现、早报告、早处置。

6.4.3 预警工作

（1）水电站应根据监测监控情况及时汇总分析突发事件的隐患和预警信息，对发生突发事件的可能性及其可能造成的影响进行评估；或者根据有关部门发布的预警信息，认为可能发生重大或者特别重大突发事件的，及时向应急处理领导小组报告，按照相关应急预案及时确定应对方案，并通知有关部门和事件影响部门采取相应措施，做好应急准备，预防事件发生和扩大。

（2）水电站报送、报告突发事件信息，应做到及时、客观、真实，不得迟报、谎报、瞒报、漏报。

6.4.4 突发事件报告预警的程序和具体要求

（1）当发生突发事件时，水电站应急小组应进行初步判断，确定是否启动相应的部门应急预案。

（2）水电站应急领导小组办公室接到突发事件报告后，应立即向水电站应急领导小组报告，同时组织人员参照水电站应急预案启动条件对应急事件予以核实。

（3）应急领导小组办公室在获得应急领导小组同意后，启动相应专项预案。

6.5 应急响应与处理

6.5.1 应急预案启动

（1）当发生突发事件时，应急领导小组组长决定是否启动应急预案，宣布进入应急状态。

（2）应急领导小组办公室应组织人员开展应急响应行动。

6.5.2 应急响应指挥

（1）应急领导小组组长是突发事件（事故）时的关键指挥层和执行主体，对现场各类突发事件拥有紧急处置权，并按各自制订的应急预案，采取有效的措施，控制事态进一步的恶化。

（2）在应急过程中，应急现场指挥人员应注意做好以下几项工作：

①全面了解事件情况，督促、指导应急救援工作。

②听取专家组的意见和建议，完善应急救援方案和措施。

③关注社会公众反映，促进与政府相关部门的联系与协调，争取理解和支持。

④应急救援的同时，进一步评估事态发展，及时调整应急救援方案和调动资源。

⑤安排、鼓励、动员内部人员克服困难、战胜危机。

6.5.3 应急响应记录

（1）应急领导小组办公室应负责安排专人对应急响应期间的整个过程进行记录，记录介质可以是人工记录也可以是电子录音记录。

（2）事故发生后，水电站应当妥善保护事故现场以及工作日志、工作票、操作票等相关材料，及时保存故障录波图、电力调度数据、发电机组运行数据和输变电设备运行数据等相关资料，并在事故调查组成立后将相关材料、资料移交事故调查组。

（3）因抢救人员或者采取恢复电力生产和电力供应等紧急措施需要改变事故现场、移动电力设备的，应当做出标记、绘制现场简图，妥善保存重要痕迹、物证，并做出书面记录。

（4）应急值班人员工作期间应对如下工作负责：

①值班期间严守岗位，不得擅自离岗。

②提高办事效率，上报下传信息要准确。

③所有往来电话、传真、报告的时间、内容都要认真详细地记入应急记录簿，不得涂改，严禁销毁。

④收到应急情况报告应立即处理，及时向应急领导小组办公室汇报，不得延误。

⑤对上级领导的指示和意见要详细记录，如实向下传达，对救助工作的重要指示和意见均应由应急领导小组办公室领导签名后方能传达。

⑥应急状态下信息传递要注意保密，禁止私自发布有关事件信息。

⑦熟悉应急工作中的各种程序、联络图表和通信设备的使用。

6.6 培训与演练

6.6.1 培训要求

（1）应急领导小组办公室依据实际情况和需要，每年编制应急培训计划，按照计划开展应急响应培训。培训应以满足现场应急救援的需要为重点，增强现场处置能力，达到以下目标：

①各级人员熟悉各自应急预案和整个应急行动的程序，明确自身职责。

②熟悉救援的基本程序和要领。

③熟练使用个人防护装备和通信设备。

④熟悉潜在的风险。

（2）培训方式。可采用专人讲课、桌面演练、现场演练以及与其他单位交流等形式。

（3）对培训开展的情况进行跟踪，及时总结和完善。

6.6.2 调查与评估

应急领导小组办公室要对事件的起因、性质、影响、责任、人员伤亡、财产损失、经验教训和恢复重建等问题进行调查评估，做出报告。对突发事件进行调查评估。明确对事件责任的处理意见和防止今后同类事故发生的防范措施。

7 检查与考核

本标准执行情况由应急领导小组办公室进行监督、检查与考核。

附录 A　应急管理流程

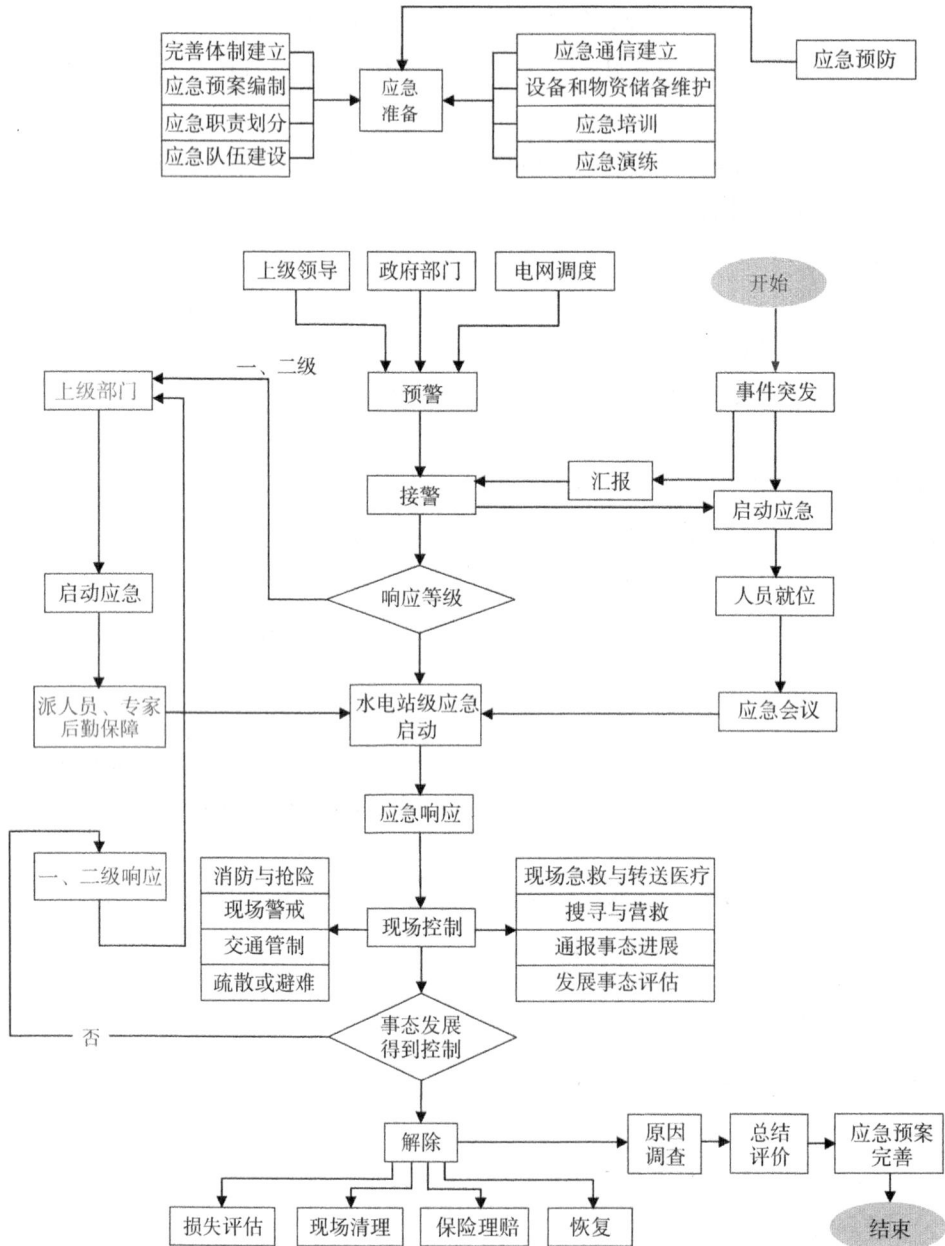

```
┌──────────┐
│完善体制建立│─┐          ┌──────────┐              ┌──────────┐
├──────────┤ │          │应急通信建立│──┐          │ 应急预防 │
│应急预案编制│─┤  ┌────┐  ├──────────┤  │  ┌────┐  └──────────┘
├──────────┤ ├─▶│应急│◀─│设备和物资储备维护│─┤
│应急职责划分│─┤  │准备│  ├──────────┤  │
├──────────┤ │  └────┘  │ 应急培训 │──┤
│应急队伍建设│─┘          ├──────────┤  │
└──────────┘            │ 应急演练 │──┘
                        └──────────┘
```

```
┌────────┐  ┌────────┐  ┌────────┐              ┌────────┐
│上级领导│  │政府部门│  │电网调度│              │  开始  │
└────────┘  └────────┘  └────────┘              └────────┘
                                                      │
            一、二级                                    ▼
┌────────┐               ┌────────┐              ┌────────┐
│上级部门│◀──────────────│  预警  │              │事件突发│
└────────┘               └────────┘              └────────┘
    │                        │                        │
    ▼                        ▼        ┌────┐          ▼
┌────────┐               ┌────────┐   │汇报│    ┌────────┐
│启动应急│               │  接警  │◀──└────┘◀───│启动应急│
└────────┘               └────────┘              └────────┘
    │                        │                        │
    ▼                        ▼                        ▼
┌────────────┐           ◇────────◇              ┌────────┐
│派人员、专家│           │响应等级│              │人员就位│
│  后勤保障  │           ◇────────◇              └────────┘
└────────────┘              │                        │
    │                       ▼                        ▼
    │               ┌────────────┐              ┌────────┐
    └──────────────▶│水电站级应急│◀─────────────│应急会议│
                    │    启动    │              └────────┘
                    └────────────┘
                        │
                        ▼
                    ┌────────┐
                    │应急响应│
                    └────────┘
```

```
┌────────┐  ┌──────────┐              ┌──────────────┐
│一、二级│  │消防与抢险│              │现场急救与转送医疗│
│  响应  │  ├──────────┤  ┌────────┐  ├──────────────┤
└────────┘  │ 现场警戒 │  │现场控制│  │  搜寻与营救  │
            ├──────────┤◀─└────────┘─▶├──────────────┤
            │ 交通管制 │              │ 通报事态进展 │
            ├──────────┤              ├──────────────┤
            │疏散或避难│              │ 发展事态评估 │
            └──────────┘              └──────────────┘
                            │
                   否       ▼
            ◀──────────◇──────────◇
                       │事态发展  │
                       │得到控制  │
                       ◇──────────◇
                            │
                            ▼
                        ┌────────┐   ┌────────┐  ┌────────┐  ┌──────────┐
                        │  解除  │──▶│原因调查│─▶│总结评价│─▶│应急预案完善│
                        └────────┘   └────────┘  └────────┘  └──────────┘
            ┌──────┬──────┼──────┬──────┐                        │
            ▼      ▼      ▼      ▼                              ▼
        ┌──────┐┌──────┐┌──────┐┌──────┐                    ┌──────┐
        │损失评估││现场清理││保险理赔││ 恢复 │                    │ 结束 │
        └──────┘└──────┘└──────┘└──────┘                    └──────┘
```

附录 B 应急演练流程

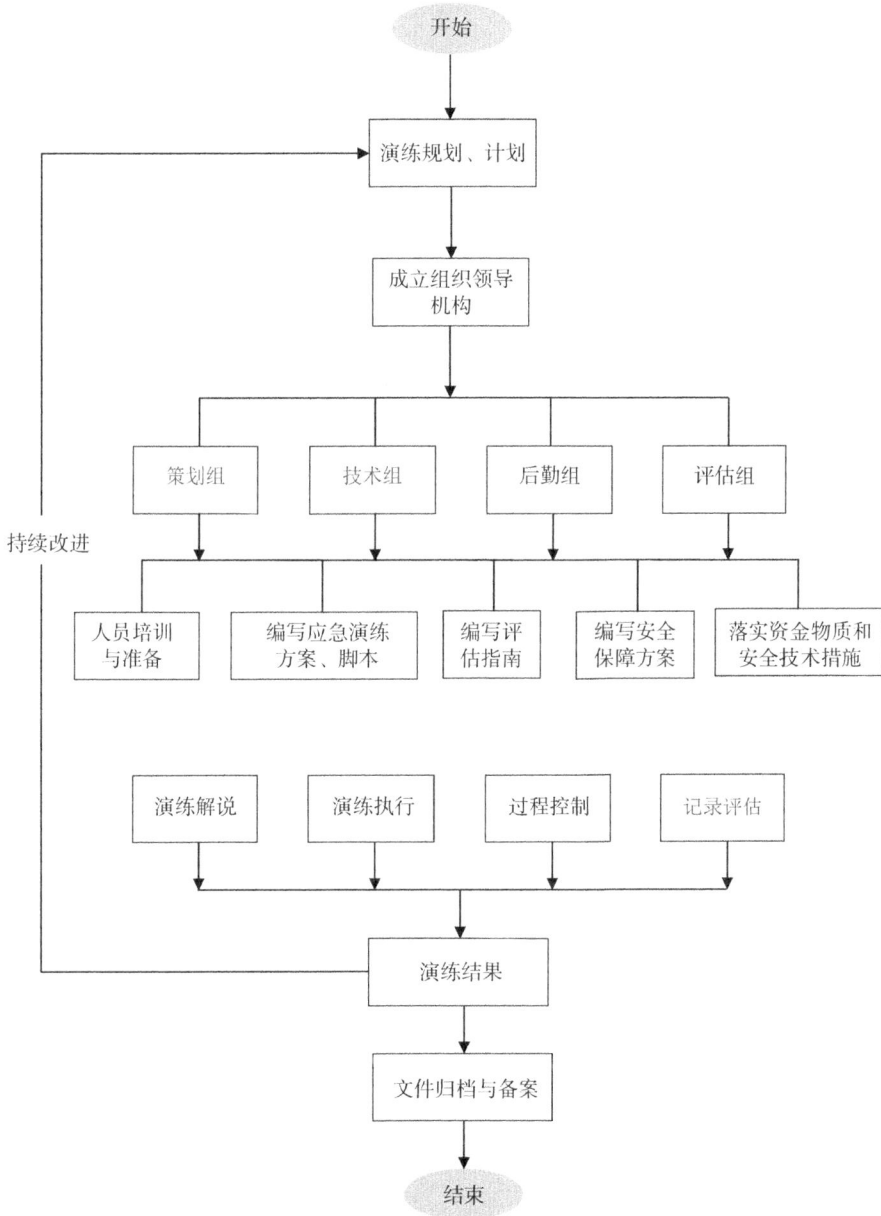

```
                        ┌──────────┐
                        │   开始    │
                        └────┬─────┘
                             │
                        ┌────▼─────────┐
              ┌────────▶│ 演练规划、计划 │
              │         └────┬─────────┘
              │              │
              │         ┌────▼─────────┐
              │         │ 成立组织领导   │
              │         │   机构        │
              │         └────┬─────────┘
              │              │
              │   ┌──────┬───┴───┬──────────┐
              │ ┌─▼──┐ ┌─▼──┐ ┌─▼──┐ ┌──▼──┐
              │ │策划组│ │技术组│ │后勤组│ │评估组│
              │ └─┬──┘ └─┬──┘ └─┬──┘ └──┬──┘
  持续改进     │   │      │      │       │
              │
```

人员培训与准备　编写应急演练方案、脚本　编写评估指南　编写安全保障方案　落实资金物质和安全技术措施

演练解说　演练执行　过程控制　记录评估

演练结果

文件归档与备案

结束

（十九）安全生产检查管理标准（示例）

1 范围

本标准规定了水电站安全生产检查工作的定义、职责、检查内容与要求。

2 规范性引用文件

引用规范性文件清单

序号	名称	序号	名称
1	《电业安全作业规程（电气部分）》	5	《水电企业安全生产工作规定》
2	《电业安全作业规程（热力和机械部分）》	6	《水电企业生产事故调查规定》
3	安全生产监督工作管理办法	7	《水电站大坝安全管理规定》
4	反违章管理办法	8	《水电企业安全检查与安全性评价工作规定》

3 术语和定义

下列术语和定义适用于本标准。

3.1 安全生产检查

是指按自身工作安排、上级主管部门的部署或根据生产现场的实际需要，而开展的有组织、有步骤的检查活动，为了及时发现和消除生产中的不安全因素而进行的日常性、定期性、季节性和专项性的安全检查工作，其主要任务是查找可能存在的隐患、有害和危险因素，确定其存在的状态和性质，制订纠正预防措施，防止事故发生。

安全生产检查主要包括日常性安全检查、定期性安全检查、季节性安全检查、专项性安全检查四类。

3.2 日常性安全检查

是指安全监督人员、生产保证人员以及各级干部和员工依据安全生产责任制的要求对安全生产工作所进行的日常性检查工作（如日检查工作、周检查工作、月检查工作），其目的是辨别生产过程中设备（物）的不安全状态、环境的不安全条件、人的不安全行为和安全生产管理的漏洞，并通过检查加以控制和整改，防止事故发生（即全员隐患排查治理）。

3.3 定期性安全检查

是指安全生产部和运行维护部根据生产活动情况组织的全面安全检查。主要有节前安全检查（元旦、春节、五一和国庆等）、安全月活动大检查、季度检查、上级主管部门巡查等。

3.4 季节性安全检查

主要有春季、秋季安全大检查。

3.5　专项性安全检查

是根据工作实际、设备和工艺特点，针对日常工作中存在的薄弱环节，按照有关安全工作的要求、有关事故通报或某些重要生产、施工项目等专项安排的专项安全检查工作。如消防检查、交通检查、起重设备检查、二次安全防护检查、安全性评价检查等。

4　职责

4.1　水电站主要负责人

（1）全面负责安全生产检查的管理工作。

（2）听取其他相关负责人或安全生产部对检查情况的汇报。

4.2　水电站分管负责人

（1）安排部署安全生产检查工作。

（2）听取安全生产部对检查情况的汇报。

（3）负责审核批准查出问题的整改方案。

4.3　安全生产部

（1）组织安全生产检查工作。

（2）负责对查出问题整改方案的制订，并对整改情况进行监督。

（3）负责各级各类安全检查及整改情况的汇总、上报。

4.4　运行维护部

（1）按照检查要求，开展各类安全生产检查工作。

（2）负责对安全检查中查出的问题进行整改。

（3）负责将检查及整改情况总结、上报水电站。

5　流程与风险分析

5.1　管理流程图

安全生产检查管理流程图见附录 A。

5.2　风险控制点。本标准中的风险控制点

分类分级、定期检查、组织与职责、执行情况、整改确认、分析总结。

5.3　风险分析

（1）由于不能正确认识生产区域的安全环境，不依据水电站所处的地理环境、位置和实际情况制订检查的级别和种类，可能导致安全检查方向错误，造成安全隐患不能及时发现，可能对人身和设备造成伤害。

（2）由于没有定期进行检查或检查内容模糊，造成安全隐患不能及时发现，可能对人身和设备造成伤害。

（3）由于没有制订各级检查人员的职责，可能导致安全生产人员责任不清，对现场不安全状况熟视无睹，造成现场安全隐患扩大，对人身和设备造成伤害。

（4）由于不执行安全检查管理规定，可能导致现场安全管理混乱，人员职责不

清，造成隐患不能及时发现，对人身和设备造成伤害。

（5）由于对发现的问题没有及时整改或暂时不能整改的重大安全隐患未采取防范措施。对已整改的隐患未进行效果评价，导致不安全因素未彻底消除，隐患失控，造成人身伤害。

（6）由于未定期对检查记录进行整理、分析，总结安全生产规律，找出问题和差距，可能导致整改不彻底，造成隐患重复发生，威胁人身和设备安全。

6　管理内容与方法

6.1　总要求

（1）为贯彻"安全第一，预防为主，综合治理"的方针，及时发现和消除生产中的不安全因素，采取有效预防措施，防止事故的发生。安全生产检查应坚持检查和自检相结合的原则，及时发现问题并彻底整改。

（2）安全生产检查应贯彻"边检查边整改"的原则，限于物质条件一时还不能解决的，运行维护部必须制订整改计划，分期分批有计划地责成专人限期解决，对发现的重大隐患，由安全生产部组织评估决定整改方案和应急措施。

（3）安全生产部应组织运行维护部按业务分工进行定期和不定期的安全生产检查。春季、秋季、防洪度汛以及防暑度夏检查应结合季节特点和事故规律每年至少各进行一次。

（4）安全生产检查应结合安全性评价、安全生产标准化评级验收进行。安全检查前应编制检查提纲或安全检查表，经分管负责人审批后执行。检查内容以查领导、查思想、查管理、查规程制度、查隐患为主，对查出的问题要制订整改计划，明确责任人，并监督落实。

（5）定期性、季节性安全检查由安全生产部组织。

（6）专项性安全检查由运行管理部自行组织。

（7）日常性安全检查执行水电站的相应规定。

（8）安全生产检查实行闭环管理，要有计划，有整改，有检查，有考核。

6.2　日常性安全检查

（1）运行维护部负责人应按岗位责任制的要求和运行规程以及"两票三制"的规定对所管辖的设备进行交接班检查、定时巡回检查及设备启停前后的检查。遇有设备异常或气候异常时，应增加巡检次数和特殊检查项目。

（2）部门负责人应对所辖的主要设备进行巡查，并认真查阅缺陷和夜间值班记录，倾听运行人员的意见，及时安排缺陷的消除，并掌握水电站安全生产动态，检查、指导安全生产工作，督促"两票三制"和其他安全措施的执行，严肃查处违章违纪行为，并将安全生产情况及时准确上报。

（3）坚持开展各项安全活动，有针对性地对员工进行安全教育，营造良好的生产秩序，及时研究解决安全生产中的问题，做到任务、时间、费用、责任人"四落实"。

（4）水电站全体员工应依据安全生产责任制的要求对安全生产工作进行日常性的检查工作，辨别生产过程中设备（物）的不安全状态、环境的不安全条件、人的不安全行为和安全生产管理的漏洞，并通过检查加以控制和整改，以防止事故发生（即全员隐患排查治理）。

6.3 定期性安全检查

（1）安全生产部定期进行安全文明生产纪律检查，发现问题及时下发整改通知，并进行必要的考核。

（2）运行维护部定期组织对所管辖设备进行检查，加强设备技术监督，全面了解掌握设备的健康状况，及时布置生产检修任务，不断提高设备健康水平。

（3）运行维护部定期对现场的起重机具、安全用具外表完好情况、检验结果进行检查，并做记录。

（4）运行维护部定期对生产场所照明、井、坑、孔洞及现场设备安全防护设施等进行检查，发现问题，及时整改。

（5）运行维护部定期按《消防器械及设施管理标准》规定对消防器材、设施进行例行检查，保证消防设备处于正常状态。

（6）运行维护部定期按《安全工器具管理标准》组织对电气绝缘工器具检查、试验，对试验不合格的绝缘工器具报废，不允许继续使用，并做记录。

（7）安全生产部每逢国家法定节假日前，要组织进行一次防火、防盗、防破坏的节前重点安全检查，并做好职工节假日期间安全思想教育和重点工作布置。

（8）根据上级文件精神，组织开展好"安全生产月"活动。

6.4 季节性安全检查

（1）成立以水电站主要负责人为组长的安全检查领导小组，制订专门的春查、秋查、大小风季检查计划和检查表；做到有计划、有布置、有检查、有总结、有评比，整改落实检查出来的问题。

（2）春查时间一般安排在3月中旬到4月底，秋查时间一般安排在9月中旬到10月底。

（3）春查重点内容：设备预试、防雷、防污染、防火、防风、防洪防汛、防暑度夏、防止电力生产事故重点要求的各项措施落实情况、安全生产责任制及规章制度落实情况、两票管理、安全培训、安全监督例行工作、发包工程及用工管理等。

（4）秋查重点内容：防寒、防冻、防火、防止电力生产事故重点要求的各项措施落实情况、安全生产责任制及规章制度落实、两票管理、安全监督例行工作、发包工程及用工管理等。

（5）检查结束后应进行春、秋季检查工作总结并做好检查记录，对查出的问题应逐项整改落实。

6.5   专项性安全检查

（1）根据反违章管理办法开展反违章专项整治工作。

（2）开展防雷、防汛、防台和防暑降温、防寒防冻等工作的专项检查。

（3）根据水电站的工作实际、设备和工艺特点，针对日常工作中存在的薄弱环节和事故规律，结合水电站实际情况，开展其他有针对性的安全大检查工作。

6.6   问题整改

（1）以上各种检查发现的问题，必须详细记载在安全生产检查记录中，并制订整改计划，明确整改项目、责任单位、责任人、完成时间，对疑难问题还应进行风险评估。

（2）对安全检查所发现的各种不安全因素和隐患，能立即整改的要立即着手整改。不能立即整改的，由安全生产部组织制订安全技术防范措施，限期整改。

（3）对查出的事故隐患和不安全因素，要督促整改并确认整改效果，未及时组织整改而造成重大设备和人身事故的，应追究其责任。

6.7   分析总结

定期对各种检查情况进行整理、分析，总结安全生产规律，找出问题和差距，持续改进。

7   检查与考核

（1）本标准执行情况由安全生产部进行监督、检查与考核。

（2）考核标准执行《安全生产考核管理标准》中的有关部分。

8   报告与记录

序号	名称	保存地点	保存期（a）
1	各类安全检查记录	水电站	1
2	春、秋检查计划、总结	水电站	1
3	安全检查发现问题整改表	水电站	1

附录 A 安全生产检查管理流程

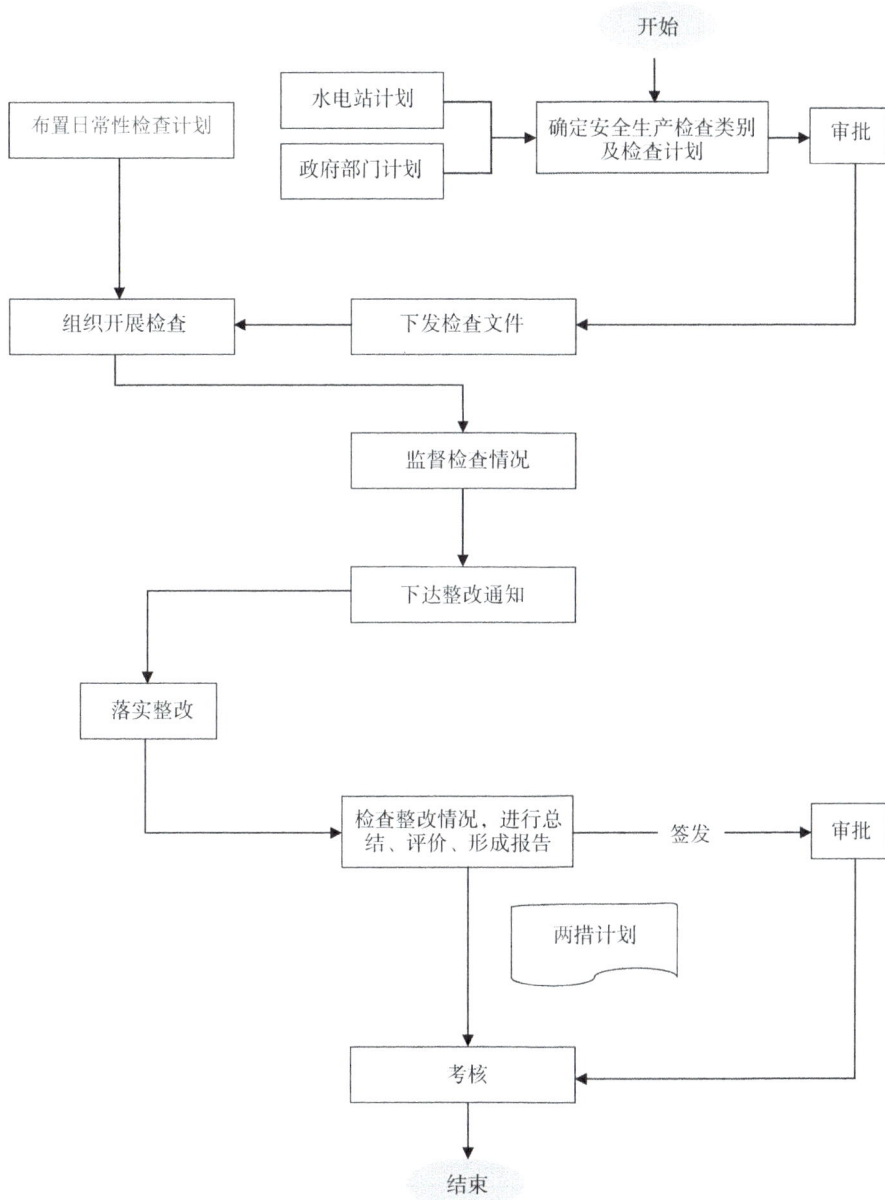

开始

| 布置日常性检查计划 | 水电站计划 | | 确定安全生产检查类别及检查计划 | 审批 |

政府部门计划

组织开展检查 ← 下发检查文件

监督检查情况

下达整改通知

落实整改

检查整改情况，进行总结、评价、形成报告 —签发→ 审批

两措计划

考核

结束

附录 B　安全生产各类检查表

典型现场检查表

序号	检查内容	检查项目	备注
1	一般检修现场	有无工作票	
		安全措施是否落实到位	
		工作负责人是否在现场	
		安全工器具是否检验合格并正确使用	
		高空作业是否使用安全带	
		特种作业人员是否持证上岗	
		劳动防护用品是否正确使用	
		动火作业是否办理工作票，措施是否落实，监护人是否在现场	
		是否进行危险点分析，参加工作人员是否学习并签字	
2	电气操作现场	有无操作票	
		操作票是否经过各级审核签字	
		是否有唱票、复诵、逐项操作、逐项打勾	
		接地线使用登记是否规范	
3	重点防火部位现场	是否办理动火工作票	
		消防监护人是否到位	
		消防设施器材是否满足防火要求	
		是否按规定测量可燃气体浓度	
		是否进行危险点分析，参加工作人员是否学习并签字	
4	高处作业现场	升降机、爬梯是否合格并经过验收	
		高处作业人员是否正确使用安全带	
		高处作业周围是否悬挂安全警示标志，设置安全围栏	
		是否使用传接绳和工具袋	
		是否有防止工具材料高处坠落的措施	
5	容器内作业	是否充分通风	
		是否使用安全电压，潮湿处是否使用 12 V 安全电压	
		容器外是否有监护人	
		是否存在电气焊同时使用问题	
		照明是否充足	
		消防器材是否满足要求	
		使用电动工具是否穿绝缘鞋、戴绝缘手套，使用漏电保护器	

续表

序号	检查内容	检查项目	备注
6	电气焊作业现场	电焊机外壳是否接地	
		不得使用地线作二次线回路	
		电焊机摆放是否符合要求	
		电焊线是否连接牢固，接头处是否裸露	
		作业人员是否正确使用电焊罩、穿绝缘鞋、焊工手套	
		电气焊火花是否四处飞溅、高空飞落，是否采取遮挡措施	
7	气割作业现场	氧气乙炔瓶安全距离是否大于 8 m	
		氧气乙炔带是否绑扎牢固	
		氧气乙炔带是否错用	
		是否使用回火阀	
		气割火花是否四处飞溅、高空飞落，是否采取遮挡措施	
8	大型起吊作业现场	起重机械是否检验合格	
		操作人员是否持证上岗	
		是否有专人指挥并设监护人	
		危险性大的起吊作业是否制订并严格执行安全措施	
		变电站等场所作业与电力线路安全距离是否满足要求	
		是否有起吊作业票	
9	手持电动工具作业	是否有检验合格标签	
		是否使用漏电保护器	
		电源线是否完好	
		是否有良好的接地	
		人员离开现场是否切断电源	
		是否正确使用防护用具	
10	发包工程作业现场	是否有工作票	
		是否签订了工程安全协议	
		甲方监护人是否在现场	
		是否有安全技术交底卡，卡上是否每人签字	
		工器具是否经过检验合格	
		特种作业人员是否有操作证	
		外包作业人员是否正确使用安全带、安全帽、护目镜等劳动防护用品	

续表

序号	检查内容	检查项目	备注
11	技术指导售后服务人员作业现场	是否按要求办理工作票	
		是否有甲方人员监护	
		着装是否符合安规要求，进入现场是否戴安全帽	
		是否有安全技术交底卡	
12	外来实习人员	是否经过三级培训教育，考试合格	
		是否有安全技术交底卡	
		是否指定专人负责	
13	作业环境	井、坑、孔、洞、盖板围栏是否齐全牢固	
		楼梯、平台栏杆是否齐全完整，平整防滑	
		开关室门是否锁好	
		安全警示牌、警示线是否符合要求	
		电缆孔洞是否封堵严密	
		现场照明是否充足	

安全生产责任制检查表

序号	项目检查标准	责任部门	责任人	检查时间	检查情况及问题	监督人
1	是否制订了安全生产责任制，所有安全生产职责是否落实到部门、岗位、个人					
2	水电站安全第一责任者是否亲自批阅有关安全文件，各级安全第一责任者是否亲自组织安全活动，并定期参加班组安全日活动					
3	在计划、布置、检查、总结、评比生产工作时，是否同时计划、布置、检查、总结、评比安全工作					
4	各级领导、各岗位人员是否熟悉自己的安全生产职责，并在工作中认真履行					
5	各级分管负责人是否对分管工作范围内的安全生产工作负责，对安全工作进行检查和指导					

续表

序号	项目检查标准	责任部门	责任人	检查时间	检查情况及问题	监督人
6	机构变化或职能调整后，相应的安全生产责任制是否及时修改，相关人员是否及时掌握					
7	新上岗、转岗或岗位变动时，是否经过安全生产方针、法规、规程制度和岗位安全职责的学习并考试合格					
8	班组长、工作负责人在工作前是否布置安全措施和注意事项，并在工作过程中对现场的安全措施落实情况进行检查					
9	安全文件、通报、简报等是否传达到每一名员工，是否领会文件精神或接受培训并采取有针对性的防范措施					
10	安全保证体系和安全监督体系的职责是否明确，两个体系是否存在越位或缺位的现象					
11	是否按"四级控制"确定安全目标，是否层层签订安全生产责任状，是否制订保证措施并严格执行					
12	制订的培训计划是否包括安全教育培训内容，并定期组织培训、考试。是否监督安全培训计划的落实					
13	事故调查是否按有关规定组织进行，"四不放过"是否得到落实，防范措施是否明确了责任部门、责任人和完成时间并得到落实，是否按"结案制"履行结案手续					
14	是否实行安全生产责任追究制度，是否对相关领导进行了责任追究					
15	各级领导和安监人员是否经常深入现场，纠正和查处违章。定期对安全情况进行分析。是否按规定做好安全监督工作					
16	新建、扩建、改建项目是否有专人负责安全管理、监督					

续表

序号	项目检查标准	责任部门	责任人	检查时间	检查情况及问题	监督人
17	是否明确了安全生产危急事件归口管理部门，每个安全生产危急事件应急预案是否明确了责任部门，每个安全生产危急事件是否制订了应急预案并定期演练					
18	安全生产部是否对操作票的质量和执行情况负责，是否对工作票的质量和执行情况负责，是否动态监督、检查和考核					
20	发包工程是否坚持"谁发包，谁负责安全管理"和"谁使用，谁负责安全监护"的原则					
21	对技术服务和售后服务等外来人员是否坚持"为谁服务，谁负责安全管理"的原则					

安全生产规章制度检查表

序号	项目检查标准	责任部门	责任人	检查时间	检查情况及问题	监督人
1	是否根据水电站实际，制订相关安全生产规章制度或实施细则，是否与上级的规定相抵触，是否能满足安全生产的需要					
2	各项规章制度是否完善和齐全，是否定期修改，每年是否公布一次现行有效的安全生产规章制度					
3	班组和生产岗位是否保存齐全的相关规程和制度					
4	规程是否定期修改和补充。是否定期公布现行的规程清单，班组和生产岗位人员是否掌握					
5	设备异动后是否及时修改图纸和规程，运行人员和检修人员是否掌握。是否发生过因修订不及时造成的不安全问题					
6	安全生产规章制度和规程是否得到了贯彻执行，是否存在不落实的现象					

续表

序号	项目检查标准	责任部门	责任人	检查时间	检查情况及问题	监督人
7	机构变化或职能调整后，相应的管理制度是否及时修改，相关人员是否及时掌握					
9	是否制订了防止"三误"和误操作实施细则，是否得到落实，发生过多少次"三误"和误操作					
10	是否建立了反违章长效机制，是否开展反违章工作					
11	每年是否编制反措、技措、安措计划，计划的制订程序和内容是否符合规定，完成率是多少					
12	每年一次的安全性评价自查是否对照标准严格查评，是否错在追求高分数现象，整改计划是否按期完成					
13	是否制订了危险点分析手册并不断完善					

两票管理检查表

序号	项目检查标准	责任部门	责任人	检查时间	检查情况及问题	监督人
1	是否制订了工作票、操作票管理规定，是否定期修改和完善					
2	安全生产部是否对操作票的质量和执行情况负责，是否对工作票的质量和执行情况负责，是否动态监督、检查和考核					
3	有关人员是否了解和掌握"两票"管理制度					
4	是否每月组织"两票"动态检查，检查中是否能够及时发现问题					
5	每月是否按各自职责对"两票"进行月度分析，提出改进意见					
6	生产现场是否存在无票作业现象					

续表

序号	项目检查标准	责任部门	责任人	检查时间	检查情况及问题	监督人
7	标准工作票和标准操作票填写的内容是否准确、安全措施是否正确齐全，符合现场和设备实际，设备或系统变化后是否及时修订					
8	是否对标准工作票和标准操作票及时进行补充					
9	每月"两票"合格率是否达到100%，对不合格的原因是否清楚，是否及时通报和考核					
10	工作负责人、工作许可人、工作票签发人、动火工作负责人是否按规定进行了培训、考试和批准并以文件形式公布。是否存在未经批准的人员使用或签发"两票"					
11	执行"两票"的同时是否同时执行危险点分析，危险点分析是否准确、全面，每一名工作成员是否掌握危险点和控制方法					
12	运行和检修人员是否严格执行"两票"程序和规定，是否存在工作结束后补票和无票作业的现象					
13	夜间消缺是否执行工作票制度，手续是否符合规定，每月未执行的有多少次					
14	标准票管理系统是否存在技术和管理问题，是否影响标准票的使用					
15	动火工作票是否按规定执行，可燃气体测量仪器是否齐全和准确					
16	是否发生过因未严格执行"两票"而发生的安全问题，对发生的问题是否采取措施并在全厂范围内接受教训					
17	是否明确哪些场所哪些类别工作必须开票					
18	是否就操作票的合格率实施考核					
19	在办理有关继电保护工作票时是否填写继电保护措施票					

安全监督例行工作检查表

序号	项目检查标准	责任部门	责任人	检查时间	检查情况及问题	监督人
1	是否按规定执行安全例行工作，执行情况如何					
2	安监人员是否熟悉与自己有关的安全例行工作内容					
3	运行维护部是否对专、兼职安全员执行安全例行工作进行检查和考核					
4	水电站安全员是否对班组安全员执行安全例行工作进行检查，督促班组安全员认真执行					
6	在执行安全例行工作中能否及时发现安全管理和现场存在的问题，发现的问题是否有据可查，是否及时整改					
7	规定上报的工作是否按时上报，做到及时、准确、完整					
8	定期召开的会议、组织的安全活动、开展的安全检查是否按时完成					
9	是否按现场典型检查项目进行检查					

防火检查表

序号	项目检查标准	责任部门	责任人	检查时间	检查情况及问题	监督人
1	消防组织机构是否健全					
2	消防管理制度是否健全，防火责任制是否明确					
3	防火责任区明确划分，重点防火部位的防火管理责任是否落实到部门、落实到岗位、落实到人					
4	各部门、各单位是否建立义务消防组织，义务消防员定期培训					
5	消防设备有明显的警示牌，保证各类消防栓灵活、完好，长期处于良好状态					
6	防火器材配备满足要求，需要的资金能落实					
7	明确了重点防火部位，并做到措施落实					

续表

序号	项目检查标准	责任部门	责任人	检查时间	检查情况及问题	监督人
8	现场及重点场所的消防器材及设施是否有经常进行检查的规定,并按时检查,保证配置符合规定,不超期、有检查、试验记录					
9	不符合要求的消防器材及设施进行更换或完善					

五防闭锁检查表

序号	项目检查标准	责任部门	责任人	检查时间	检查情况及问题	监督人
1	升压站(开关站)防误装置应齐全,并实现"五防"功能					
2	厂用电系统包括成套高压开关柜防误功能应完备、齐全					
3	6 kV 开关防止带地刀送电闭锁装置应为机械强制性闭锁					
4	6 kV 开关防止带电合地刀闭锁装置应为机械强制性闭锁					
5	6 kV 开关防止误分合断路器闭锁装置应为机械强制性闭锁					
6	升压站地刀与刀闸间的机械闭锁应可靠					
7	采用计算机监控系统时,远方、就地操作应具有电气闭锁功能					
8	运行规程中是否有防误闭锁装置的操作规定					
9	防误闭锁装置是否进行定期检查、校验,是否有记录					
10	防误装置所用电源与保护、控制电源是否分开					
11	尚未装设防误闭锁装置的发、变电设备,是否有装设使用计划					
12	是否建立完善的闭锁装置万能钥匙使用和保管制度					
13	是否有万能钥匙使用记录					

防汛防雨检查表

序号	项目检查标准	责任部门	责任人	检查时间	检查情况及问题	监督人
1	成立以主要负责人为组长的防汛领导小组或防汛联合领导小组					
2	是否有防汛管理制度，明确责任制并落实到人，汛期是否 24 h 值班					
3	汛期之前是否组织全面的防汛检查					
4	是否制订防汛应急预案，成立防汛抢险队，人员进行了专业培训和演练					
5	上级及有关部门的防汛文件是否齐全并得到落实					
6	潜水泵准备充足，抢险设备、器材等物资储备到位，并做到定置存放					
7	防汛交通通道和车辆、工具处于完好状态					
8	生产厂房、大坝、库区在汛前进行了检查和修缮，保证无漏水缺陷，落水管完整无缺失，主厂房等重要厂房落水管应清理通畅、无堵塞情况					
9	生产区域内排水不受阻，无地表大面积积水现象					
10	各室外电气、热工设备的盘、箱、柜门齐全、封闭完好					

电气安全用具检查表

序号	项目检查标准	责任部门	责任人	检查时间	检查情况及问题	监督人
1	是否属于经过国家检测中心试验鉴定的合格产品					
2	是否有统一、清晰的编号，并建立台账					
3	班组是否每月对安全工器具全面检查一次并做好记录					
4	绝缘部分的表面是否有裂纹、破损或污渍					
5	绝缘手套是否有发黏、裂纹、破口（漏气）、气泡、发脆等现象，无机械损伤					

续表

序号	项目检查标准	责任部门	责任人	检查时间	检查情况及问题	监督人
6	绝缘杆是否架在支架上或悬挂起来					
7	是否有试验合格标签和试验记录，并未超过有效使用期					
8	携带型短路接地线导线、线卡及导线护套是否符合标准要求，固定螺丝是否无松动现象					
9	携带型短路接地线的编号是否明显，是否注明使用的电压等级					
10	携带型短路接地线的保管是否对号入座					
11	现场放置的工器具中是否有报废品					
12	验电器的自检功能是否正常					

手持电动工具检查表

序号	项目检查标准	责任部门	责任人	检查时间	检查情况及问题	监督人
1	工具是否存放在干燥、无有害气体和腐蚀性化学品的场所					
2	是否有统一、清晰的编号，并建立台账					
3	使用部门必须建立工具使用、检查和维修的技术档案					
4	外壳及手柄是否有裂纹或破损					
5	电源线是否使用多股铜芯橡皮护套软电缆或护套软线 Ⅰ类工具：单相的是否采用三芯，三相的是否采用四芯电缆					
6	保护接地（零）连接是否正确（使用绿/黄双色或黑色线芯）、牢固可靠					
7	工具是否有绝缘损坏、电源线护套破裂、保护线脱落、插头插座裂开或有损于安全的机械损伤等					
8	开关动作是否正常、灵活、无破损					
9	工具中运动的危险零件，必须按有关的标准装设机械防护装置（如防护罩、保护盖等），不得任意拆除					

续表

序号	项目检查标准	责任部门	责任人	检查时间	检查情况及问题	监督人
10	抛光机等转速标志是否明显或对使用的砂轮要求清楚、明显					
11	绝缘电阻是否符合要求，是否有定期测量记录					

交直流电焊机检查表

序号	项目检查标准	责任部门	责任人	检查时间	检查情况及问题	监督人
1	是否有操作、维护、检查和检验制度					
2	是否有专人负责管理，并建立台账。是否有定期检查记录					
3	电焊机是否有合格证，是否按要求进行定期检验并粘贴合格标签					
4	是否有统一、清晰的编号					
5	电源线，焊机一、二次线接线端子是否有屏蔽罩					
6	电焊机金属外壳是否有可靠的接地（零）					
7	一次线长度是否不超过 2 m，二次线接头是否不超过 3 个，接头部分用绝缘材料包好，导线的金属部分不裸露					
8	电焊机的使用是否规范，是否存在利用厂房架构和管道作为二次线使用的现象					

高压气瓶检查表

序号	项目检查标准	责任部门	责任人	检查时间	检查情况及问题	监督人
1	定期检验是否合格，是否在检验周期内使用。自备气瓶的检验是否经检测部门进行检测、检验（以检验标志为准）					
2	是否无严重腐蚀或严重损伤					
3	空瓶剩余压力是否大于 2 kg					
4	是否有明显、正确的漆色和标志，并非改漆色的其他气体气瓶					

续表

序号	项目检查标准	责任部门	责任人	检查时间	检查情况及问题	监督人
5	安全装置是否齐全					
6	氧气瓶、乙炔气瓶、氢气瓶是否存在同时运输和存放问题					
7	气瓶在存放和运输过程中是否佩戴防护帽，防振胶圈是否齐全					
8	是否配备开启气瓶的专用工具					
9	乙炔气瓶使用的工具是否为非含铜的防火花操作工具					
10	气瓶是否按要求存放在阴凉、干燥、远离热源（如阳光、暖气、炉火）处					

劳动安全与作业环境检查表

序号	内容	检查人	监督人
	劳动安全		
1	电气作业：是否把手持电动工具留在架空的地方，以防偶然拉动软线，可能将电动工具拉落。摆放在地板上的软线是否会绊倒操作者或其他人，是否悬挂在通道或工作区的上面；长时间放在地板上的软线是否用木板或专用管道进行保护。软线是否挂在钉子、螺栓或锋利的棱边上，是否放置在油、热的表面和化学品上；电气作业是否装设漏电保护器		
2	高处作业：人员是否戴好安全帽，系好安全带；现场是否有必要的安全防护网		
3	起重作业：是否歪拉斜拽不吊；吊物边缘锋利无防护措施不吊；物件紧固不牢不平衡而可能滑动不吊；起重机具和设备是否按规定完成校验（常用的起重机、千斤顶、吊钩、钢丝绳、夹头卡环 1 a 试验 1 次，安全带 6 个月试验 1 次）		
4	焊接作业：气瓶是否远离高温、明火和金属飞溅物，10 m 以内禁止堆放易燃品；是否直立存放，并由栏杆或支架固定，以防倾倒；皮管取下后，是否仰天放，是否未放在地上（以免杂质进入） 与电焊工在同一处作业时，为防止气瓶带电，是否在气瓶底加绝缘垫。与气瓶接触的金属管道及设备是否安装接地线，防止产生静电而引发火灾爆炸。在潮湿地点作业时，是否站在绝缘板或干木板上；要采用护栏、护罩、电焊导线经过通道时，是否有防护措施，防止外力损坏		

续表

序号	内容	检查人	监督人
5	机械作业：机具加工是否戴手套进行操作；机械设备运转时，操作者是否离开工作岗位；供电的导线必须正确安装，是否有任何破损和漏电的地方；是否随意拆除机械设备的安全装置；开关、按钮等是否做到完好无损，其带电部分不得裸露在外		
6	防护用品与特殊保护：是否符合国家相关质量标准，穿戴舒适；各工种人员正确使用防护用品；打焦作业等重大危险作业特种劳动防护执行是否到位		
7	女工保护：月经期女工是否从事第 3 级体力劳动强度的工作、是否从事冷水及高空作业；女工怀孕，是否未调离有毒有害工种；是否从事需要频繁弯腰、攀高、下蹲的作业，高处作业；是否在正常劳动日以外延长劳动时间，怀孕 7 个月以上的女工，是否从事夜班劳动，是否能在劳动时间内安排一定的休息时间		
8	安全标志与遮拦：所有升降口、大小孔洞、楼梯和平台，是否装设不低于 1.05 m 高栏杆和不低于 0.1 m 米高的护板。有坠落危险的地方是否设明显警告标志和防护栏杆		
作业环境			
9	生产区域照明：是否做到光线均匀，即在视野内亮度均匀；是否做到光线稳定，即光源不产生频闪效应和照度保持标准值不产生波动。是否光色效果好，即不因照明光线的照射使设备、材料原来的颜色失真；避免眩光		
10	生产区域梯台：梯台通道上方，是否有影响人员通行的固定障碍物，如无法避免，是否设置固定的警告标志		
11	生产区域地面状况：通道的布设是否保证无发生车辆碰撞的危险；路面是否无凹凸不平，沟、坑处是否加设紧固盖板；道路进出口、紧急出口是否被物、料或设备堵塞；地面有灰浆泥污，是否及时清除，以防滑跌		
12	噪声：是否做到 8 h、4 h、2 h、1 h 工作时间内工作人员工作地点的稳态连续噪声级分别不得大于 90 dB、93 dB、96 dB、99 dB。是否最高不超过 115 dB		

（二十）事故隐患排查治理管理标准（示例）

1　范围

本标准规定了水电站事故隐患排查治理工作中的管理职责、内容、流程等。

2　规范性引用文件

引用规范性文件清单

序号	名称	序号	名称
1	《电业安全作业规程（电气部分）》	4	《水电企业生产事故调查规定》
2	《电业安全作业规程（热力和机械部分）》	5	《水电站大坝安全管理规定》
3	《水电企业安全生产工作规定》	6	《水电企业安全检查与安全性评价工作规定》

3　术语和定义

3.1　事故隐患

事故隐患是指生产经营单位违反安全生产法律、法规、规章、标准、规程和安全生产管理制度的规定，或者因其他因素在生产经营活动中存在可能导致事故发生物的危险状态、人的不安全行为和管理上的缺陷。

3.2　一般事故隐患

是指危害和整改难度较小，发现后能立即整改排除的隐患。

3.3　重大事故隐患

重大事故隐患，是指危害和整改难度较大，应当全部或者局部停产停业，并经过一定时间整改治理方能排除的隐患，或者因外部因素影响致使生产经营单位自身难以排除的隐患。

4　职责

4.1　水电站主要负责人

（1）全面负责事故隐患排查治理工作，组织制订事故隐患排查治理相关制度和实施方案。

（2）听取分管负责人或运行维护部对事故隐患排查治理工作情况的汇报。

4.2　水电站分管负责人

（1）负责重大事故隐患处理方案的审批。

（2）负责事故隐患处理过程中的重大技术问题解决方案的审批。

（3）负责重大事故隐患的原因分析、处理结果评价、预防措施的审批。

（4）负责重大事故隐患治理工作的总体指挥和协调。

4.3　运行维护部

（1）制订重大事故隐患处理方案。

（2）制订事故隐患处理过程中的重大技术问题解决方案。

（3）负责事故隐患处理所需备品配件的采购和供应。

（4）组织事故隐患月度、季度专题分析会。

（5）负责事故隐患的登记、识别、上报，采取必要的防范措施，避免事故隐患扩大，对事故隐患的消除过程和质量负责。

（6）负责完成事故隐患处理工作中各种安全技术、组织措施的落实。

（7）每月对设备运行状况及存在的重大事故隐患进行总结上报。

（8）汇总水电站事故隐患发生、消除等情况，按周、月、季、年做好统计分析。

5 流程与风险分析

5.1 管理流程图

事故隐患排查治理管理流程图见附录 A。

5.2 风险控制点

本标准中的风险控制点包括事故隐患发现、事故隐患记录、事故隐患处理与分析、重大事故隐患分析与考核。

5.3 风险分析

（1）未全面及时发现事故隐患，导致事故隐患扩大，影响设备、人身安全。

（2）对发现的事故隐患判断不当，记录不准确将严重的事故隐患划分为一般事故隐患，延误处理时间，导致事故隐患扩大，影响设备、人身安全。

（3）事故隐患未得到及时受理、分析和处理，导致事故隐患扩大，影响设备安全、经济运行。

（4）对事故隐患未采取预控措施，导致事故隐患扩大，影响设备安全、经济运行。

（5）对重大事故隐患未及时制订相关的安全措施、技术方案，履行审批手续，导致事故隐患处理不当，可能造成事故。

（6）对事故隐患没有进行定期的分析与考核，导致事故隐患管理制度执行不力，事故隐患分类错误，人员思想麻痹，造成事故隐患重复发生或扩大，危及设备、设施、人身安全。

6 管理内容与方法

6.1 隐患排查内容

（1）隐患排查要从人、设备、作业环境和管理等方面入手。

（2）人员隐患必查内容：岗位操作人员自觉执行操作规程和应急处置技能情况；接受安全技能培训、安全教育、持证上岗、劳动保护情况。

（3）设备隐患必查内容：输电线路、升压站、大坝、库区等重要生产区域的安全状况；发电机、水轮机、主变压器等重要设备设施的安全状况；重大危险源及特种设备的安全状况；继电保护逻辑的合理性、可靠性；各类电动工器具、安全工器具的检验及使用状况；办公室、宿舍、食堂等设施的防火、用电等安全状况。

（4）作业环境及各种危险作业隐患必查内容：文明生产状况；作业区域内的照明、噪声、气味、辐射、高温、低温、毒物等影响人员健康的环境状况；作业区域内现场沟坑孔洞、平台栏杆步道等影响人员作业安全的设施状况；设备检修作业、动火作业、进入受限空间作业、起重作业、高处作业、高边坡作业、临时用电等作业的危险点预控情况；各类安全警示标志的管理和设置情况。

（5）管理必查内容：规章制度建设（标准制度是否符合现场实际；是否与国

家、行业、集团、国际相关规定相符；规章制度是否齐全，管理流程是否简洁、有效和具有可操作性；人员的学习掌握情况）；各级安全生产责任制的落实情况；"两票三制"、两措落实、领导带班制度执行情况；各级人员安全教育培训、考核执行情况；外委队伍资质审查及现场管理状况，特种设备、重大危险源安全管理制度建立及执行情况；应急救援预案、救援物资储备、与当地政府部门应急联动机制情况；班组安全活动、安全管理台账建立和管理情况，安全防护用品发放、使用管理情况；防雷、防汛、防火、防建筑物倒塌、防静电等管理制度和措施落实情况。

6.2　隐患排查要求

（1）事故隐患按紧急程度分成两类，即一般事故隐患、重大事故隐患。

（2）隐患排查治理工作应建立排查、评估、报告、治理、验收、销号的闭环管理机制，每月自查不少于1次，班组隐患自查纳入日常工作内容。

（3）水电站应建立事故隐患记录，记录内容包括事故隐患类别、发生时间、发生部位、发生原因、处理过程及其所采用的方法和技术措施，以及更换的备品和各种必要的技术分析。

（4）检修人员在事故隐患处理开工前，必须经运行人员同意办理工作票和工作许可手续，才能进行整改工作。事故隐患消除后，应及时办理事故隐患终结手续，否则按未处理对待。运行人员配合做好安全措施，检修人员保证整改质量，在规定时间内完成整改工作，杜绝重复整改。

（5）对有重大事故隐患的设备、设施，若因特殊原因，不能在规定时限内停役处理，而需带事故隐患继续运行时，运行维护部必须制订实施防止事故隐患扩大的措施并上报分管负责人批准。

6.3　事故隐患处理程序

6.3.1　隐患排查

（1）运行人员、检修人员都有责任发现事故隐患。运行人员通过设备巡检、设备定期切换和试验、查看系统运行过程数据、设备操作调整等发现事故隐患，检修人员通过设备巡检、设备状态监测等发现事故隐患。

（2）运行人员或检修人员发现事故隐患后应及时将其记录到事故隐患记录簿中，为避免事故隐患的重复填写，发现事故隐患的人员应浏览事故隐患记录簿，认真查看事故隐患是否已记录，并向当值值长汇报。

6.3.2　隐患评估

水电站当值值长对发现的事故隐患进行判别，确定等级。

6.3.3　隐患上报

（1）报告形式一般采用书面形式，特殊情况可采用口头报告。报告人要把事故隐患地点、事故隐患内容、报告人姓名、报告接受人姓名、报告时间、拟采取措施建议等一并上报。

（2）对于重大事故隐患当值值长要向运行维护部负责人汇报。

（3）记录事故隐患时，事故隐患部位要准确，事故隐患内容要清楚。

6.3.4　事故隐患治理及验收

（1）对一般事故隐患立即制订整改措施、完成时间、整改负责人等治理方案，及时消除。对重大事故隐患立即上报运行维护部，制订事故隐患处理方案，待批复后及时处理。重大事故隐患治理方案应包括治理的目标和任务、采取的方法和措施、经费和物资的落实、负责治理的机构和人员、治理的时限和要求、安全措施和应急预案。

（2）检修部门在接到整改通知后，应及时进行确认，并安排检修人员进行整改。重大事故隐患，应在 30 min 内开始进行处理（包括汇报领导、停运设备等）。一般事故隐患，应在 24 h 内开始进行处理。检修部门在接到重大及以上事故隐患通知后，应立即安排负责人去现场同运行人员共同确认。

（3）如果不需运行人员布置相关措施即可消除的事故隐患，则检修人员只需在整改前办理生产区域工作联系单，待运行人员许可开工后进行整改。若需运行人员布置相关措施，则检修人员在整改前必须办理工作票。整改工作严格按《电力安全作业规程》和《工作票和操作票管理标准》有关规定执行。

（4）凡应"立即处理"的事故隐患必须在当天不间断消除，需跨天或延期的，应提出申请，征得运行维护部及分管负责人批准。

（5）对需降出力或主要设备及系统切换操作才能消除的事故隐患，运行维护部在整改前提出检修申请，向水电站和电网调度报告，待申请批准后方可工作。

（6）因无备品备件或其他原因而不能及时消除的一般事故隐患，经运行维护部同意，可转为挂起状态；对于重大以上事故隐患须及时汇报，运行维护部制订防范措施，经分管负责人批准后方可转为挂起状态。

（7）夜间及节假日发现的事故隐患，检修值班人员对能处理的事故隐患要及时处理，并做好确认和联络工作，对影响机组运行的事故隐患要及时联系相关人员来处理。

（8）事故隐患消除后要及时恢复，做到工完、料净、场地清和工作终结手续。

（9）事故隐患处理完毕，根据事故隐患性质运行维护部组织验收，验收合格后在相关文件上签字存档。对消除的事故隐患应销号。

（10）任何人员不得随意删除事故隐患记录。

6.3.5　事故隐患的统计分析

（1）运行维护部每月定期对事故隐患进行统计，每月 5 日前将《安全生产事故隐患排查治理情况统计表》（附录 C）上报水电站，每年 1 月 10 日前将上一年度的隐患排查治理情况总结上报水电站。对于重大事故隐患，应同时报送隐患的现状及其产生原因、危害程度和整改难易程度、治理方案以及防控措施。

（2）分管负责人每月组织召开一次安全生产分析会，对事故隐患及处理情况进行总结分析，形成相应的技术文件，为各部门提供技术支持。

7 检查与考核

本标准执行情况由运行维护部进行监督、检查与考核。

8 报告与记录

序号	名称	保存地点	保存期
1	事故隐患记录	水电站	长期
2	月度事故隐患分析、总结	水电站	长期
3	年度事故隐患排查治理工作总结	水电站	长期

附录 A 事故隐患排查治理处理流程

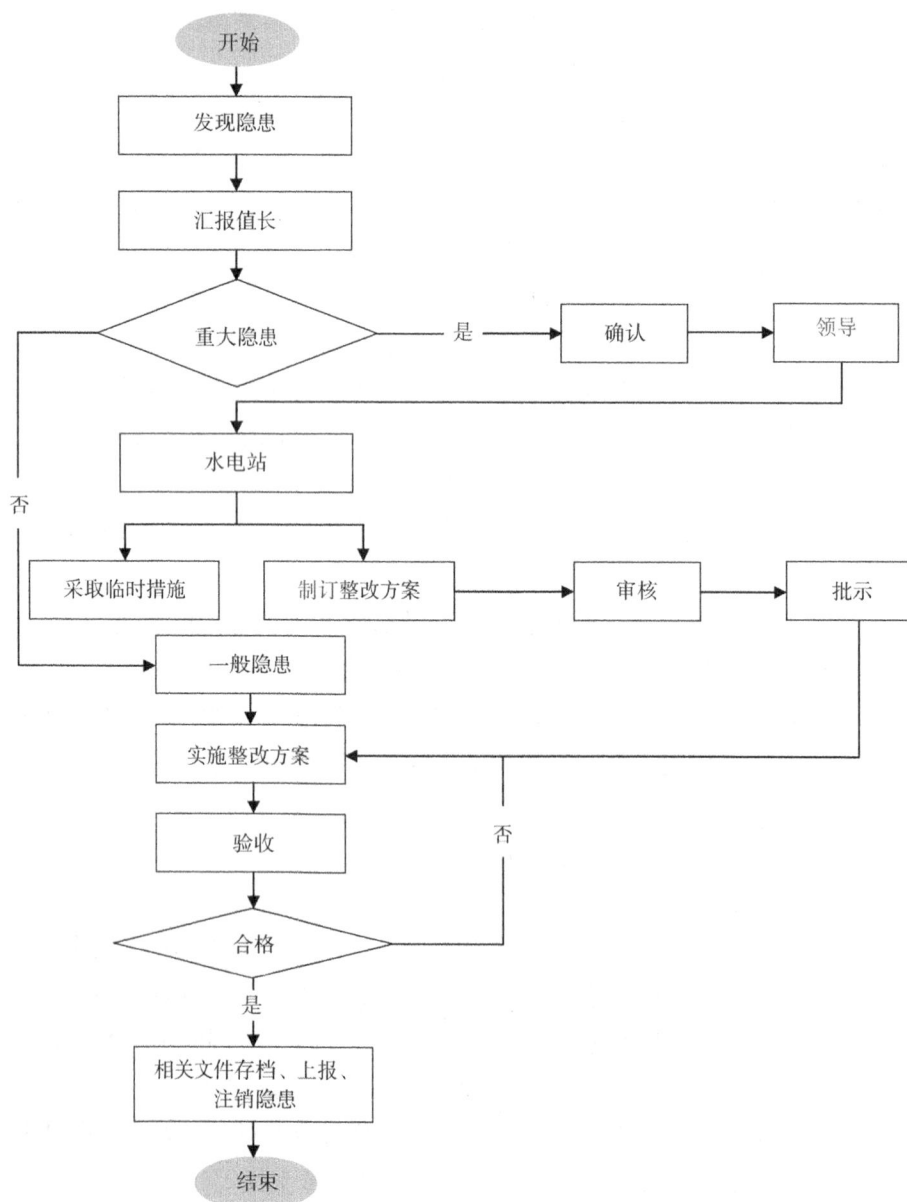

附录 B 事故隐患管理记录

编号：

事故隐患名称		设备地点	
发现人		紧急程度	紧急、严重、一般
发现时间			
事故隐患内容			
一般事故隐患			
通知人		被通知人	
通知时间	月 日 时 分	到位人	
到位时间	月 日 时 分	工作票号	
紧急、严重事故隐患			
通知人		被通知人	（运行维护部）
通知时间	月 日 时 分		
通知人		被通知人	（分管负责人）
通知时间	月 日 时 分		

故障（事故隐患）原因及消除措施或（挂起措施）：

检修交代：

交代人		时间	月 日 时 分
验收人		验收时间	月 日 时 分

验收结果：

备注：

附录 C　安全生产隐患排查治理情况统计表

（××年××月至××年××月累计）

排查出的一般隐患/项	一般隐患		排查出的重大隐患/项	排查治理重大隐患		列入治理计划的重大隐患/项	重大隐患				其中：列入治理计划的重大隐患			累计落实治理资金/万元
	其中已整改的一般隐患/项	整改率/%		其中：已整改销号的重大隐患/项	整改率/%		落实治理目标任务/项	落实治理经费物资/项	落实治理机构人员/项	落实治理时间要求/项	落实安全措施应急预案/项		
(2)	(3)	(4)	(5)	(6)	(7)	(8)	(9)	(10)	(11)	(12)	(13)		(14)

单位负责人（签字）：　　　　审核人（签字）：　　　　填表人（签字）：

联系电话：　　　　填表日期：　　年　月　日

（二十一）安全生产考核管理标准（示例）

1 范围

本标准规定了水电站安全生产表彰与奖励、安全生产责任追究与处罚的内容、考核流程、原因和责任分析、防范措施、后续处置等内容。

2 规范性引用文件

引用规范性文件清单

序号	名称	序号	名称
1	《电业安全作业规程（电气部分）》	4	《水电企业生产事故调查规定》
2	《电业安全作业规程（热力和机械部分）》	5	《水电站大坝安全管理规定》
3	《水电企业安全生产工作规定》	6	《水电企业安全检查与安全性评价工作规定》

3 术语和定义

3.1 一般事故

指造成 3 人以下死亡，或者 10 人以下重伤，或者 1 000 万元以下直接经济损失的事故。

3.2 轻微交通事故

指一次造成轻伤 1~2 人，或者财产损失机动车事故不足 1 000 元、非机动车事故不足 200 元的事故。

3.3 一般交通事故

指一次造成重伤 1~2 人，或者轻伤 3 人以上，或者财产损失不足 3 万元的事故。

3.4 重大交通事故

指一次造成死亡 1~2 人，或者重伤 3 人以上 10 人以下，或者财产损失 3 万元以上不足 6 万元的事故。

3.5 重大火灾事故

指一次造成死亡 3 人以上的，重伤 10 人以上的，或死亡及重伤 10 人以上的，直接财产损失人民币 30 万元以上的。

3.6 一般火灾事故

指不具有前列两项情形且直接经济损失 5 万元以上的。

3.7 事故

造成人员伤害、死亡、职业病，或设备损坏、财产损失，或环境危害的意外事件。

3.8 生产安全事故

生产经营活动中发生的造成人身伤亡或者直接经济损失的意外事件。

3.9　设备一类障碍

未构成一般设备事故，但情节超出二类障碍者。

3.10　设备二类障碍

人员过失，监视、监护不严，检查不认真，联系或操作不当，设备缺陷发现或处理不及时，检修质量不良，违反规程制度等原因，造成主设备和主要设备异常运行或损坏，设备停役或返工，以及发生未遂事故，情节尚未构成一类障碍但超出异常者。

3.11　异常

人员过失，监视、监护不严，检查不认真，联系或操作不当，设备缺陷发现或处理不及时，工艺作风和检修质量不良，违反规程制度等原因，造成设备异常运行或损坏，设备停运，返工或发生未遂事故，情节尚未构成二类障碍者。

3.12　过失

指人员未认真监视、控制、调整和疏忽等。

3.13　未遂

发生了违章现象，但未造成后果。未遂可分为设备未遂和人身未遂。

3.14　误操作

指误（漏）拉合断路器（开关）或刀闸；下达错误命令、错误安排运行方式、错误下达继电保护及安全自动装置定值或错误下达其投、退命令；继电保护及安全自动装置（包括热工保护、自动保护）的误整定、误（漏）接线、误（漏）投或误停（包括压板）；人员误碰、误动设备及误（漏）开、关阀门（挡板）、误（漏）投（停）等的操作。

3.15　恶性误操作

指带负荷误拉隔离开关，带负荷误合隔离开关，带电挂（合）接地线（接地刀闸），带地线（接地刀闸）合断路器，带地线（接地刀闸）合隔离开关。

4　职责

4.1　水电站主要负责人

（1）贯彻执行国家和上级有关安全生产的法律、法规及安全生产规章制度。

（2）建立健全并落实各级领导人员、各职能部门的安全生产责任制度，将安全工作作为业绩考核的重要内容。

（3）实行安全生产目标管理，与各部门签订年度安全生产责任书，并组织考核。

（4）确保安全生产所需资金的投入，保证安全奖励所需费用资金的提取和使用，建立安全生产奖励基金。

（5）主持或参加事故的调查处理。

（6）主持召开月度安全生产分析会和年度安全生产工作会议，总结、交流经验，布置安全生产工作。

4.2 水电站分管负责人

（1）在主要负责人领导下，负责落实分管工作范围内的各级安全生产责任制。

（2）组织制订安全生产考核管理制度及实施细则。

（3）组织事故的调查处理。

（4）配合政府主管部门开展对事故的调查和处理工作。

4.3 安全生产部

（1）负责安全生产监督工作，行使安全生产监督职能，贯彻执行安全生产规章制度。

（2）协调和监督水电站的安全生产工作。

（3）制订安全生产考核管理制度及实施细则，并对执行情况监督检查。

（4）开展对事故的调查和处理工作，对事故责任部门及责任人提出处理意见；组织指导不安全事件的调查和处理工作。

（5）编制安全生产责任书，并对安全目标的完成情况进行监督和考核，依照有关规定提出奖惩意见。

（6）负责汇总、编制月度安全生产分析报告，提出月度安全生产考核意见。

（7）根据安全生产实际情况，对安全责任制年度考核提出奖惩意见。

4.4 运行维护部等部门

（1）宣传并贯彻执行安全生产规章制度。

（2）签订水电站与各班组、人员安全生产责任书，并对安全目标的完成情况进行监督和考核，依照有关规定提出奖惩意见。

（3）编制月度安全生产分析报告，提出月度安全生产考核意见。

（4）协助进行事故、不安全事件调查处理。

（5）按照"四不放过"原则，组织分析水电站的事故、不安全事件，并对责任人或责任班组提出奖惩意见。

5 流程与风险分析

5.1 管理流程图

安全生产考核管理流程图见附录 A。

安全生产奖励管理流程图见附录 B。

5.2 风险控制点

本标准中的风险控制点包括考核指标、考核执行、分析与总结。

5.3 风险分析

（1）未制订《安全生产考核管理实施细则》，由于安全生产奖惩项目未制定目标或量化，导致无法督促、检查、考核，可能造成安全生产目标不能实现。

（2）安全考核不到位或缺失，起不到惩戒作用，可能导致不安全事件的再次发生。

（3）由于安全生产分析总结不到位，导致员工不能从中吸取经验教训或领导不能有效安排相关工作，可能造成事故发生或安全目标不能实现。

6 管理内容与方法

6.1 考核原则

安全生产考核包括经济考核和行政处分，实行精神鼓励与物质奖励相结合、批评教育与经济处罚相结合的原则，分级管理，逐级考核。

6.2 表彰与处罚

6.2.1 安全生产责任目标奖

签订《安全生产目标责任书》，对完成《安全生产目标责任书》的部门按有关规定给予奖励。

6.2.2 发现重大事故隐患奖

在巡视或检修中发现重大安全隐患，避免事故发生，奖励发现者500~10 000元。

6.2.3 千次操作无差错奖

在工作中严格执行"两票三制"，实现了千次操作无差错，将按照规定进行奖励。

6.2.4 合理化建议奖

所提出的安全技术革新或有关安全生产管理的合理化建议被采纳，并应用于生产实践中，根据所取得的效果奖励提出者100~5 000元。

6.2.5 特殊贡献奖

对防止特大事故、重大事故、频发性事故，防止火灾与人身死亡的有功人员与集体，完成年度安全生产责任目标部门和个人，评审为安全生产先进部门与个人，发放一次性安全奖励。奖励标准按有关规定执行。

6.2.6 事故（障碍）处罚

发生死亡及以上人身事故、重大、特大设备事故、火灾事故和交通等事故按照以下条款执行。

（1）人身重伤事故处罚。

①扣罚责任部门2个月奖金。

②对直接责任者给予开除厂籍留用察看一年处分。

③对负主要责任者给予记大过处分。

④对负次要责任者给予记过处分。

⑤对直接责任者所在部门有关负责人给予行政警告至行政记大过处分。

（2）人身轻伤事故处罚

①主要责任人扣罚2个月奖金。

②次要责任人，扣罚1个月奖金。

③扣罚责任部门1 000元。

（3）一般事故处罚

①发生 1 次一般事故，扣罚责任部门 1 个月奖金。

②发生 1 次人为责任考核事故，扣罚责任部门 2 个月奖金；对事故直接责任人，视情节给予行政记过直至留厂察看 1 a；对事故次要责任人，视情节给予通报批评直至及行政记过处分。

（4）一类障碍处罚

①发生 1 次设备一类障碍，扣罚责任部门 2 000 元。

②发生 1 次人为责任设备一类障碍，视情节扣罚责任人 2 个月奖金直至待岗处分；对次要责任人，视情节扣罚 1 个月奖金直至待岗处分；扣罚责任部门 4 000 元。

（5）二类障碍处罚

①发生一次二类障碍，扣罚责任部门 1 000 元。

②发生一次人为责任二类障碍，扣罚责任人 1 个月奖金；扣罚次要责任人 50% 月奖；扣罚责任部门 2 000 元。

（6）火灾事故处罚

①发生一般火灾事故的处罚。一般火灾事故，火灾中死亡 3 人以下或直接财产损失 30 万元以下的火灾事故，参照发生人身死亡事故处罚。未造成人员伤亡，直接财产损失 5 万元以上的火灾事故，参照一般事故处罚。

②发生火情的处罚。造成人员轻伤的火情，参照人身轻伤事故的有关规定进行处罚；造成直接财产损失在 5 000 元以上的火情，参照一类障碍有关规定进行处罚。发生一般火情，未造成人员伤亡，直接财产损失在 5 000 元以下的扣罚责任部门 500~1 500 元，扣罚责任人 300~1 000 元。

（7）安全生产责任制考核

各级人员要认真贯彻落实各自安全生产责任制，如发现落实不到位，每项扣罚责任人 200 元。

（8）习惯性违章作业、违章指挥处罚

发生习惯性违章，每次扣罚责任人 50~200 元。在场值长及以上领导未能及时制止的，有关人员扣罚 100~500 元；工作中违章指挥，视情节扣罚责任人 200~1 000 元。

（9）操作票、工作票等执行情况考核。

按"两票"管理制度进行考核。

（10）安全培训情况的考核

新员工、临时工未经培训上岗，每人次扣罚责任部门 200 元；离开生产岗位超过规定时间的人员，未经安全培训和安全生产规定考试合格而擅自上岗，每人次扣罚责任部门 500 元；安全规程考试不合格，扣罚责任人月奖 50%；再次补考不合格将待岗学习 1 个月，直至考试合格后方可上岗。

（11）安全工器具考核

购入不符合国家有关标准的安全工器具，每件次扣罚责任部门 600 元。配备使用不合格的安全工器具，每件次扣罚责任部门 200 元。

（12）安全活动

未按时进行安全活动，扣罚责任班（值）400 元（每周 1 次）；安全活动时间得不到保证，流于形式，扣罚责任值 200 元；水电站负责人不能按要求按时参加运行值班组安全活动的，扣罚负责人 100 元。

（13）各种安全检查发现问题的考核

未按规定开展安全大检查的，扣罚责任部门 500 元；对检查中发现的问题未制订整改计划或未按时完成的，加倍处罚。

（14）隐瞒事故的处罚

对不真实反映事故情况，有意隐瞒事故者，给予通报批评处分，并按发生事故的性质对应条款考核。

6.3　原因和责任分析

（1）安全生产考核事件发生后，应按照相关规定进行汇报并开展调查工作。

（2）调查工作应在事件调查的基础上，分析并明确事件发生、扩大的直接原因和间接原因。必要时，可委托专业技术部门进行相关计算、试验、分析。

（3）调查工作应在确认事实的基础上，分析是否人员违章、过失、违反劳动纪律、失职、渎职；安全措施是否得当；事件处理是否正确等。

（4）根据事件调查的事实，通过对直接原因和间接原因的分析，确定事件的直接责任者和领导责任者；根据其在事件发生过程中的作用，确定事件发生的主要责任者、直接责任者、领导责任者。

6.4　防范措施

（1）根据事件发生、扩大的原因和责任分析，提出防止同类事件发生、扩大的组织措施和技术措施，并制订整改方案进行落实。

（2）每月月初，将上月的安全生产考核事件的整改措施的落实情况报告安全生产部。

（3）安全生产部根据具体情况，对考核事件进行调查、分析，提出切实有效的整改意见。

（4）整改意见经安全生产考核领导小组审批后下发相关部门，有关部门收到整改意见后根据现场的实际情况制订实施方案，并报批。

（5）整改实施方案获批后，按方案开展整改工作。

（6）整改完成后，应认真落实防范措施，相关的安全技术等资料要整理归档，自查后申请验收。同时结合整改前后的实际情况写出书面的工作总结，并报安全生产部备案。

（7）安全生产部在月、季和年度的安全工作会议上对考核事件进行汇总和分析，督促整改措施的落实，防止类似事件的重复发生。

（8）整改的有关资料归档。

6.5 后续处置

（1）考核事件责任确定后，根据有关规定提出对事故责任人员的处理意见，由有关部门按照管理权限进行处理兑现。

（2）事故调查工作结束后，调查组写出《事故调查报告书》，被调查部门应认真学习《事故调查报告书》的内容，落实防范措施，形成书面总结。

（3）事故调查的有关资料归档，并作为书面总结的重要附件。

7 检查与考核

本标准执行情况由安全生产部进行监督、检查与考核。

8 报告与记录

序号	名称	保存地点	保存期
1	水电站月度事故分析及事故处理报告	水电站	长期
2	水电站月度安全生产考核汇总表	水电站	长期

附录 A 安全生产考核管理流程

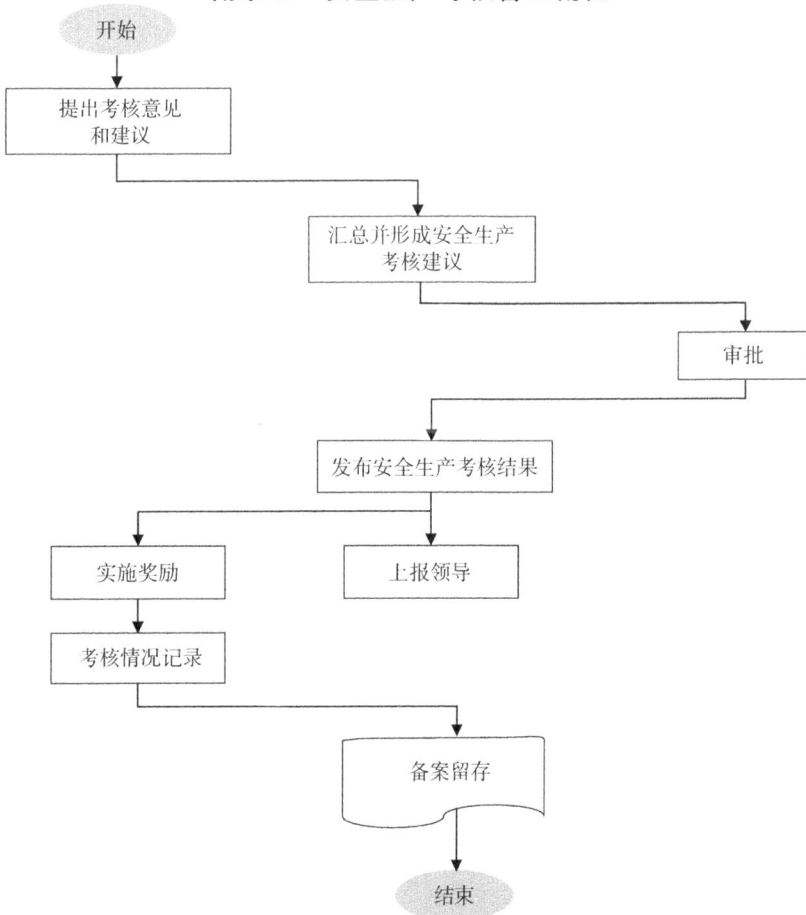

附录 B　安全生产奖励管理流程

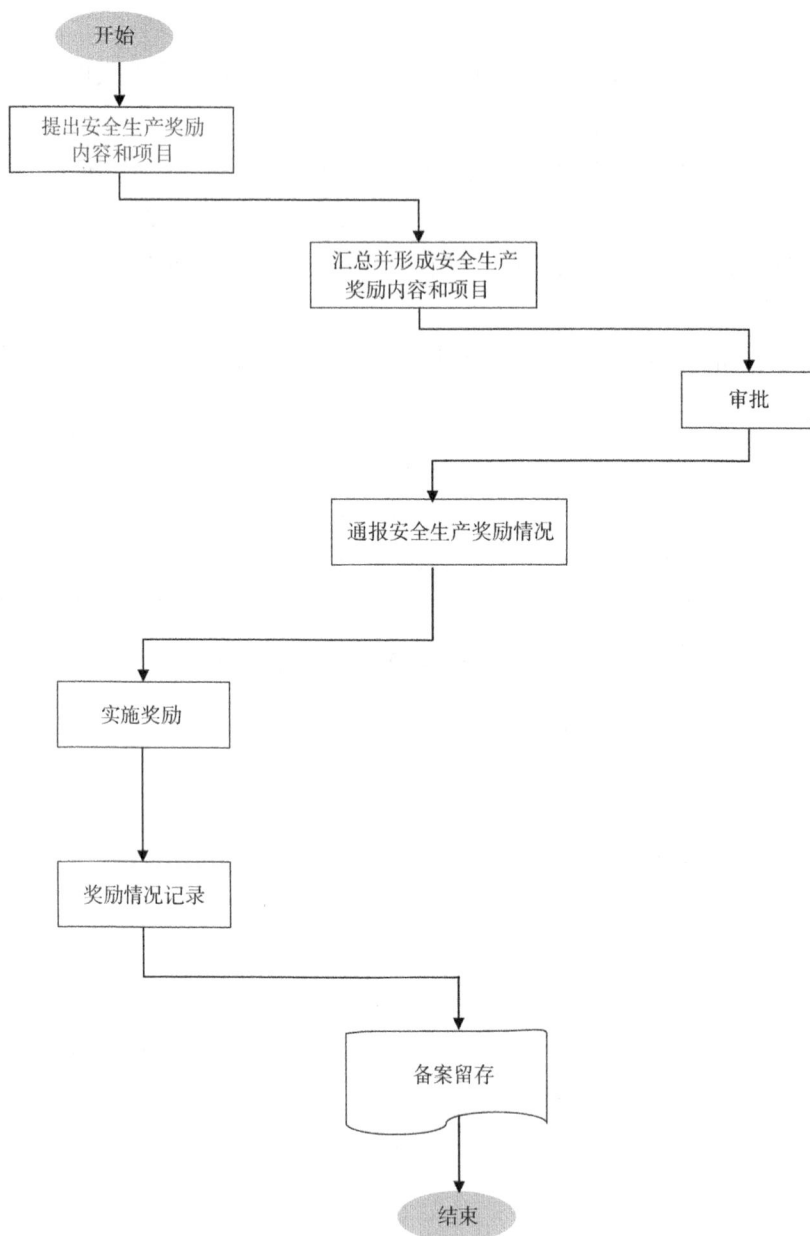

```
            ┌─────────┐
            │  开始   │
            └────┬────┘
                 ↓
     ┌──────────────────┐
     │ 提出安全生产奖励  │
     │  内容和项目      │
     └────────┬─────────┘
              ↓
        ┌──────────────────┐
        │ 汇总并形成安全生产 │
        │ 奖励内容和项目    │
        └─────────┬────────┘
                  ↓
               ┌──────┐
               │ 审批 │
               └──┬───┘
                  ↓
        ┌──────────────────┐
        │ 通报安全生产奖励情况 │
        └─────────┬────────┘
                  ↓
     ┌──────────────────┐
     │  实施奖励        │
     └────────┬─────────┘
              ↓
     ┌──────────────────┐
     │  奖励情况记录     │
     └────────┬─────────┘
              ↓
        ┌──────────────────┐
        │  备案留存         │
        └─────────┬────────┘
                  ↓
            ┌─────────┐
            │  结束   │
            └─────────┘
```

（二十二）安全生产责任制管理标准（示例）

1　范围

本标准规定了水电站各级人员安全生产责任制的管理要求。

2　规范性引用文件

引用规范性文件清单

序号	名称	序号	名称
1	《电业安全作业规程（电气部分）》	4	《水电企业生产事故调查规定》
2	《电业安全作业规程（热力和机械部分）》	5	《水电站大坝安全管理规定》
3	《水电企业安全生产工作规定》	6	《水电企业安全检查与安全性评价工作规定》

3　术语和定义

安全生产责任制：是水电站负责人、安全生产部、运行维护部、各相关部门及生产工人在劳动生产过程中应负安全责任的一种制度，是水电站最基本的安全制度，是安全规章制度的核心。安全生产责任制的实质是"安全生产，人人有责"。

4　职责

（1）水电站主要负责人：负责审定各级人员安全生产责任制的内容是否符合实际，对各级、各部门安全生产责任制的建立、健全与贯彻落实负全面的领导责任。

（2）水电站其他负责人：全面负责各级人员安全生产责任制的落实情况。定期组织研究和部署各级人员安全生产责任制是否需要完善。

（3）安全生产部：负责监督安全生产责任制的落实情况，负责制订和修订安全生产责任制管理办法和考核标准。

（4）各有关部门：负责水电站安全生产责任制落实和执行情况，应根据实际生产需要制订各岗位安全生产责任制，真正做到"安全生产，人人有责"。

5　流程与风险分析

5.1　风险控制点

本标准中的风险控制点：制度健全、职责分工、工作标准及贯彻落实等。

5.2　风险分析

（1）由于制度不健全可能造成安全生产管理混乱，发生特殊情况时不能及时处理。

（2）由于职责分工不明确可能造成安全生产管理混乱，部分安全工作无人落实。

（3）由于无工作标准可能造成各级安全生产组织机构不能正确行使职权。

（4）由于贯彻落实不及时，可能造成安全生产管理工作滞后，决议不能及时执行。安全生产不能做到受控、在控。

6　管理内容与方法

6.1　层层落实，明确责任

（1）安全生产，人人有责。水电站各级、各部门人员，都应在各自不同的工作岗位上，贯彻"安全第一、预防为主、综合治理"的方针，坚持"谁主管，谁负责"的原则，落实安全生产第一责任人负责制，执行国家有关安全生产的政策、法规和上级有关规定，对安全工作密切配合，互相支持。在计划、布置、检查、总结、评比生产工作的同时，计划、布置、检查、总结、评比安全工作。

（2）水电站各级行政正职是本部门的安全生产第一责任人，对安全生产负全面的领导责任。各行政副职是自己分管工作范围内的安全第一责任人，对分管工作范围内的安全工作负领导责任。

（3）各级领导人员除应履行本制度中所列的安全职责外，还应完成上级或主管领导临时交办的安全工作任务，并对所属部门人员履行安全职责的情况进行督促检查。

（4）水电站安全管理人员负责对水电站各级人员履行安全生产职责情况进行监察。对安全职责履行好的应予以表彰和奖励；对不负责任、失职造成事故的，应按本规定分清责任，进行追究。

（5）各级领导在生产工作中不得发出违反规程的命令，工作人员接到违反规程的命令有权拒绝执行，任何工作人员除自己严格执行规程外，均有权督促周围人员遵守规章制度。如发现有危及设备和人身安全，应立即制止。

（6）各级领导应带头抵制违章行为，积极带领职工开展反"违章指挥、违章作业、违反劳动纪律"的反违章活动，预防人身设备事故的发生。

（7）各级领导应经常对职工进行安全思想教育，不断提高全体职工的安全意识和自我保护能力，并以身作则认真执行本制度。

6.2　各级人员的安全生产责任制

6.2.1　水电站主要负责人安全生产责任制

（1）是水电站的安全第一责任人，对水电站的安全生产和本规定的执行，以及各级、各部门安全生产责任制的建立、健全与贯彻落实，负全面的领导责任。

（2）认真贯彻执行国家有关安全生产的方针、政策、法规和上级有关规定，并负责组织贯彻落实。

（3）负责正确处理好眼前利益与长远利益的关系，保证电站不发生因"短期行为"而损害电站的安全基础，及时了解和掌握员工的思想动态，保证干部、员工的思想稳定。

（4）组织制订年度安全目标计划，审定有关安全生产的重要活动和重大措施，按照控制重伤和一般事故的目标，层层落实，分级控制，确保年度安全目标的实现。

（5）负责建立和完善安全生产保证体系，并协调各部门，各负其责，密切配合行政搞好安全生产工作。

（6）建立有效的安全监察机构，按规定配备充足合格的安全监察人员，健全安全监察体系，完善安全监察手段，支持安全监察人员认真履行安全监察职责，主动听取安全监察的工作汇报，并保证安全监察人员与同级生产人员享受同等待遇。

（7）批准"两措"计划，并保证所需费用的落实。

（8）每季度主持召开一次安全委员会会议，及时研究解决安全生产中存在的问题，组织消除重大事故隐患。

（9）至少每月对水电站进行一次全面的生产、施工现场巡视检查，掌握一线实际情况，听取员工对安全生产的意见和建议。

（10）贯彻重奖重罚原则，审批安全奖惩制度。

（11）参加或主持有关事故的调查处理；对性质严重或典型的事故，应及时掌握事故情况，必要时召开事故现场会，提出防止事故重复发生的措施。

（12）在批准年度生产计划、基建施工计划时，要根据安全生产能力，实事求是地制订计划，防止计划指标过高、脱离实际，导致员工拼设备、赶工期而威胁安全生产。

6.2.2　水电站分管负责人安全生产责任制

（1）是分管工作范围内的安全第一责任人，对安全生产、安全技术工作负领导责任。

（2）认真贯彻执行国家有关安全生产的方针、政策、法规和上级有关规定，并提出贯彻的具体意见，组织落实。

（3）负责组织编制年度安全目标计划或贯彻经批准后的"两措"计划，做到项目、时间、负责人、费用四落实；负责审批非标准运行方式、重大试验措施和重大检修（施工）项目的安全技术措施，并督促实施。

（4）强化安全生产保证体系和监察体系，健全、落实安全生产部、运行维护部及其他各部门的安全生产责任制。

（5）领导技术监督和技术管理工作。负责组织编制并审批现场规程和规定，并根据情况的变化，及时组织修改，补充完善。

（6）组织定期的安全大检查活动和"安全月"活动。对自查和上级检查发现的问题，包括重大隐患的治理工作，要落实到部门和专人，限期完成。

（7）协助主要负责人分管安全生产的日常工作，充分发挥安全监察体系的作用，组织召开每月一次的安全例会和每周的安全生产碰头会，经常听取安全生产部、运行维护部等部门的工作汇报，支持安全监察人员履行自己的职责；参加或组织研究解决重大隐患的治理工作和安全生产中存在的问题；对自己签发的事故统计报告的及时性、准确性负责。

（8）主持电站的反事故演习。

（9）经常深入水电站现场，检查、指导安全工作，总结安全生产经验，落实安全奖惩制度；每月至少参加一次水电站的安全分析活动，及时组织解决安全生产中出现的重大安全技术问题。

6.2.3 水电站其他负责人安全生产责任制

（1）是分管工作范围内的安全第一责任人，对分管工作范围内的安全生产工作负领导责任。

（2）认真贯彻执行国家有关安全生产方针、政策、法规和上级有关规定，提出贯彻的具体意见并组织落实。

（3）组织编制水电站年度安全目标计划，经水电站主要负责人审批后组织实施。强化安全生产保证体系，健全、落实安全岗位责任制。

（4）贯彻"管生产必须管安全"的原则，在计划、布置、检查、总结、考核生产工作的同时，计划、布置、检查、总结、考核安全工作。按控制重大事故不发生人身死亡、重大设备损坏事故的目标，层层落实安全责任，确保年度安全目标的实现。

（5）组织编制安全技术、反事故措施计划，做到项目、时间、负责人、费用落实。每半年组织各有关部门对"两措"执行情况进行检查，对未能按时完成的项目，及时采取对策，确保"两措"计划的完成。

（6）协助水电站主要负责人具体组织开展危险点分析预控、春、秋季安全大检查、安全性评价活动和安全生产月活动，对查出的问题和隐患要落实到部门、专业、个人，做到有计划、有布置、有检查、有整改措施、有总结、有考核。

（7）协助水电站分管安全生产负责人负责安全生产的日常工作，充分发挥安全监察体系、安全保证体系的作用，经常听取工作汇报，支持履行安监的职责。对事故统计报告的及时性、准确性负领导责任。

（8）参加或主持本单位每月一次的安全生产分析会，主持定期的安全生产碰头会，及时确定解决安全生产中存在的问题。

（9）经常深入水电现场、班组，掌握安全生产情况，及时制止违章违纪行为，总结安全生产经验，落实安全奖惩办法。每月至少参加一次水电站班组的安全分析活动，经常进行生产现场夜间巡视。

（10）参加或主持有关事故的调查处理；对性质严重或典型的事故，应及时掌握事故的情况，必要时召开事故现场会，做到"四不放过"。

（11）对水电站的安全生产、劳动保护工作负直接领导责任。负责对所属各级人员进行安全生产方针、政策的教育，总结推广安全生产、劳动保护、环保和工业卫生的验收和新技术的应用。

6.2.4 安全生产部主任的安全职责

（1）是本部门的安全第一责任人，负责水电站的安全管理工作，制订与安全生产有关的各种规章制度，监督上级有关指示的执行情况。

（2）会同有关部门研究影响人身和设备安全的问题，负责编制"两措"计划，组织编写重大事故应急处理预案，经批准后认真组织实施，增加安全工作上的科技含量。

（3）负责监督安全生产部各级人员安全责任制的落实情况，监督各项安全生产规章制度、反事故技术措施计划与安全技术劳动保护措施计划的贯彻执行。

（4）负责外委工程项目的安全管理工作，参加施工项目安全措施审查，并检查执行情况。监督、配合有关部门搞好反事故演习。组织《电业安全工作规程》的培训、考试和安全合格证的发放。

（5）经常深入现场，检查设备运行情况、员工作业情况，检查各种安全措施落实情况，督促消除设备缺陷和隐患，研究发生事故的规律，开展反事故活动，杜绝人员违章作业。

（6）对安全生产部的安全指标完成情况进行考核，并提出奖罚意见。

（7）组织春、秋季安全大检查。每月召开 1 次安全分析会。每月至少参加一次水电站班组的安全活动，针对安全生产存在的问题制订防范措施。

（8）组织指导发挥安全员作用。及时编写《安全情况简报》和传达上级的《安全简报》《事故通报》，对员工进行安全教育。

（9）对劳保用品发放和劳动保护设施进行监督、检查。

（10）监督水电站车辆安全管理工作。

（11）负责对安全设施、安全工器具、安全保护装置、电气防误操作装置、生产现场防火设施等的选型购置、使用进行监督检查。

（12）组织做好水电站消防系统、消防器材的配置、检查并进行管理与考核。

（13）组织编制和修订水电站运行、检修规程及技术质量标准、生产技术管理制度，对技术组织措施负责审核工作。

（14）对技术监督工作及执行情况进行检查，根据季节特点，及时做好季节性事故预防工作。

（15）参加新设备及新建工程的审查、验收工作，组织编制事故备品备件计划。

（16）组织开展安全性评价和作业风险评估工作，推行危险点分析、风险评估和预控、标准化作业，切实落实各项现场安全措施。

（17）指导事故处理，参加或协助领导组织事故调查，按着"四不放过"的原则，及时做好事故统计分析，找出安全生产薄弱环节，制订防范措施并组织落实。

（18）做好重大危险源、特种设备、临时聘用人员的安全管理工作。

（19）组织安全规程、规定和标准的学习培训，定期考试及新员工的安全教育工作，协调各值之间的安全协作配合关系。

6.2.5　运行维护部主任的安全职责

（1）是本部门的安全第一责任人，做好运行维护部的安全生产工作，并承担相应的安全责任。

（2）组织、贯彻落实各项安全规程规定和规章制度，检查各项安全措施的执行情况，严肃查处违章违纪行为。

（3）组织开展安全性评价，推行运行专业风险评估、标准化作业，切实落实各项现场安全措施。

（4）组织制订重要电气倒闸操作、试验项目的安全组织技术措施。组织定期的运行分析、事故预想和反事故演习。

（5）审查有关安全技术措施、方案，组织运行规程、制度等的修编工作。

（6）组织做好临时聘用人员的安全管理工作。

（7）组织和参加安全分析会，对存在的安全隐患提出改进措施，并组织实施；每月至少参加两次班组的安全日活动，抽查班组的安全活动记录。

（8）组织或参加有关事故或其他不安全事件的调查分析工作，做到"四不放过"。

6.2.6　运行维护部专工

（1）认真贯彻执行电业生产"安全第一，预防为主、综合治理"的方针，搞好安全教育和宣传工作，认真监督执行重大事故预防措施。对安全生产进行全面检查和监督。

（2）监督与安全生产有关的规章制度及上级有关指示的贯彻执行，对违章作业、安全措施、设备运行状况、设备缺陷和隐患以及工作人员技术状况、值班纪律等进行全面监督和检查。

（3）按照"四不放过"的原则，组织和参加事故、障碍、异常的调查分析工作，督促肇事部门或个人及时、准确地提供有关事故、障碍、异常的原始资料和现场真实数据，并按规定日期写出书面报告。

（4）定期或不定期地参加水电站班组的安全活动，抽查"两票""三制"的执行情况，审核动火工作票，落实防范对策，监督反措、安措计划的实施。

（5）经常深入水电现场，积极主动地检查和了解安全生产情况及各项有关规章制度的执行情况，检查现场安全防护设施及消防器材，督促及时消除设备缺陷或隐患。

（6）根据季节，协调搞好水电站的春、秋两季安全大检查工作及预防性试验工作，对查出的问题要提出整改计划，并督促限期完成。

（7）认真做好安全技术资料的积累、保管工作和专题分析工作，研究安全生产的规律。

（8）及时提供保证安全生产的措施和建议。

（9）对水电站安全指标的完成情况进行考核。

（10）会同编制"反措""安措"计划，经主管领导批准后，监督实施。

（11）负责编写或审核有关安全生产方面的规章制度、安全简报，填写各种报表，并对其工作的及时性、准确性、整洁性负责。

（12）协调做好特种设备的检验等工作。

（13）定期编制本专业的培训计划，并负责具体工作的安排与实施。编制更改设备、新技术、操作方法及注意事项新工艺或重要施工项目的安全技术组织措施，认真履行设备检修验收职责。

（14）做好本专业安全技术资料、台账、图纸的管理工作。

6.2.7 值长

（1）值长是当值期间安全第一负责人，对本值人员在生产作业过程中的人身安全和健康负责，对水电站的安全经济运行、认真贯彻执行"调度规程"及上级下发的各种有关安全生产的规章制度负责。

（2）领导和组织全值人员搞好安全生产工作，在布置操作任务时，要同时布置安全技术措施，并负责监督检查安全措施的执行情况，发现问题应及时纠正，制止违章作业和违章操作。

（3）按期完成反事故措施，组织反事故演习、现场考问讲解、技术问答，做好现场培训工作，提高全值人员的技术素质。应结合水电机组设备以及系统情况，组织做好事故预想。

（4）对当值发生的事故和不安全现象，要积极采取有效措施，防止事态扩大，且要及时了解情况，汇报有关领导，并实事求是地做好记录。

（5）组织和参加事故、障碍、异常调查分析会，并有责任提供真实的原始资料。

（6）组织值内安全活动，参加春、秋两季安全大检查，对值内常用的工器具、安全用具的使用管理负责。

（7）教育全值人员遵章守纪、爱护公物、树立良好的职业道德。积极安排检修消缺工作，正确地安排和组织各项生产工作。

（8）督促全值人员严格执行"两票""三制"，按时完成各种操作任务、清洁卫生、定期试验、正常维护和定期切换工作。

（9）对下达的安全生产指令的正确性负责；对事故处理的正确性负责；对事故处理过程中，向调度及有关领导汇报现场情况的正确性、及时性、完整性负责。

（10）负责制订并组织实施控制异常和未遂的安全目标，应用安全性评价、危险点分析和风险预控等方法，及时发现问题和异常，采取合理安全措施。

（11）对全值人员进行经常性的安全思想教育；做好新员工、实习人员的安全教育培训；积极组织本值人员参加急救培训，做到人人能进行现场急救。

6.2.8 副值长

（1）副值长在值长的领导下组织完成当值的操作和管理工作。应根据上级指令，贯彻执行各项规章制度，协助值长搞好本值的生产、管理工作，全面完成安全生产和各项经济技术指标。

（2）严格贯彻执行安全工作规程和运行管理制度，按规定开展安全教育和安全活动，坚持对事故"四不放过"，保证安全生产。

（3）接受值长下达的操作任务后，根据当值人员的身体状况和精神状态，合理组织各项操作工作。

（4）具体负责当班期间设备缺陷联系处理工作。及时向值长汇报，并认真做好记录。

（5）具体负责各类工作票的办理工作，并对现场安全措施的正确性负责。

（6）负责督促、检查定期工作、设备巡视、监视调整等工作的执行及完成情况，对以上工作质量负责。

（7）协助值长组织安全活动和安全分析，贯彻执行"两措""两票三制"制度，确保安全生产。

（8）协助值长做好事故处理、故障排除和分析工作，协助做好事故调查工作。

（9）协助值长做好本值的安全、技术培训工作。对本值人员的具体培训效果负责。

（10）督促、检查做好各种技术记录，并对其正确性负责。

6.2.9　值班员

（1）值班员在值长、副值长的领导下，贯彻执行"安全第一，预防为主、综合治理"的方针，对本岗位所管辖的设备、人身安全、消防器材、照明设施、清洁卫生、文明生产及其他生产配套设施的完好性负责。

（2）正确安全地进行生产运行工作，严格执行"两票""三制"及各种规章制度，严格值班纪律，负责填写运行日志、报表，字迹工整、清洁，对记录报表的正确性负责。做好设备的巡回检查、定期试验与轮换工作，发现设备缺陷及时联系汇报并处理，同时做好设备缺陷登记。

（3）协助值长、副值长搞好值内各项工作，争创优胜值。积极协助值长、副值长做好反事故措施。

（4）对发生的不安全情况，要按照"四不放过"的原则，认真分析、总结经验教训，不断提高安全运行水平。

（5）发生事故、障碍及异常情况，要积极采取有效措施，防止事态扩大，同时要做好详细记录，如实反映事故经过及处理情况，收集提供原始资料，参加事故调查分析会，对隐瞒事故和弄虚作假的行为，负有直接责任。

（6）严格执行"电业安全工作规程""运行规程""检修规程"及各种规章制度，爱护公物，树立良好的职业道德，严格运行值班纪律，严禁违章操作。上岗前须经"安全生产规定""运行规程"考试合格，未经考试合格者，不准上岗；严禁酒后上岗，或穿戴不符合"安全生产规定"规定的服装上岗。

（7）做好设备定期试验和轮换工作，按时巡视检查、抄表、记录，对记录报表的正确性负责。

（8）参加安全活动，总结安全生产中的经验教训，不断提高安全生产水平。

（9）参加年度"安全生产规定"及其他有关规章制度的考试，认真学习技术业务，不断提高自身技术素质。

（10）具有整个水电站所有设备操作权和监护权，可独立完成规程规定的无票操作任务，但操作后必须向值长汇报。对操作的质量及正确性负责。

（11）对监盘期间及时发现设备异常运行情况及对监视调整的正确性负责。

（12）及时向值长、副值长汇报生产及工作中发现的问题，以及值班员身心方面存在的问题，对隐瞒情况而由此产生的后果负责。

6.2.10　班组安全员

（1）班组安全员在值长、副值长的领导下，贯彻执行"安全第一，预防为主，综合治理"的方针，做好值内安全管理工作，积极开展安全技术培训和安全教育活动，带头执行"安全生产规定"及各种有关规章制度，协助值长、副值长做好安全管理及安全监督工作。

（2）对值内发生的不安全现象，按照"四不放过"的原则，协助值长、副值长及时召开调查分析会，总结经验教训，制订防范对策，并按时统计上报。定期组织或主持值内的安全活动，参加定期安全检查工作。

（3）在值长、副值长领导下，搞好春、秋季安全大检查工作，经常向上级部门反映生产中存在的安全问题，不断提高水电站安全管理水平。

（4）及时了解和掌握安全生产情况，协助定期巡视管辖的消防器材、照明设施、安全保护装置的完好性，做好值长、副值长的助手。

（5）做好值内安全记录及个人安全档案，做好安全技术资料的积累和保管工作。

（6）对值内的安全工器具、劳动保护用具的正确使用负有检查监督的责任。对管辖的设备、区域卫生、文明生产负责检查监督。

（7）参加年度"安全生产规定"及其他有关规章制度的考试，努力学习技术业务，不断提高自身技术素质。

6.2.11　汽车驾驶员

（1）认真贯彻执行国家有关法令，严格遵守《道路交通管理条例》及有关安全行驶方面的规章制度，牢固树立"安全第一，预防为主，综合治理"的思想，确保行车安全。

（2）专职和兼职驾驶员必须取得公安部门核发的汽车驾驶证，且兼职驾驶员需经考核通过后，方可驾驶车辆。

（3）驾驶人员必须树立良好的职业道德，爱护车辆，优质服务，节约油料，保持车辆清洁卫生。

（4）严禁酒后开车，不出私车，不擅自调换车辆驾驶。在车辆行驶中对所载人员及货物的安全负责。

（5）参加年度"交规"及其他有关规章制度的考试、车辆检审工作。

（6）做好车辆的维护保养工作，保管好车辆配带的灭火器，严防火灾事故发生。

（7）总结交通安全中的经验教训，钻研业务，不断提高自己的驾驶水平。

6.2.12　炊事员

（1）做好施工现场食堂的安全卫生工作，确保餐具、炉灶符合卫生要求，保证食堂干净、整洁。

（2）对燃具、蒸箱、易燃瓶应经常检查，发现隐患应及时修理和报告。

（3）不得采购和出售变质的生菜、熟菜，对违反规定而引起食物中毒的负直接责任。

（4）按规定时间开放食堂，提供优质服务。

（5）夏季应确保施工现场充足的饮用水。

（6）炊事员一年要进行一次身体健康检查，要有健康证。

（7）炊事员要求三白，白衣服、白口罩、白帽子，要做到每天配戴。

7　检查与考核

本标准执行情况由安全生产部会同运行维护部进行监督、检查与考核。

（二十三）安全生产目标控制管理标准（示例）

1　范围

本标准规定了水电站安全生产目标控制的管理职能、内容编制、实施和要求、检查与考核。

2　规范性引用文件

引用规范性文件清单

序号	名称	序号	名称
1	《安全生产目标责任制考核制度》	5	《水电企业生产事故调查规定》
2	《电业安全作业规程（电气部分）》	6	《水电站大坝安全管理规定》
3	《电业安全作业规程（热力和机械部分）》	7	《水电企业安全检查与安全性评价工作规定》
4	《水电企业安全生产工作规定》		

3　术语和定义

安全生产目标：水电站自身安全生产所规定的总体目的。

4 职责与权限

（1）各级领导按《各级人员安全生产责任制》的要求落实安全生产责任，深入细致地将安全生产工作落到实处，做到"谁主管谁负责"，率先垂范，把好安全关。及时研究解决安全生产中的重大问题，做到任务、时间、费用、负责人"四落实"，并定期召开安全生产会议。

（2）水电站负责人亲自批阅有关安全生产方面的文件、通报、指令等，并结合实际情况，提出贯彻落实的要求，安全生产部组织实施。

（3）安全生产部组织制订事故预防措施和制度。负责组织制订维护和检修设备质量保证的标准及达到标准的措施，并保证其贯彻落实。

5 流程与风险分析

5.1 管理流程图

安全目标管理流程图见附录 A。

5.2 风险控制点

本标准中的风险控制点包括制定目标、目标分解与实施、目标监督检查、目标评价。

5.3 风险分析

（1）目标制订得不合理，可能导致年度目标不能完成。

（2）目标没有合理分解，可能导致部门目标不合理或不适宜。

（3）目标的完成情况没有及时监督，可能导致目标的完成不合理或不能及时发现问题。

（4）目标没有及时的检查和评价，可能导致发现不了影响目标完成的主要因素。

6 管理内容与方法

6.1 安全目标责任落实

（1）发挥决策指挥保证系统核心作用（决策指挥系统由各级安全第一负责人组成）。

（2）认真贯彻落实"安全第一、预防为主、综合治理"的方针，牢固树立安全生产的基础地位，组织制订相应的安全生产实施细则，约束员工行为。

（3）正确决策指挥，实施安全目标管理。通过"安全目标制订、安全目标控制、安全目标考核"体现决策指挥保证系统在安全生产保障体系中的核心作用。并通过安全目标和实施措施的分解与展开，形成安全目标三级体系。

（4）健全各级人员安全责任制，实行全员、全过程、全方位的闭环管理，实现安全工作科学化、法制化、规范化。建立以行政正职为核心的责任制，做到横向到边、纵向到底，无死角，无空档。强化安全思想教育，发挥群体保证作用，做到思想到位、组织到位、责任到位和工作到位。

（5）实施严格考核手段，发挥激励机制作用。

（6）组织制订水电站安全文明生产建设的方案和目标。

（7）提高员工安全素质，督促安全培训计划，组织安全竞赛。

（8）加强水电站安全管理，建立有效安全生产和安全教育培训机制，落实安全责任制。按工作特点和工作性质，明确不安全情况的表现，制订控制措施。同时要根据工作性质、设备状况、客观因素，采取分析危险源，查找危险点，制订险情预测预控措施。

（9）以人为本，从严管理。坚持在管事的同时先管人，在管人的同时先管思想，规范水电站的日常管理工作。

（10）拓宽安全生产范围，加强与周边相关单位的联系，配合社会力量促进安全生产，遇有外界影响及时沟通信息，争取尽快得到妥善处理；发现险情尽快采取措施。

6.2　深化技术管理保证系统职责

（1）加强技术监督，建立以水电站分管负责人为首的三级技术监督网，利用预防性试验、保护定检、春秋季两检以及安全性评价对设备进行全面检查，对存在的问题跟踪监督。

（2）强化技术管理，建立以水电站分管负责人为首，运行维护部为主体的技术管理体系。及时组织编制、修订、审核和贯彻执行各种运行、检修、试验、事故处理规程及生产技术管理制度，指导并检查运行管理、维护作业以及记录图表、规程制度、技术档案、备品备件、物品摆放、环境整治的标准和要求。

（3）加大科技改造和科技进步力度，努力实现安全技术现代化。制订以"保人身、保电网、保设备"为主题的长期技术进步规划和近期计划，有计划地对不合理设备、系统进行技术改造，解决危及人身、电网和设备安全稳定的问题。

（4）积极探索安全工作新思想、新方法，不断改进生产现场安全环境，提高安全生产水平。

（5）根据上级颁发的法规、典型技术规程、制度、反事故措施和设备制造说明书等，编制水电站运行、检修规程。当设备系统变动或需要修改现场规程时，按规定的程序进行，并书面通知相关使用人员。

（6）定期对生产现场使用的规程进行复查，对不符合规定和现场实际的条文进行修订。

（7）开展安全生产分析预测工作，为反事故措施的落实和有针对性的工作提供依据。

6.3　强化设备管理保证系统有效运转

（1）建立以运行维护部为主体，水电站有关人员参与的管理网络，实施设备全过程管理。

（2）对运行设备要加强监督，执行设备缺陷管理制度和设备评级制度以及设备专责人制度。强化设备缺陷管理，建立以技术监督数据为依据，以可靠性统计分析为补充，以发现缺陷为重点，以及时消除缺陷为目的的设备缺陷管理体系。

（3）坚持设备"应修必修、修必修好"的检修原则。编制切合实际的作业指导书，正确分析作业中的危险因素，按标准化作业程序的内容和要求，预测作业全过程中可能出现的险情，并制订出可行的防范措施。

（4）严格执行质量责任制和"三级验收制度"，做到检修质量不合格及图纸、资料不齐全不验收、不投运。在检修周期内出现检修质量问题要追究检修负责人及运行维护部的责任，并进行严格考核。

（5）坚决杜绝习惯性违章行为。运行管理和维护检修工作要组织严密、纪律严明、要求严格、考核严肃，时时、事事、处处要规范化、标准化、程序化。

6.4　调动服务保证系统积极性

（1）加强思想政治工作，把安全思想教育纳入思想政治工作的议事日程，开展有针对性的安全思想教育和经常的、有计划的三职（职业道德、职业纪律、职业责任）教育及法制教育，提高员工的事业心和安全生产的责任感。

（2）利用各种形式或开展多种活动宣传"安全第一、预防为主、综合治理"的方针。组织员工代表检查《中华人民共和国劳动法》等法令、政策的贯彻执行情况，检查劳动保护技术设施的完备和使用情况。

（3）妥善解决员工工作、生活中存在的困难，解除员工精神上、思想上的压力，集中精力搞好安全生产。

（4）制订有利于安全生产的管理体制，在干部配备、员工调配、人员培训、工资调整、奖励分配等方面制订有利于安全生产的方案。

（5）认真贯彻执行资金分配等管理制度，通过严格的考核，重奖重罚，强化管理，促进安全，提高效益。

（6）合理组织、科学调度好资金，保证安全生产所需费用。

6.5　严格管理

（1）加强设备的运行管理，加强设备缺陷管理制度的执行，保证现场缺陷处理的及时性和零缺陷管理目标。

（2）按时制订反措和安措计划，重点突出，无疏漏，并且根据水电站的实际情况及时对两措执行情况进行检查，对未能按时完成的项目及时采取措施，防范事故发生。

（3）坚持领导到岗制，发挥现场检查、监督、管理、考核的动态管理功能。

6.6　合理组织

（1）各级生产管理人员认真分析和掌握其职责范围内各级控制的安全生产目标中容易发生的不安全现象，认真研究、掌握设备特性及其规律，采取有力措施，防止各种不安全现象发生。

（2）在坚持计划、布置、检查、总结、考核生产工作的同时，做好计划、布置、检查、总结、考核安全工作。

（3）组织好季节性和专业性安全检查工作，查找和解决生产中存在的各种问题。

（4）根据人员素质、设备状况、生产环境和管理水平等具体情况，组织各专业查找危险源和危险点，并及时制订切实可行的控制措施。

（5）监督、检查"两票三制"的执行情况，发现问题及时提出改进措施。

（6）大力推行标准化作业，严格检修工艺标准。

（7）及时合理地修订、审批、印发与工作有直接关系的规程、制度和现场规程制度。

6.7　强化设备技术管理

（1）修改完善检修工艺标准，加强对项目任务书执行过程的监督，确保检修质量，保证检修周期。检修后的设备要做到无渗漏、无脏污。

（2）认真贯彻执行反事故措施，并根据水电站具体情况编制反事故措施计划，将设备中未达到规定的部分逐步完善。认真审定运行规程，保证运行人员操作正确。

（3）加强继电保护的维护管理工作，保证保护正确动作率100%，杜绝保护误动、拒动，同时消除"装置性"违章。

（4）加强安全性评价工作，使安全性评价工作制度化、规范化。

（5）加强三项基本分析，强化技术监督管理，完善安全监测技术和手段。努力提高设备运行的可靠性、可用率、保护装置的投入率及正确动作率。

（6）加强设备管理，严格执行缺陷管理制度，逐步实现零缺陷管理目标。

（7）加大科技进步的力度。

6.8　深化安全技术管理

（1）大型工程、复杂项目、特殊项目、更新改造项目都必须有安全技术措施，必要时要编制单项安全技术方案，否则不得开工。安全技术措施要有针对性，根据工作特点、作业方法、劳动组织、工艺流程、作业环境等情况提出，杜绝一般化。

（2）生产现场道路、管道、电气线路、材料堆放、临时和附属设备等的平面布置，要符合安全、卫生、防火、防汛的要求，并加强管理，做到安全文明生产。

（3）设备安全装置和起重限位装置，都要齐全有效，没有的不能使用，并要建立定期维修保养制度，检修设备时要同时检修防护装置。

（4）脚手架搭设完毕必须经验收合格，方能使用；使用期间要指定专人维护保养，发现有变形、倾斜、摇晃等情况，要及时处理。

（5）生产现场坑、井、沟和各种孔洞，易燃易爆场所，变压器周围，要设置围栏或盖板和安全标志；各种防护设施、警告标志，不得移动和拆除。工作过程中，如需移动或拆除，工作完毕需立即恢复。

（6）实行安全技术交底制度。值长要在每天上班后召集全体人员针对当天任务，结合安全措施内容和作业环境、设施、设备安全状况及本班人员技术素质、安全知识、自我保护意识以及思想状况、精神状态，有针对性地进行班前活动，提出具体注意事项，跟踪落实，并做好活动记录。开工前，工作负责人要将工作内容、作业方法和安全措施等情况向全体工作人员进行详细交底；两个或以上工作班配合工作时，各方负责人要按工作进度定期或不定期地进行交叉作业的安全交底。

（7）水电站相关负责人及当班值长必须每天上班前对作业环境、设施、设备进行认真检查分析，发现不安全隐患，立即解决；重大隐患，报告领导解决，严禁冒险作业。作业过程中应巡视检查，随时纠正违章行为，解决新的安全隐患；下班前进行确认检查，机电是否拉闸、断电、门上锁，用火是否熄灭，是否活完料净场地清，确认无误，方可离开现场。

（8）加强季节性劳动保护。春季要防火；夏季要防暑降温；冬季要防寒防冻。雨季要做好防汛抢险准备；雨雪后要采取防滑措施。

（9）生产现场和重点防火部位，要建立防火管理制度，备足防火设施和灭火器材，经常检查，保持良好。

（10）深入进行危险点分析与控制，确保措施落实。监控带有严重隐患、存在薄弱环节和重大缺陷的危险点，指导制订解决方案和相应的安全措施。

6.9　严格考核

（1）为保证安全生产目标的实现，水电站负责人必须与各部门安全第一责任人签订安全生产目标责任书。

（2）对于不符合安全要求的，按有关规定进行处罚。

（3）生产现场发生的各种违章违纪及异常情况要及时进行考核，重复性事件更应加重考核。

（4）将平时考核、月度考核、季度考核、年度考核相结合，杜绝各种违章违纪行为。

7　检查与考核

本标准执行情况由安全生产部会同运行维护部进行监督、检查与考核。

8　报告与记录

序号	名称	保存地点	保存期（a）
1	部门安全生产目标考核责任书	水电站	2
2	班组安全生产责任书	班组	2
3	月（季）度工作计划书	运行维护部	2
4	月（季）度目标考核书	运行维护部	2
5	年度目标考核书	运行维护部	2

附录 A 安全生产目标控制管理流程

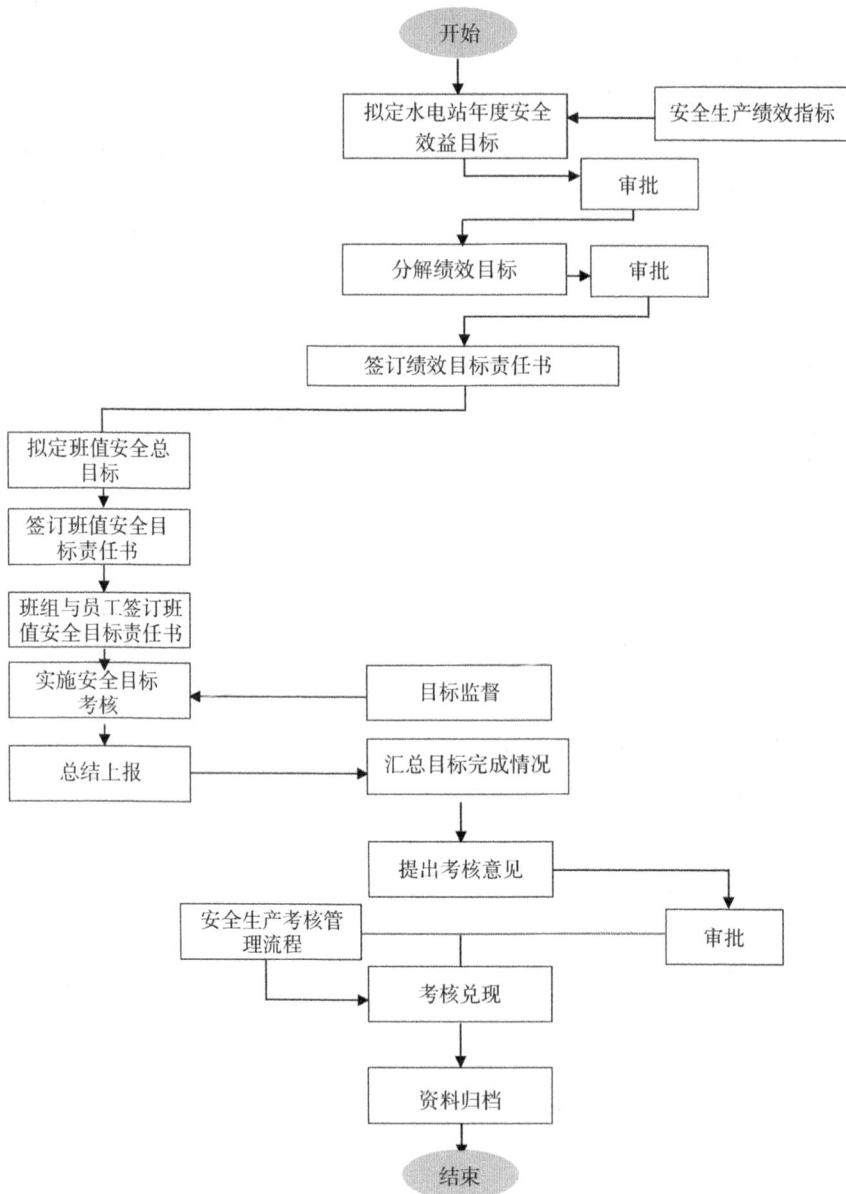

```
                              开始

          拟定水电站年度安全          安全生产绩效指标
            效益目标
                                    审批

            分解绩效目标        审批

          签订绩效目标责任书

   拟定班值安全总
     目标

   签订班值安全目
   标责任书

   班组与员工签订班
   值安全目标责任书

   实施安全目标              目标监督
     考核

   总结上报              汇总目标完成情况

                        提出考核意见

   安全生产考核管                        审批
   理流程

                        考核兑现

                        资料归档

                          结束
```

（二十四）安全生产组织机构管理标准（示例）

1 范围

本标准规定了水电站的组织机构的设置和职责。

2　规范性引用文件

引用规范性文件清单

序号	名称	序号	名称
1	《安全生产目标责任制考核制度》	5	《水电企业生产事故调查规定》
2	《电业安全作业规程（电气部分）》	6	《水电站大坝安全管理规定》
3	《电业安全作业规程（热力和机械部分）》	7	《水电企业安全检查与安全性评价工作规定》
4	《水电企业安全生产工作规定》		

3　术语和定义

下列术语和定义适用于本标准。

3.1　"两措"

是指反事故措施和安全技术劳动保护措施，简称"两措"。

3.2　"四不放过"

是指事故原因不清不放过；相关人员未受到教育不放过；整改措施未落实不放过；有关责任人员未受到处理不放过。

4　职责

（1）水电站分管负责人负责建立健全安全生产保证体系和安全生产监督体系。实行下级对上级负责的安全生产逐级负责制。

（2）水电站负责人是安全第一责任人，对水电站安全生产工作和安全生产目标的完成负全面责任。

5　流程与风险分析

5.1　风险控制点

本标准中的风险控制点包括健全机构、职责分工、工作标准、机构管理、贯彻落实。

5.2　风险分析

（1）由于机构不健全可能造成安全生产管理混乱，发生特殊情况时不能及时处理。

（2）由于职责分工不明确可能造成安全生产管理混乱。

（3）由于无工作标准可能造成各级安全生产组织机构不能正确行使职权。

（4）由于机构建立、变更或取消无记录可能造成安全生产组织机构职责行使不利。

（5）由于贯彻落实不及时，可能造成安全生产管理工作滞后，决议不能及时执行。

6 管理内容与方法

6.1 安全生产委员会

6.1.1 机构管理

安全生产委员会成员组成：主任（水电站主要负责人）、副主任（水电站分管负责人），委员（水电站、各部门负责人）。根据人员变动及时调整安全生产委员会人员并公布。

6.1.2 职责分工

提出安全生产重大方针政策和重要措施，监督检查、指导协调有关部门安全生产工作，组织安全生产大检查和专项检查，负责组织事故调查处理工作，完成其他安全生产工作。

6.1.3 工作标准

安全生产委员会每季度召开一次会议，落实国家和有关部门关于安全生产工作的精神、要求，分析安全生产现状，提出应关注的安全问题，研究防范对策，部署工作安排，落实责任部门及责任人，研究解决安全生产工作中的重大问题，决策安全生产的重大事项。

6.2 安全生产保证体系

6.2.1 机构管理

建立由水电站分管负责人和安全生产部、运行维护部等各部门组成的安全生产保证体系。贯彻"管生产必须管安全"的原则。

6.2.2 职责分工

水电站分管负责人应每月组织召开安全生产分析会议，综合分析安全生产趋势，及时总结事故教训及安全生产管理中存在的薄弱环节，研究采取预防事故的对策。根据安全生产管理委员会的要求，制订保证安全生产的技术措施和组织措施。形成会议记录并予以公布。

6.2.3 工作标准

落实安全生产保证体系职责，保障安全生产所需的人员、物资、费用等需要。对安全生产实行全员、全过程、全方位的闭环管理，实现安全工作科学化、法制化、规范化。强化思想教育，发挥群体保证作用，做到思想到位、组织到位、责任到位、工作到位。约束员工安全文明生产行为。

6.3 安全生产监督体系

6.3.1 安全生产监督部门

6.3.1.1 机构管理

安全生产部接受水电站负责人的管理，并对其负责。

6.3.1.2 职责分工

安全生产部负责对水电站的安全生产管理工作进行综合协调和监督，保证水电站安全目标的实现。

6.3.1.3 工作标准

执行安委会制订的重大决策和重要措施；督促检查贯彻落实安委会决议和安全生产工作部署情况；组织综合性、专题性的安全生产工作检查和考核、评估，对安全生产工作中的重大问题，及时召开专题会议研究处理，对查出的问题和隐患，及时采取措施，限期整改；组织安全生产教育工作；认真贯彻执行国家有关安全生产和劳动保护的方针、法规及安全生产的各种规章、制度和上级有关指示和要求；组织召开安全网会议，认真分析安全生产状况，及时整改存在的安全问题；对在安全生产中做出重大贡献及有严重过失的部门或个人，提出奖惩建议；监督各级安全生产人员责任制落实。

6.3.2 重大突发事件应急处理领导小组

6.3.2.1 职责分工

负责组织制订、修订重大突发事件应急预案，定期组织应急预案演练，监督检查水电站在应急预案中履行职责情况；组织落实重大突发事件发生前所需的物质准备与供给工作；发生重大突发事件时，指挥领导小组立即到位，进行应急救援工作的组织和指挥。

6.3.2.2 重大突发事件应急处理领导小组成员组成

组长（水电站主要负责人）、副组长（水电站其他负责人）、成员（各部门负责人）。

6.3.2 防火委员会

6.3.3.1 职责分工

组织制订消防安全制度、规程；确定消防安全责任人；组织防火检查；按国家有关规定配置消防设施和器材，设置消防安全标志；建立防火档案，确定消防安全重点部位；定期组织消防演练。

6.3.3.2 防火委员会成员组成

组长（水电站分管负责人）、副组长（安全生产部主任、运行维护部主任）、成员（水电站安全员、班组安全员）。

6.4 各组织机构应设办公室

以上各组织机构应设办公室负责日常管理工作，承办各类会议及重要活动，督促、检查各机构会议决定事项的贯彻落实情况，定期汇总分析，提出改进意见或措施，向安全管理委员会报告，负责发生突发情况时的协调、联系，承办安委会交办的其他工作。

7 检查与考核

本标准执行情况由安委会进行监督、检查与考核。

8 报告与记录

序号	名称	保存地点	保存期
1	安全生产组织机构管理记录	安全生产部	3 a

（二十五）安全会议及安全活动管理标准（示例）

1 范围

本标准规定了水电站安全会议和安全活动等方面的管理要求。

2 规范性引用文件

引用规范性文件清单

序号	名称	序号	名称
1	《绩效管理规定》	5	《水电企业生产事故调查规定》
2	《电业安全作业规程（电气部分）》	6	《水电站大坝安全管理规定》
3	《电业安全作业规程（热力和机械部分）》	7	《水电企业安全检查与安全性评价工作规定》
4	《水电企业安全生产工作规定》		

3 术语、定义及缩略语（略）

4 职责

（1）水电站分管负责人全面负责水电站安全会议和安全活动建设的领导工作。

（2）安全生产部是水电站安全会议和安全活动工作的管理部门，负责制订和修订水电站安全会议和安全活动规划、管理办法和考核标准，总结推广先进经验。

（3）运行维护部是班组安全会议和安全活动工作的领导部门，应根据实际生产需要设置运行、检修维护等班组，组织、协调安全会议和安全活动工作，负责班组安全会议和安全活动的日常落实、检查、考核工作。

5 流程和风险分析

5.1 风险控制点

本标准中风险控制点：安全活动、安全会议、安全检查、作业避险、不安全事件、分析与总结。

5.2 风险分析

（1）不按本标准要求进行班组安全活动，可能导致班组的安全管理工作失控，引发安全事故。

（2）不按本标准要求进行安全会议活动，上级安全精神无法传达落实，安全管理无法做到受控、在控。

6 管理内容与方法

6.1 安委会会议

安委会会议每季度举行 1 次（每季度第一个月 10 日前）。参加人员：安委会所有人员及安委会办公室全体人员。

6.2 会议内容

（1）安委会通报上季度安全生产情况，布置下季度安全生产重点工作，传达上级关于安全生产的指示精神。

（2）各部门汇报本部门上季度安全生产情况，分析本部门发生的事故、障碍及不安全因素；提出下季度安全生产重点工作。

（3）要求会议记录完整，交领导审查。

6.3 月度安全生产总结会

（1）每月安全生产总结会不少于 1 次。

（2）参加人员：水电站分管负责人、安全生产部、运行维护部、专工、水电站负责人、值长及有关人员。

（3）活动内容。

①总结分析本月安全生产情况，两票合格率情况，有无习惯性违章现象，设备消缺情况，文明生产情况。

②学习上级下发、转发的安全简报、快报及上级关于安全生产的指示、文件，对水电站发生的不安全情况要重点分析。

③分析损失电量原因，制订出防止损失电量的措施。

④分析发生事故障碍的原因，制订出防范措施，布置下月安全生产防护重点。

⑤要求安全活动内容具体、记录完整，并做好月度安全生产工作总结和下月安全生产重点工作。

6.4 水电站安全活动

水电站安全活动是保证安全生产的一个重要环节，也是安全管理工作的一个重要步骤，水电站必须结合现场实际情况，认真开展安全活动，强化员工的安全意识。

（1）水电站各班组（值）每周安全活动 1 次。

（2）参加人员：班组成员（水电站负责人、安全生产部、运行维护部必须定期参加班组安全活动）。

（3）活动内容。

①总结班组安全生产情况，两票合格率情况，有无习惯性违章现象，员工安全思想状态。

②分析设备缺陷情况，制订防止缺陷再次发生的措施，分析总结操作中的不安全现象，制订防止发生误操作的措施。

③学习上级下发、转发的关于安全生产的指示、文件。

④布置下个轮值安全生产重点工作及安全注意事项。

⑤要求各值安全活动内容真实，记录完整。

6.5 对相关人员要求

（1）水电站领导定期参加安全生产总结会或水电站的安全活动，了解水电站的安全管理状况，了解生产人员对安全管理工作的意见和建议。

（2）安全生产部负责人每月至少应参加1次水电站的安全活动，了解水电站的安全状况，了解员工对安全管理工作、现场工作（劳动）环境的意见和建议。

7 检查与考核

本标准执行情况由安全生产部进行监督、检查与考核。

8 报告与记录

序号	名称	保存地点	保存期（a）
1	安全活动制度	水电站	3
2	安全会议制度	水电站	3
3	安全活动记录本	水电站	3
4	安全会议记录本	水电站	3

（二十六）防汛、防雷、防寒、防小动物管理标准（示例）

1 适用范围

本标准规定了水电站防汛、防雷、防寒、防小动物管理标准的编制与实施等内容。

2 规范性引用文件

引用规范性文件清单

序号	名称	序号	名称
1	《电业安全作业规程（电气部分）》	4	《水电企业生产事故调查规定》
2	《电业安全作业规程（热力和机械部分）》	5	《水电站大坝安全管理规定》
3	《水电企业安全生产工作规定》	6	《水电企业安全检查与安全性评价工作规定》

3 定义、术语及缩略语

防汛、防雷、防寒、防小动物简称为"四防"。

4 职责和权限

（1）成立"四防"工作领导小组。组长由水电站负责人或分管负责人担任，其职责：

①负责水电站"四防"工作，组织制订年度"四防"工作计划。

②审批水电站"四防"相关预案；组织检查"四防"设施设备完好、器材配备

和"四防"措施落实情况。

③指挥协调"四防"抢险工作。

④对"四防"工作执行情况进行奖惩考核。

（2）"四防"办公室设在运行维护部，其职责是：

①负责制订年度"四防"工作目标计划和"四防"预案，统一管理"四防"器材。

②组织对水电站"四防"工作检查及相关预案演习。

③根据"四防"领导小组的指令统一调度抢险工作。

④对年度"四防"工作进行总结并提出考核意见。

5 流程与风险分析

5.1 风险控制点

本标准中的风险控制点包括计划编制、审批与上报、计划实施、检查与考核、总结评价。

5.2 风险分析

（1）由于编制"四防"计划项目有疏漏，可能发生引起事故的因素没有列入"四防"计划内，导致引起事故的因素失控，造成人身和设备事故。

（2）由于没有按时审批与上报"四防"计划，可能造成"四防"计划实施延后，导致引起事故的因素失控，造成人身和设备事故。

（3）由于不按计划实施"四防"计划，造成计划实施项目遗漏，对人身及设备存在安全隐患。

（4）由于没有进行"四防"计划实施中的检查与考核，可能造成未及时发现"四防"计划在实施过程中的漏项、资金挪作他用等现象，对人身及设备存在安全隐患。

（5）由于完成的"四防"计划未总结评价，可能发生整改的效果不好，导致引起事故的因素没能有效控制或消除，造成人身和设备事故。

6 管理内容与方法

6.1 防汛

6.1.1 防汛准备和汛前检查

（1）每年汛期，水电站应根据水行政主管部门防汛工作会议精神，结合水电站所辖区域的实际情况布置制订防汛工作计划和防汛预案并落实有关措施。

（2）水电站防汛检查的主要内容和要求：

①防汛组织机构健全，指挥调度灵活。

②相关的防汛抢险救灾的措施、物资、器材设备准确齐全。

③气象、水情、汛情的预报和监视、警报准确及时。

④在汛前应对防汛器材及排水设施、设备进行全面检查、维护及检修，发现问

题及时予以消除。

⑤检查横向、纵向围堰以及岸坡接头部位变形和渗漏情况。

⑥检查管路安装、埋件保护和其他建筑的防护情况。

⑦检查坝区高边坡排水孔和排水沟的排水情况，避免坝区暴雨对边坡带来危害。

⑧检查辅助设施防洪排水和保护措施。

⑨检查超标准洪水、度汛的应急预案和抢险措施的落实情况。

⑩在汛期前应对防汛器材及设备进行全面检查、维护及检修，发现问题及时予以消除。

⑪每年汛前，水电站要组织一次防汛演习。

6.1.2 水电站防汛器材管理和防汛设备管理

（1）汛前备足备好防汛器材，并切实加强管理，建立防汛器材专管台账及领用管理制度，保证随时调用。

（2）防汛物资只能用于防汛抢险，不能移作他用。

（3）按照分工管理、统一调度的原则，防汛器材在汛期应服从防汛办公室的统一调用。

（4）水电站应将固定防汛设施和设备纳入日常的运行、检修管理，以确保防汛设备的完善、可靠。

（5）汛期所有防汛设备应投入正常运行。

（6）汛期过后，水电站要将防汛抢险器材、物资收回，做好保养工作，以作备用。

6.1.3 汛期值班

（1）汛期实行 24 h 防汛值班和领导带班制度。防汛值班工作实行"迅速、准确、稳妥"的工作原则。带班、值班人员须坚守岗位，认真负责处理当班各项防汛事务，不得擅离职守。

（2）带班领导负责当日值班信息的及时处理。

（3）值班人员由熟悉防汛业务的正式在岗工作人员担任。

（4）及时准确掌握库区内雨情、水情、灾情，每天接收水情预报，及时报送运行维护部，由运行维护部发送"四防"办公室。

（5）值班电话要即响即接，最迟不超过电话铃响 3 声。接听或拨打电话时要礼貌热情、语言简洁、注意保密。认真做好防汛信息接收、登记、处理和报告，确保文件资料准确无误，传递信息及时可靠，工作处理高效有序。

（6）加强对重大突发汛情、灾情的预测、跟踪和研判，负责有关信息的汇总、整理和报送工作。

（7）值班当日要认真填写值班日志。认真履行交接班手续，说明已办和待办事项。

（8）值班人员因对防汛信息掌握不及时、不全面，处理不规范等造成工作失误的，要予以通报批评。造成严重后果的要追究有关责任人的责任。

6.1.4 汛情汇报和汛期抢险

（1）汛期内水电站应按照防汛预案和巡回检查规定的要求，加强对防汛重点部位的检查，遇有暴雨时，应加强值班力量，增加检查次数，延长检查时间。

（2）汛期内水电站防汛办公室应加强与地方防汛部门的联系，及时在生产调度会上汇报汛情并告知。

（3）防汛办公室要关心每天的汛情预报，做好防汛各项准备工作。

（4）在汛期，水电站必须保证通信、预报警报系统畅通，通信工具优先为防汛抗洪服务。根据"四防"办公室提供的汛情，及时向全厂发布防汛信息。

（5）在紧急防汛期，为了防汛抢险需要，防汛办公室有权在其管辖范围内，调用人力、物资、设备、交通运输工具。

6.2 防寒

6.2.1 防寒准备与检查

（1）水电站在9月下旬应对所管辖区域进行检查，发现问题及时处理，需协调处理的问题汇总上报"四防"办公室进行统一安排。

（2）每年10月上旬"四防"办公室组织对水电站防冻保温工作进行统一检查，这包括所有厂房、发电设备、取暖系统、办公室、门窗、玻璃等，对检查的结果应以书面材料通报水电站负责人，对存在的问题要限期整改。

6.2.2 防寒工作

（1）为防止环境温度降低后，引起电动机绝缘受潮、冷却水管路结冰堵塞、静态微机保护闭锁告警、蓄电池电压低等，应及时投切取暖设备，保持设备正常工作温度。

（2）天气骤冷时，检查注油设备的油面以及加热设备运行情况。

（3）大雪时，检查室外设备有无闪络放电、设备接头有无积雪、判断发热等情况，必要时应采取措施。

（4）做好发电机组停运时的所有设备的防冻措施。

6.3 防雷

雷击对水电站的发电机、电气设备、建筑设施、人身的安全威胁较大，防止或减少因雷击造成的设备、建筑损失和人身伤亡。

（1）认真学习防雷知识，做到以下几点：

①熟悉了解水电站发电机、电气设备、线路、建筑设施的防雷装置设施，掌握水电站内接闪器、引下线、接地装置、过电压保护器的特性，结构布置及在使用中的情况。

②了解水电站设备、设施对接地电阻要求。

③记录水电站雷击情况并分析其规律。

（2）电气设备订货时，应向厂商提供水电站雷暴、地质情况，要求设备有可靠的防雷措施。

（3）接地装置工程结束后，应组织专业人员按《电气装置安装工程接地装置施工及验收规范》（GB 50169—2006）进行验收，对不合格的部分，应督促认真整改，直至符合设计要求为止。

（4）水电站防雷测试检查要求：

①防雷装置定期试验检查原则上按部颁《电气设备预防性试验规程》（DL/T 596—1996）进行。

②避雷器于每年雷雨季节前进行试验检查，试验项目见该规程。

③接地装置每 3 a 由相关专业单位进行一次全面测试，包括变电所、发电机组、独立避雷针和有架空避雷线的线路杆塔接地电阻测试。

④接地电阻测量应在雷雨季节前进行。

⑤水电站在每年雷雨季节前及雷雨前后对防雷装置应增加特巡，对电气设备、引下线、接地线、接地体进行较全面的检查，检查连接处是否可靠，有无腐蚀、生锈脱焊，接地体有无外露、断裂，深埋是否达到设计要求。

⑥测试检查结果和巡视情况应有纪录、小结。

（5）防雷其他要求。

①发电机、电气设备和变电所要求接地电阻达到设计标准，在测量时，接地电阻达不到原设计要求，尽快提出解决措施，抓紧落实整改。

②在每年季节性检查时，发现防雷装置有缺陷，运行维护部应尽快组织消缺弥补，防止或减少雷击造成的损失。

6.4　防小动物

（1）防小动物工作检查

①水电站应每月进行 1 次防小动物检查。

②检查内容：包括室内外电缆盖板是否齐全、破碎，进入开关室、变电站、塔架等处电缆沟是否有洞隙，洞封堵是否严密，门窗是否完好，门锁、插锁是否完好，通风孔、百叶窗是否完好，驱鼠器工作是否正常。

（2）防小动物相关要求

①水电站控制室、库房、高压配电室、低压配电室等生产用房与场所应配置鼠药，并定期更换。

②对敷设电缆等工作，须临时敲开堵塞的孔洞和墙时，应采取防小动物进入临时措施，待工作结束时，立即封堵并且对全部封堵小动物进入的孔洞进行检查。

③生产区内工作人员吃剩的饭菜食品应倒入污物桶内。

①工作人员进出控制室和开关室等处时，必须随手关门，以防小动物进入造成事故。

⑤严格执行上级规定，严禁在生产区种植粮油豆类作物。

⑥经常检查生产用房防小动物设施的完整性，防止小动物进入，及时清除设备周围场地杂草，消灭小动物的栖身之地。

⑦一旦发现有小动物痕迹及进出孔洞，应立即进行全面检查，及时采取措施。

⑧防小动物工作，应记录在记录簿内。

7 检查与考核

本标准执行情况由运行维护部和"四防"办公室进行监督、检查与考核。

8 报告与记录

序号	名称	保存地点	保存期（a）
1	年度"四防"计划检查及实施记录	水电站	2
2	"四防"计划项目完成情况（半）年报	水电站	2

附录 A "四防"措施计划报表

日期：　年　月　日

序号	项目名称	计划经费（万元）	计划完成时间	备注
1				

（二十七）消防安全管理标准（示例）

1 范围

本标准规定了水电站消防组织机构及职责，防火重点部位管理；动火作业管理；生产检修现场消防管理；消防检查、隐患整改；消防宣传教育培训管理；火灾事故管理等方面的管理要求。

2 规范性引用文件

引用规范性文件清单

序号	名称	序号	名称
1	《安全生产管理体系要求》	4	《水电企业安全生产工作规定》
2	《安全生产管理体系管理标准编制导则》	5	《水电企业生产事故调查规定》
3	《水电企业安全检查与安全性评价工作规定》	6	《水电站大坝安全管理规定》

3 术语和定义

3.1 火灾

指在时间和空间上失去控制的燃烧所造成的灾害。

3.2 消防设施

指消火栓、灭火器、火灾自动报警和灭火设施、消防安全疏散标志等各种专门用于防火、火灾报警、灭火以及发生火灾时用于疏散逃生的设施、器材。

3.3 消防安全标示

指用以表达与消防有关的安全信息的图形符号或者文字标识，包括火灾报警和手动控制的标识、火灾时疏散途径的标识、灭火设备标识、具有火灾爆炸危险的物质或场所的标识等。

3.4 防火重点部位

是指火灾危险性大、发生火灾损失大、伤亡大、影响大的部位和场所。

4 职责

（1）水电站主要负责人是水电站消防安全责任人，对水电站的消防工作全面负责；值长是本值消防安全责任人，对本值消防工作全面负责。

（2）水电站分管负责人负责水电站消防规程制订、人员教育培训、消防演练和演习、设施维护等消防管理各项具体工作。

5 流程与风险分析

5.1 管理流程图

消防安全管理流程图见附录 A。

5.2 风险控制点

本标准中的风险控制点包括组织与职责，规程制订，重点防火部位，消防通道，宣传教育，演练演习，检查考核，新建、改建、扩建项目。

5.3 风险分析

（1）消防组织机构不健全，可能发生人员职责不明确，岗位责任制不落实，消防工作管理不到位，导致火灾事故。

（2）消防规程和防火制度不完善，可能发生消防设施、器具管理不规范，火灾时消防设施不能发挥应有的作用，延误抢险救灾灭火。

（3）重点防火部位及责任人不明确，标志设置不明显，对进入重点防火部位作业人员存在人身安全风险。

（4）水电站负责人对员工消防安全教育培训不重视，可能发生员工消防安全责任意识淡薄，不能熟练掌握使用消防灭火器材，延误抢险救灾灭火效果。

（5）没有按时组织开展消防灭火演练，可能发生火灾应急抢险时员工不能正确处置，引起火灾事故范围扩大，初起火灾不能有效扑灭的事故。

（6）安全生产部、运行维护部的监督、检查、考核、整改不完善，存在火灾风险。

（7）新建、改建、扩建项目，未按照规定办理相关施工、竣工手续进行施工和启用，存在火灾风险。

6　管理内容与方法

6.1　消防组织机构及职责

（1）设立消防工作小组，水电站主要负责人由消防第一负责人为组长，水电站分管负责人为副组长，成立义务消防队，指定兼职消防员，建立水电站逐级岗位防火责任制（负责人、值长、专兼职安全员、各职工），组成水电站消防管理网络。

（2）全面负责消防管理各项具体工作。

①落实各级人员防火责任制，贯彻执行有关部门各项消防安全规章制度。

②建立健全防火安全规章制度以及消防规程、消防演练预案，报上级有关部门批准执行，做到按规定及时修订更新。

③组织人员定期巡视、检查消防系统及设备，发现隐患及时整改，重大隐患及时上报。

④按计划多渠道组织开展消防安全宣传教育培训，提高员工的消防安全技能。

⑤有针对性地组织开展消防灭火演练、演习，切实提高现场火险应急救援能力。

⑥实施动火作业，相关责任人签发动火作业票、审查落实防火各项安全措施。

⑦组织扑救火灾，保护现场，协助有关部门调查火灾原因，提供火灾现场真实情况。

6.2　防火重点部位安全管理

（1）防火重点部位包括主控制楼（包括监控机房、通信机房、蓄电池室、继保室等）、油品库、高压配电室、柴油机房、电缆夹层（电缆间及隧道）、户外主变压器。

（2）防火重点部位应有明显标志，并在指定地方悬挂，其主要内容是重点防火部位或场所的名称及防火责任人等。

（3）防火重点部位应建立岗位防火责任制，落实消防安全措施，制订灭火预案并定期进行演练。做到定点、定岗、定任务。

（4）防火重点部位如需动火作业时，必须办理动火作业票。

（5）重点防火部位设施、器材配备和完好率要达到100%，建立相应的防火档案。

（6）防火重点部位或场所应建立防火检查制度。

（7）防火负责人要经常开展消防教育，建立有效的规章制度，确保防火重点部位的安全。

（8）春季、秋季应及时清除站区、箱变周围杂草，站内设备存放区附近不得堆放易燃杂物。

（9）在防火重点部位工作的外单位人员应自觉遵守本标准。

6.3 动火作业管理

（1）明火作业前应将动火现场周围及下方的易燃物全部清理阻隔后方可动火。

（2）高空动火作业，应对其下方的电缆、逃生口等孔洞进行封堵检查，采取措施以防止火花溅落引起火灾及电气事故。

（3）动火作业时应有专人监护，并配有足够数量的移动式灭火器材。

（4）动火作业完毕，应清理现场，确认无残留火种后，监护人员方可离开。

6.4 生产检修现场消防安全管理

（1）生产现场进行检修时，工作负责人应到现场检查防火安全措施是否完善。

（2）检修现场需动火时，应办理动火作业票并设专人监护。

（3）检修工作场所不应有带电的裸露电线，以防电火花引起设备火灾。

（4）生产现场严禁存放易燃易爆物品。

（5）检修清洁工作中不得使用汽油、煤油等易燃物作为清洁剂洗刷设备、机件或洗手。

（6）检修使用过的擦拭材料、易燃物应及时清理倒入指定地点集中处理。

（7）工作间断或结束时应清理检查火险隐患，确认安全后方可离开现场。

6.5 消防安全检查、隐患整改

（1）每年的"春检""秋检"和"四大节"前以及按照公安消防机构的具体部署由安全生产部组织专项检查；平时每周组织 1 次抽查；当值负责人要每日进行防火检查。

（2）防火检查的内容：

①火源、电源、水源使用管理情况。

②消防器材、消防设施使用、管理到位情况。

③生产设备及要害部位的防火落实情况。

④火险隐患整改情况。

⑤其他需要检查情况。

（3）火险隐患的整改：

①火险隐患的整改是在消防安全检查的基础上，对查出的火险隐患进行的分类和分析，应对查出的火险隐患实施整改。

②水电站在接到消防隐患整改通知或地方消防部门的火险责令限期改正通知书后，应组织有关人员按要求进行整改。整改不完善的或未按时整改完的、造成严重后果的要追究有关人员的责任。

6.6 消防安全宣传、教育、培训管理

6.6.1 消防宣传

（1）消防宣传的内容

宣传有关消防方针、政策和消防法规、技术规范和标准以及各级政府有关消防工作的指示，宣传学习防火灭火常识、消防器具正确使用，以及电力设备典型消防规程、水电站消防规程、规范。

（2）消防宣传的形式

消防安全知识问答竞赛、消防宣传画廊、消防标语、消防演讲、影视宣传、消防报刊等形式。

6.6.2 消防教育、培训

（1）安全负责人要采取多种形式开展消防安全教育培训，消防教育、培训工作包括以下方面：

①根据上级或当地消防部门的要求，不定期进行消防安全教育专项培训。

②每年自行组织开展 1~2 次消防安全教育培训学习。

③新进职工、工作调换、实习培训人员应在班组进行消防安全教育，考试合格后方可上岗工作。

④结合春季、秋季安全大检查组织开展消防安全宣传教育工作。

⑤节假日要做好职工家属节日期间现场消防安全宣传教育工作。

⑥组织学习本单位的消防规程，在设备投入运行前让员工能够熟练掌握消防设施的结构原理、操作流程、应急处置方法和程序等工作。

⑦消防教育和培训的内容应当包括有关消防法规、消防安全制度和消防设备操作规程；防火检查内容、频次和方法；"三懂、三会"内容，即懂得本岗位的火灾危险性，懂得预防火灾措施，懂得本岗位扑救初期火灾的方法，会报警，会使用消防器材，会扑救初期火灾。

（2）消防教育和培训应做好记录。

（3）下列人员应当接受消防安全专门培训：

①消防安全责任人、消防安全管理人。

②专、兼职消防管理人员。

③消防控制室的值班、操作人员。

④其他依照规定应当接受消防安全专项培训的人员。

6.7 火灾事故的管理

6.7.1 一般灭火规则

（1）灭火应以现场人员为主要力量扑灭初期火灾。

（2）地方消防队到达火场时，临时灭火指挥人应立即与地方消防队负责人取得联系并交代失火设备现状和运行设备状况，然后协助消防队负责人指挥灭火。

（3）火场扑救时，要本着先救人后救物的原则。

（4）发现火灾，值班员应立即通知现场负责人并组织现场人员进行扑救，并立即启动火灾自动报警装置或使用消防灭火器材。主要设备或场所应根据火灾危险等级适时启动灭火应急预案。

（5）水电站主要负责人或其他负责人接到火灾报警后，应立即奔赴火灾现场组织灭火。

（6）安全负责人要了解掌握设备着火部位、燃烧物的性质、燃烧面积、火势蔓延的方向、火势对人是否有威胁；消防车道和救护车道是否畅通；有无需要疏散和保护的物资等事项。

（7）扑救火灾时应采取防止人员被火烧伤或引起气体中毒、窒息以及防止引起爆炸的安全防范措施，灭火人员正确使用储备的防毒面具。

（8）电气设备发生火灾时仅准许在熟悉该设备带电的部分人员的指挥或带领下进行灭火，应立即将有关设备的电源切断，采取防止触电的安全措施和紧急隔停措施。

（9）如设备着火引发草原或森林火灾，应协同配合地方消防队全力阻截火势。

（10）火灾扑灭后必须保留火灾现场状况，做好火场的保卫工作。

6.7.2　火灾事故的调查和处理（火灾报警）

（1）发生火警、火灾事故后，水电站负责人应立即向地方公安消防部门报警求援。

（2）火灾报警时，应向地方消防队准确告知水电站火灾的具体位置、报警人姓名、电话、火势情况等火灾报警要点，同时委派人员指引道路通行方向，便于消防队以最快速度到达现场灭火。

（3）应保护好火灾现场，接受事故调查，如实提供火灾事实的情况，不得隐瞒、掩饰起火原因、推卸责任，故意破坏现场。

（4）火警、一般火灾事故的调查由安全生产部牵头，其他部门配合，运行维护部组织有关人员按"四不放过"的原则查清火警、火灾事故，写出火警、火灾事故调查报告，对有关部门和责任者提出处理意见，呈报安全生产管理委员会。

（5）重大以上火灾事故由防火负责人组织调查，相关职能部门协助公安消防机构进行调查。要如实向公安消防机构提供火灾事故情况，组织安排好调查对象，协助消防监督机构调查火灾原因，核定火灾损失，根据公安消防机构出具的《火灾原因认定书》和《火灾事故责任书》查明火灾事故责任，对有关责任者进行处理，写出火灾事故调查报告。

（6）火灾事故的调查应做到"四不放过"，即原因不清不放过，责任者和应受教育者没有受到教育不放过，事故责任者没有受到责任追究不放过，没有采取防范措施不放过。

7　检查与考核

本标准执行情况由安全生产部进行监督、检查与考核。

8 报告与记录

序号	名称	保存地点	保存期（a）
1	消防检查记录	水电站	3
2	消防器材、设备维护记录	水电站	3
3	重点防火部位清单	水电站	3
4	消防通道疏散平面图	水电站	3

附录 A　消防监督检查整改流程

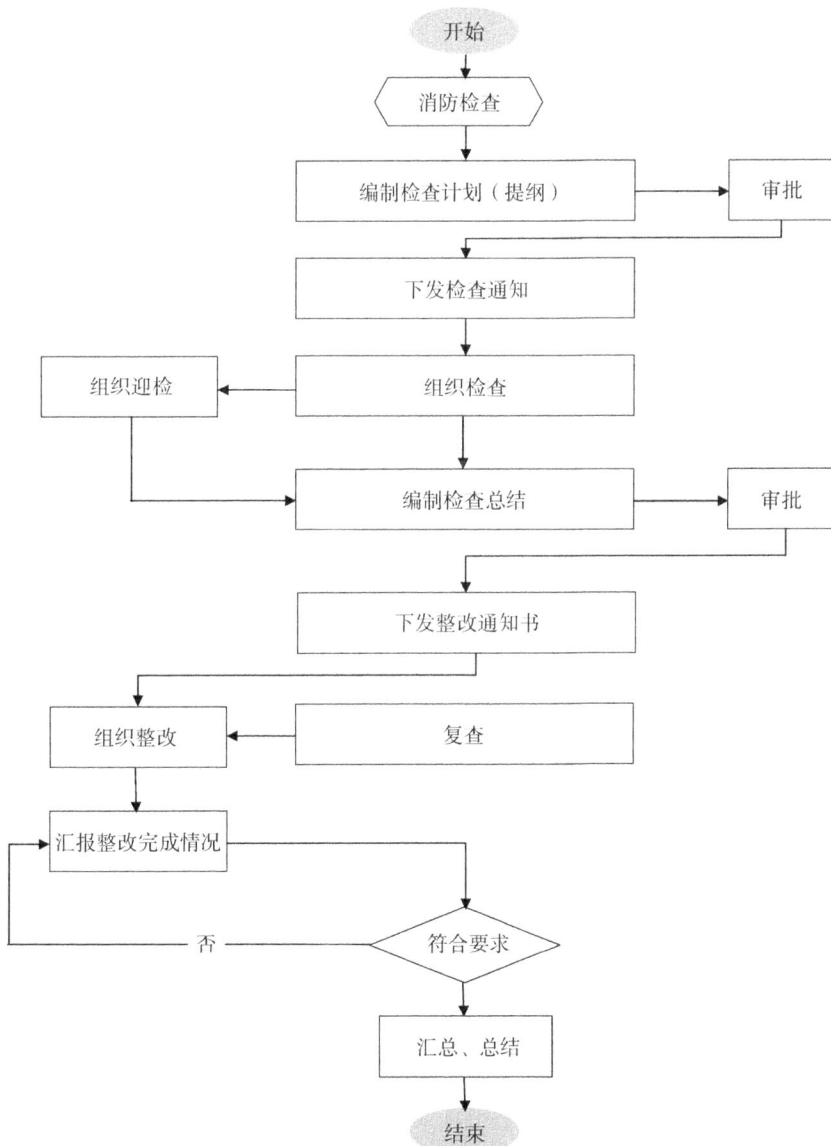

3　水电站安全生产标准化

3.1　目标职责

3.1.1　目标

安全工作始终是水电站的核心工作之一，安全目标管理是水电站管理的核心部分之一，是水电站管理的重点内容，为水电企业实现经营的总体目标提供有力的保障。水电站应根据自身生产经营实际，围绕经营管理总目标制订相应的安全工作目标，同步制订系列细化措施，逐项分解并建立相应监督考核机制。水电站生产安全管理的原则是"安全第一、预防为主、综合治理"，落实安全生产"双主体责任"和"三个责任人"。防止和杜绝人身伤亡、主要设备损坏、垮坝、火灾等重大或特大事故以及对社会造成重大影响的事故发生。

建立和健全各种规章制度，贯彻执行《农村水电站技术管理规程》（SL 529—2011）、《电业安全工作规程（发电厂和变电站电气部分）》（GB 26860—2011）等各种技术规程规范。

3.1.1.1　目标的基本规定

（1）安全生产目标管理制度应明确目标的制定、分解、实施、检查、考核等内容。安全生产目标管理制度应形成文件，并由电站企业主要负责人签发。

（2）制订安全生产总目标和年度目标，应包括安全生产事故控制、安全生产事故隐患排查治理、职业健康、安全生产管理等目标。

（3）根据部门和所属单位在安全生产中的职能，分解安全生产总目标和年度目标。

（4）逐级签订年度安全生产责任书，并制定目标保证措施。

（5）定期对安全生产目标完成情况进行检查、评估，必要时及时调整安全生产目标实施计划。

（6）定期对安全生产目标完成情况进行考核奖惩。

3.1.1.2　目标的基本内容

（1）不发生一般及以上人身伤亡事故（事件）。

（2）不发生一般及以上设备事故。

（3）保障水电站防洪度汛安全。

（4）不发生一般及以上火灾事故。

（5）不发生特种设备安全事故。

（6）不发生一般及以上我方责任的交通事故。

（7）隐患排查和治理目标。

3.1.1.3 目标的实施

（1）水电站安全生产目标应对全体员工进行告知、培训，水电站总体和年度安全生产目标、安全生产指标、考核办法等应以文件形式下发，并在水电站宣传栏、布告栏等显著位置公布。

（2）水电站应组织层层签订年度安全生产目标责任书，明确安全责任人。定期对安全生产目标的完成情况、制度建设情况进行监督、检查，定期依据安全生产考核办法进行安全生产目标考核。

3.1.2 机构和职责

3.1.2.1 机构和职责的基本规定

（1）成立由水电站主要负责人、其他领导班子成员、有关部门负责人等组成的安全生产委员会（安全生产领导小组），人员变化时及时调整发布。

（2）按规定设置或明确安全生产管理机构。

（3）按规定配备专（兼）职安全生产管理人员，建立健全安全生产管理网络。

（4）安全生产责任制度应明确各级部门及人员的安全生产职责、权限和考核奖惩等内容。主要负责人全面负责安全生产工作，并履行相应责任和义务；分管负责人应对各自职责范围内的安全生产工作负责；各级管理人员应按照安全生产责任制的相关要求，履行其安全生产职责。

（5）安全生产委员会（安全生产领导小组）每季度至少召开1次会议，跟踪落实上次会议要求，总结分析水电站的安全生产情况，评估水电站存在的风险，研究解决安全生产工作中的重大问题，并形成会议纪要。

3.1.2.2 机构和人员配置

成立由水电站企业主要负责人为领导的，各厂站（部门）安全员为成员的安全生产管理机构，形成安全管理的组织体系。规模较小电站可不专设安全管理机构，但应设置专（兼）职安全管理人员，并根据实际情况配备专（兼）职的安全员。

3.1.2.3 安全生产主体责任落实

安全生产责任制是根据安全生产法律法规建立的各级领导、职能部门、工程技术人员、岗位操作人员在劳动生产过程中对安全生产层层负责的制度，是水电站安全生产最基本的安全管理制度。安全生产责任制区别于其他安全生产专项规章制度，其核心是明晰安全管理的责任，即明确管理部门、管理内容、管理手段、承担责任各项内容。农村水电企业安全生产责任制应明确电站、各厂站（部门）、班组、岗位的职责，权限和考核内容。

（1）水电站企业法人职责。企业法人"一岗双责"，即岗位业务工作职责和安全生产工作职责。主要负责人承担本单位安全生产工作职责：

①建立、健全安全生产责任制。

②组织制订安全生产规章制度和操作规程。

③保证安全生产投入。

④督促、检查安全生产工作，及时消除生产安全事故隐患。

⑤组织制订并实施生产安全事故应急救援预案。

⑥及时、如实报告生产安全事故。

⑦组织制订并实施安全生产教育和培训计划。

（2）水电站安全管理机构及安全管理人员的职责。

①拟订安全生产规章制度、操作规程和生产安全事故应急救援预案；监督水电站各级人员安全生产责任制的落实；监督各项安全生产规章制度、反事故措施按上级有关安全工作指示贯彻执行。

②组织安全生产教育和培训。

③落实重大危险源的安全管理措施。

④组织应急救援演练。

⑤检查安全生产状况，及时排查生产安全事故隐患，提出改进安全生产管理的建议；对监督检查中发现的重大问题和隐患，及时下达安全监督通知书，限期解决，并向主管领导报告。

⑥制止和纠正违章指挥、强令冒险作业、违反操作规程的行为。

⑦落实安全生产整改措施。

⑧编制安全技术劳动保护措施计划，监督计划执行情况；监督劳动保护用品、安全工器具、安全防护用品的购置、发放和使用。

（3）电力安全监察员的职责。

①行使安全监察职能，定期报告安全生产情况。

②负责监督各级人员安全生产责任制的落实，监督各项安全生产规章制度、反事故技术措施和上级有关安全生产指标的贯彻执行。

③深入现场检查安全生产状况及设备的安全运行情况。对违章指挥、违章作业等现象，有权制止与处罚；对安全隐患，有权发出安全监察通知书，并限期消除；对于有严重事故危险的作业场所，有权责令停止作业或撤出人员。

④参加或协助组织事故调查。

⑤协助领导组织安全检查，监督整改措施的落实，监督检查中发现的重大问题和隐患的解决。

⑥负责组织安全技术措施计划的制订、企业安全生产基金的使用计划，监督安全生产基金费用的提取。

⑦负责安全教育培训计划实施及反事故演习。

3.1.3　全员参与

（1）定期对部门和从业人员的安全生产职责的适宜性、履职情况进行评估和监督考核。

（2）建立激励约束机制，鼓励从业人员积极建言献策，建言献策应有回复。

3.1.4　安全生产投入

安全投入是第一位的，安全管理是第一位的，应遵循以下基本规定。

（1）安全生产投入制度应明确费用的提取、使用和管理。

（1）按有关规定保证安全生产所必需的资金投入。

（3）根据安全生产需要编制安全生产费用使用计划，并严格审批程序，建立安全生产费用使用台账。安全生产费用使用应符合有关规定范围。

（4）落实安全生产费用使用计划，并保证专款专用。按照有关规定，为从业人员及时办理工伤等相关保险。

（5）每年对安全生产费用的落实情况进行检查、总结和考核，并以适当方式公开安全生产费用提取和使用情况。

3.1.5　安全文化建设

（1）确立本单位安全生产和职业病危害防治理念及行为准则，并教育、引导全体人员贯彻执行。

（2）制订安全文化建设规划和计划，开展安全文化建设活动。

（3）文化建设的主要形式。组织安全日活动，召开月安全分析会，张贴形式多样的安全警示标语，印发安全手册和安全指南；组织安全生产知识竞赛等。

3.1.6　安全生产信息化建设

根据实际情况，建立安全生产日常管理、重大危险源监控、职业病危害防治、应急管理、安全风险管控和隐患自查自报、安全生产预测预警等电子台账或信息系统，利用信息化手段加强安全生产管理工作。

3.2　制度化管理

3.2.1　法规标准识别

（1）明确法规标准识别归口管理部门，识别和获取适用的安全生产法律法规、标准规范，包括但不限于：《中华人民共和国安全生产法》《中华人民共和国防洪法》《生产安全事故报告和调查处理条例》《电业安全工作规程（发电厂和变电站电气部分）》（GB 26860—2011）、《小型水电站安全检测与评价规范》（GB/T 50876—2013）、《小型水电站运行维护技术规范》（GB/T 50964—2014）、《农村水电站技术管理规程》（SL 529—2011）、《生产经营单位生产安全事故应急预案编制导则》（GB/T 29639—2013）、《水库大坝安全管理应急预案编制导则》（SL/Z 720—2015）、《生产安全事故应急演练指南》（AQ/T 9007—2011）、《生产安全事故应急演练评估规范》（AQ/T 9009—2015）。

（2）及时向员工传达并配备适用的安全生产法律法规和其他要求。

3.2.2　规章制度

（1）应建立和健全安全生产规章制度，包括但不限于：目标管理，安全生产责任制，安全生产投入，安全生产信息化，文件、记录和档案管理，新工艺、新技术、新材料、新设备管理，教育培训，班组安全活动，特种作业人员管理，设备设施管理，运行管理（包括操作票、工作票、交接班、设备巡回检查、设备定期试验轮换等），检修管理，危险物品管理，安全警示标志管理，消防安全管理，交通安全管理，相关方管理，防洪度汛安全管理，职业健康管理，劳动防护用品（具）管理，安全风险管理，隐患排查治理，应急管理，事故管理，安全生产报告，绩效评定管理。

（2）将安全生产规章制度发放到相关工作岗位，并组织培训。

3.2.3　操作规程

（1）应根据相关规程规范，并结合电站实际，组织从业人员参与，编制现场运行规程、现场检修规程等。

（2）新工艺、新技术、新材料、新设备投入使用前，组织编制或修订相应的安全操作规程，并确保其适宜性和有效性。

（3）安全操作规程应发放到相关班组、岗位，并对员工进行培训和考核。

（4）管理基本要求。

①水电站应该建立识别和获取适用的法律、法规、安全法规、标准、规范的制度或有专人负责及时跟踪获取最新法律法规标准，汇编成册并及时传达给员工。确

保安全规章制度和操作规程编制、使用、评审、修订的效力。

②水电站应严格执行国家、行业发布的安全生产法规、标准、规定、规程等，并结合电站情况制订细则或补充规定，细化到本电站，但不得与国家、行业标准规范相抵触。根据国家、行业颁发的检修规程、制度、技术原则制订本企业的检修管理制度；根据技术规程和设备制造说明，编制主、辅设备的检修工艺和质量标准。

③规程规范经制订后，必须履行一定的审查、批准和发布程序。必须以本单位正式文件的形式发布。规程规范、规章制度必须发放到相关岗位，必须全面系统宣传贯彻，确保员工遵守。

④投入新技术、新工艺、新设备时应及时更新；当颁发新的规程、设备系统变动等，应及时对现场规程进行补充或对有关条文进行修订，并针对相关人员下发书面通知。每年应对现场规程进行复查、修订。现场规程的补充修订应严格履行审批手续并记录在案。

3.2.4 文档管理

（1）应建立文件和记录管理制度，明确安全生产规章制度、操作规程的编制、评审、发布、使用、修订、作废以及文件和记录管理的职责、程序和要求。

（2）建立健全安全生产过程、事件、活动、检查的安全记录档案，并实施有效管理。安全记录档案应包括但不限于：操作票、工作票、值班日志、交接班记录、巡检记录、检修记录、设备缺陷记录、事故调查报告、安全生产通报、安全会议记录、安全活动记录、安全检查记录。

（3）每年至少评估 1 次安全生产法律法规、标准规范、规范性文件、规章制度、操作规程的适用性、有效性和执行情况。

（4）根据评估、检查、自评、评审、事故调查等发现的相关问题，及时修订安全生产规章制度、操作规程。

（5）管理要求。

①制订并严格执行文件、档案管理制度。

②明确档案管理主体及责任。

③档案管理应有专用房间和档案柜。档案归档立卷、分类、存放等应符合档案管理有关管理要求及标准要求。

3.3 教育培训

3.3.1 教育培训管理

（1）安全教育培训制度应明确归口管理部门、培训的对象与内容、组织与管理、检查和考核等要求。

（2）定期识别安全教育培训需求，编制培训计划，按计划进行培训，对培训效果进行评价，并根据评价结论进行改进，建立教育培训记录、档案。

3.3.2　人员教育培训

（1）主要负责人和安全生产管理人员，必须具备相应的安全生产知识和管理能力，按规定经有关部门培训考核合格后方可上岗任职，按规定进行复审、培训。

（2）新员工上岗前应接受三级安全教育培训，并考核合格。

（3）在新工艺、新技术、新材料、新设备投入使用前，应根据技术说明书、使用说明书、操作技术要求等，对有关管理、操作人员进行有针对性的安全技术和操作技能培训和考核。

（4）作业人员转岗、离岗3个月以上重新上岗前，应进行安全教育培训，经考核合格后上岗。

（5）特种作业人员、特种设备作业人员应按照国家有关规定经过专门的安全作业培训，取得相关证书后上岗作业；离岗6个月以上重新上岗，应进行实际操作考核合格后上岗工作。建立健全特种作业人员和特种设备作业人员档案。

（6）每年对在岗作业人员进行安全生产教育和培训，培训时间和内容应符合有关规定。

（7）督促检查相关作业人员的安全生产教育培训及持证上岗情况。

（8）对外来人员进行安全教育，主要内容：安全规定、可能接触到的危险有害因素、职业病危害防护措施、应急知识等，并由专人带领做好相关监护工作。

3.4　现场管理

3.4.1　设备设施管理

3.4.1.1　主要水工建筑物管理

（1）基本规定。

①挡水建筑物。大坝、闸坝、堰坝、前池等应定期进行维护和观测，定期进行安全检查，并按规定进行安全监测。基础稳定，无异常渗漏现象；坝体结构无老化、错位、贯通性裂纹或洞穴；边坡稳定，无隐患；坝顶路面平整，抢险通道畅通；充排水（气）系统工作正常；各类观测、监测设备完好。

②泄水建筑物。溢洪道、泄洪洞、泄洪孔等应定期进行维护和观测，并按规定进行安全监测。基础稳定，溢流面无冲蚀现象，边坡稳定，无异常渗漏和其他隐患。

③引水渠道、渡槽、涵管、尾水渠。应定期进行维护和观测。结构稳定，衬砌

良好，无淤积、漏水、老化、错位、坍塌现象，边坡稳定无隐患。

④隧洞。应定期进行维护和检查。围岩稳定，无坍塌、异常渗漏，能满足电站突然开、停机要求。

⑤调压室（井、塔）。应定期进行维护和观测。结构稳定，无塌陷、变形、破损和漏水现象；顶部布置能满足负荷突变时涌浪的要求，有顶盖的调压井通气良好；附属设施（栏杆、扶手、楼梯、爬梯）和必要的水位观测应完整、可靠。

⑥压力管道。应定期进行维护和观测，并按规定进行检测。钢筋混凝土压力管道应伸缩节完好，无渗漏，混凝土无老化、剥蚀和钢筋外露现象。压力钢管内外壁维护良好，定期进行防腐处理；焊缝无开裂，伸缩节完好，无渗漏。支墩与镇墩结构稳定，混凝土无老化、开裂、位移、沉陷、破损。

⑦启闭机房、发电厂房。应定期进行巡查维护并形成记录。排水、通风、防潮、防水满足安全运行要求；基础稳定，无裂缝、漏水等缺陷。

⑧升压站设施。应定期进行巡查维护并形成记录。厂区外的屋外配电装置场地四周应设置2.2~2.5m高的实体围墙，围墙边坡稳定无隐患，结构稳定可靠；厂区内的屋外配电装置场地周围应设置围栏，高度应不小于1.5m，隔挡间距不超过0.2m，金属围栏应可靠接地。升压站内地面平整，无杂草，排水正常，操作道和巡视道完善，电缆沟及各设备基础稳定。

⑨泄洪闸门。应双回路供电并配备应急电源；按规定进行维护、检测，每年汛前进行检修和启闭试验。闸门门体、主梁、支臂、纵梁等构件良好，无超标变形、锈蚀、磨损、表面缺陷和焊缝缺陷，启闭动作正常，锁定装置可靠。

⑩进水口拦污排、拦污栅、进水口闸门、尾水渠闸门。应按规定进行维护、检测。外观良好，无超标变形、锈蚀、磨损、表面缺陷和焊缝缺陷，启闭动作正常，锁定装置可靠，平压设备（充水阀或旁通阀）可靠。

⑪启闭机。应按规定进行维护、检测。工作正常，电控部分绝缘良好，主要受力构件无明显变形、磨损、裂纹、漏油。

（2）水库大坝注册登记制度。

①注册登记范围。根据国务院颁布的《水库大坝安全管理条例》（国务院令第78号）、水利部《水库大坝注册登记办法》，库容10万m^3以上的小（2）型以上水库大坝，在竣工验收后，必须进行登记注册。

②注册登记主管部门。水库大坝注册登记实行分级负责制。县级及以上水库大坝主管部门是注册登记的主管部门。登记结果应汇编、建档，并逐级上报。

库容大于1亿m^3，由省级水利部门注册；1000万至1亿m^3，由市级水利部门注册；1000万m^3以下，由县级水利部门注册。

③水库大坝注册登记的程序。水库大坝登记由水库大坝管理单位进行申报登记。水库大坝注册登记需按下列程序进行：

a. 申报。已建成运行的大坝管理单位应携带大坝主要技术经济指标资料和申请书，按第三条的规定向大坝主管部门或指定的注册登记机构申报登记。注册登记受理机构认可后，即应发给相应的登记表，由大坝管理单位认真填写，经所管辖水库大坝的主管部门审查后上报。

b. 审核。注册登记机构收到大坝管理单位填报的登记表后，即应进行审查核实。

c. 发证。经审查核实，注册登记受理机构应向大坝管理单位发给注册登记证。注册登记证要注明大坝安全类别，属险坝者，应限期进行安全加固，并规定限制运行的指标。

d. 水库大坝注册登记的时限要求：

（a）已建成的水库大坝，应在 6 个月内进行申报登记，不申报登记的，属违章运行，造成水库大坝事故的，按《水库大坝安全管理条例》罚则的有关规定处理。

（b）已注册登记的水库大坝完成扩建、改建的，或经批准升、降级的，或水库大坝隶属关系发生变化的，应在 3 个月内，向登记机构办理变更事项登记。

（c）水库大坝在安全鉴定后，水库大坝管理单位应在 3 个月内，将安全鉴定情况和安全类别报原登记机构，水库大坝安全类别发生变化者，应向原登记受理机构申请换证。

（d）经主管部门批准废弃的水库大坝，其管理单位应在撤销前向注册登记机构申报注销，填报水库大坝注销登记表，并交回注册登记证。

（3）水库大坝安全鉴定制度。安全鉴定制度包括水库大坝安全分类标准、安全鉴定程序、安全评价的主要内容、安全鉴定各单位的职责、安全鉴定（认定）时限要求和水库安全鉴定后应做的主要工作。

①鉴定范围。按照《水库大坝安全鉴定办法》，坝高 15 m 以上或库容 100 万 m^3 以上的小（1）型及以上的水库大坝应进行定期安全鉴定。首次安全鉴定应在竣工验收后 5 a 内进行，以后应每隔 6~10 a 进行 1 次。运行中遭遇特大洪水、强烈地震、工程发生重大事故或出现影响安全的异常现象后，应组织专门的安全鉴定。坝高小于 15 m 或库容在 10 万~100 万 m^3 之间的小（2）型水库的大坝可参照执行。

②水库大坝安全分类。根据《水库大坝安全鉴定办法》，水库大坝安全状况分为一类坝、二类坝和三类坝，其分类标准如下：

a. 一类坝：实际抗御洪水标准达到《防洪标准》（GB 50201—2014）规定，大坝工作状态正常；工程无重大质量问题，能按设计正常运行的大坝。

b. 二类坝：实际抗御洪水标准不低于部颁水利枢纽工程除险加固近期非常运用洪水标准，但达不到《防洪标准》（GB 50201—2014）规定；大坝工作状态基本正常，在一定控制运用条件下能安全运行的大坝。

c. 三类坝：实际抗御洪水标准低于部颁水利枢纽工程除险加固近期非常运用洪

水标准，或者工程存在较严重安全隐患，不能按设计正常运行的大坝。

③大坝安全鉴定承担单位。大型水库和影响县城安全或坝高 50 m 以上中型水库的大坝安全评价，由具有水利水电勘测设计甲级资质的单位或者水利部公布的有关科研单位和大专院校承担。其他中型水库和影响县城安全或坝高 30 m 以上小型水库的大坝安全评价由具有水利水电勘测设计乙级以上（含乙级）资质的单位承担；其他小型水库的大坝安全评价由具有水利水电勘测设计丙级以上（含丙级）资质的单位承担。水库大坝安全鉴定包括大坝安全评价、水库大坝安全鉴定技术审查和水库大坝安全鉴定意见审定 3 个基本程序。

④大坝安全鉴定程序。

a. 水库大坝安全评价。鉴定承担单位对水库大坝安全状况进行分析评价，并提交水库大坝安全评价报告和水库大坝安全鉴定报告书。水库大坝安全评价首先要进行水库大坝现场安全检查，现场安全检查包括查阅工程勘察设计、施工与运行资料，对水库大坝外观状况、结构安全情况、运行管理条件等进行全面检查和评估，并提出水库大坝安全评价工作的重点和建议，编制水库大坝现场安全检查报告。在水库大坝现场安全检查后，然后开展水库大坝的工程质量评价、水库大坝运行评价、防洪标准复核、水库大坝结构安全评价、渗流安全评价、抗震安全复核、金属结构安全评价和水库大坝安全综合评价等工作。水库大坝安全评价工作应按照《水库大坝安全评价导则》（SL 258—2017）的有关要求进行。水库大坝安全评价过程中，应根据需要补充勘探与土工试验，补充混凝土与金属结构检测，对重要工程隐患进行探测等。

b. 水库大坝安全鉴定技术审查。由鉴定审定部门或委托有关单位组织并主持召开大坝安全鉴定会，组织专家审查水库大坝安全评价报告，通过水库大坝安全鉴定报告书。

c. 水库大坝安全鉴定意见审定。鉴定审定部门审定水库大坝安全鉴定意见，并出具水库大坝安全鉴定报告书。《水库大坝安全鉴定办法》规定按分级管理的原则对水库大坝安全鉴定意见进行审定。省级水行政主管部门审定大型水库和影响县城安全或坝高 50 m 以上中型水库的大坝安全鉴定意见；市（地）级水行政主管部门审定其他中型水库和影响县城安全或坝高 30 m 以上小型水库的大坝安全鉴定意见；县级水行政主管部门审定其他小型水库的大坝安全鉴定意见。

d. 大坝安全鉴定后应做主要工作。水库大坝在安全鉴定工作完成后，鉴定组织单位要根据水库大坝安全鉴定结果，采取相应的调度管理措施，加强水库大坝安全管理。对鉴定为三类坝、二类坝的水库，鉴定组织单位要对可能出现的溃坝方式和对下游可能造成的损失进行评估，并采取除险加固、降等或报废等措施予以处理。在处理措施未落实或未完成之前，应制订保坝应急措施，并限制运用。

安全鉴定后水库大坝安全类别改变的，自接到水库大坝安全鉴定报告书之日起

3 个月内向水库大坝注册登记机构申请变更注册登记。鉴定组织单位应当按照档案管理的有关规定及时对水库大坝安全评价报告和水库大坝安全鉴定报告书进行归档，并妥善保管。

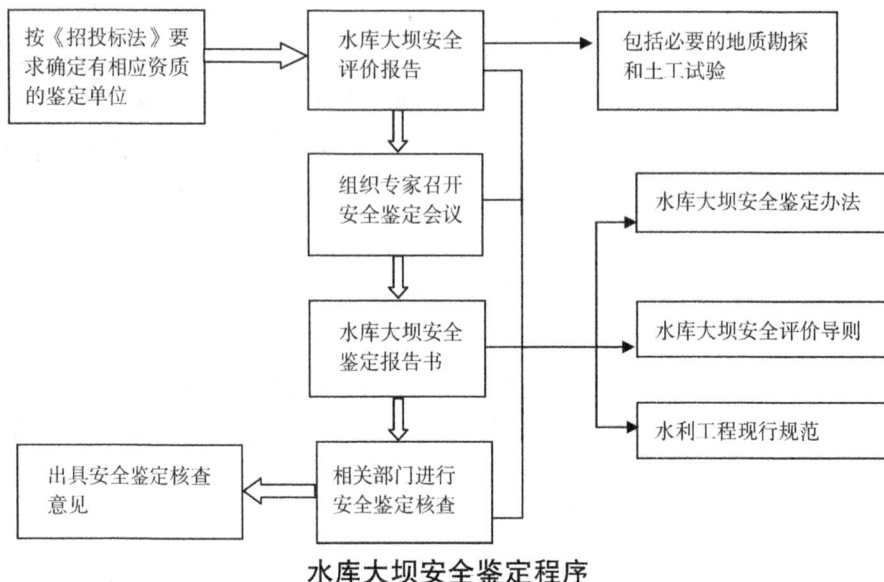

水库大坝安全鉴定程序

（4）水库调度。

①具有一定调节能力的农村水电站应具备水库调度图等调度所需要的基本资料，参数齐全。

②编制水库调度规程，并不断修改完善。

③已建成投入运行的水情自动测报系统、水库调度自动化系统应编制运行管理细则，加强设备维护检修，保证系统长期可靠运行。

④建立水库调度月报制度、值班制度，及时整编归档技术资料。

⑤服从水行政主管部门、防汛部门统一调度。在汛期，水库不得擅自在汛期限制水位以上蓄水，其汛期限制水位以上的防洪库容的运用，必须服从防汛指挥机构的调度指挥和监督。

⑥制订调度方案、调度规程和调度制度。严格执行调度方案，并有记录。《中华人民共和国防汛条例》第十四条规定，水库、水电站、拦河闸坝等工程的管理部门，应当根据工程规划设计、经批准的防御洪水方案和洪水调度方案以及工程实际状况，在兴利服从防洪，保证安全的前提下制订汛期调度运用计划，经上级主管部门审查批准后，报有管辖权的人民政府防汛指挥部备案，并接受其监督。

⑦水电站运行应能满足防洪、供水、生态安全的需要，保证下游群众生产生活用水和河道生态流量。

（5）防汛安全及应急制度。

①以法人（站长）负责制为核心的各项防汛责任制落实，任务明确，措施具体，责任到人。

②防汛办事机构与制度健全，人员精干。

③防汛责任、队伍、物资等落实，安全撤离通道畅通。防汛物料储备符合定额编制要求，有专人管理，建档立卡；防汛车辆齐备、工程区道路完好；备用电源使用可靠；预警系统、通信手段、抢险工具等设备完好、运行可靠。

④建立库区水文报汛系统，并实现自动测报，系统运转正常；建立洪水预报模型，进行洪水预报调度，并实施自动预报；测报、预报合格率符合规范要求。汛情、险情及时上报。

⑤制订防汛预案，并按规定备案批准。防洪预案，抢险、调度、转移、通信、照明等预案内容齐全，且计划周密，措施得力，可操作性强。

⑥汛前开展泄洪设施检查、检修，随时处于可用状态。

⑦汛期值班人员、制度落实。

⑧洪水后及时进行检查，核算建筑物实际泄洪能力。及时进行洪水调度考评，进行年度总结。

⑨水库应急管理是安全管理的一项重要工作。为提高水库管理单位及其主管部门应对水库大坝发生突发安全事件的处理能力，最大限度地预防和减少突发安全事件造成的损失，应建立水库应急管理制度，并按照国务院颁布的《国家突发公共安全事件总体应急预案》、水利部发布的《关于加强水库安全管理工作的通知》（水建管〔2006〕131号）、《水库大坝安全管理应急预案编制导则（试行）》（水建管〔2007〕164号）中的要求，在水库防汛抢险应急预案的基础上，制订水库突发事件应急预案，预案报有关部门进行备案或审批。

（6）水电站安全警示标志。水电站安全警示对防止发生意外伤害、保护水电站员工人身安全、保护群众生命财产安全有着重要意义。按照"谁设置、谁管理、谁负责"的原则，设置水电站安全警示标志，应建立管护责任制度，明确日常管护责任人和责任，保证标识及标志牌不破坏、不污损。

①警示标志的类别。水电站警示标志分为水电站安全保护区界标（碑）、水电站安全警示牌及水电站安全警示宣传牌三类；水电站安全保护区界标（碑），用来标识水电站安全保护区的范围。水电站安全警示牌是警示车辆或人们在危险区域内需谨慎驾驶或谨慎行为的标志。安全警示宣传牌是根据实际需要，为保护水电站而对过往人群进行宣传教育所设立的标志。

②标志设立。

a. 水电站安全保护区界标（碑）。水电站安全保护区界标设在水电站周围及各级水源保护区，明确保护目标及保护范围。

b. 水电站安全警示牌的设置。水电站涉水危险区域的警示标志牌应设置在对人民群众生命财产安全构成威胁的危险区边界、路口等醒目位置，设置数量因点而定，必要处需加设警戒线、围墙、防护栏等保护设施。主要设置在库区水域周边、堤坝干道的人行道两头处；水电站工程出险处；游客、行人能随意接触水面和下水的通道口处；水电站滑坡、山崖垮塌及陡峭边坡处；输泄水渠槽周边；每个防汛重点部位等。此外，在坝上安全护栏不完整处、坝肩两侧、坝顶溢流堰处；受损道路及桥梁处；水电站连续急弯处；周围高压线、输配电危险区等有关设施、设备；老化失修的渠系建筑物处；饮用水水源保护区的边界等水电站的重大危险源处也应设有明显的警示标志。在没有防护的地段，应每隔一定距离设一个安全警示牌，距离以能相通视为限。

c. 水电站安全警示宣传牌。在水电站周边的人口区，应设立安全警示宣传牌。根据具体情况确定警示语句，如"水深危险，注意安全""此处水深，严禁戏水""禁止捕鱼""注意安全，小心落水""水深流急，珍惜生命""工作桥，非工作人员禁行"等，右下角落款为设立警示标志牌的管理单位。

③警示标志设立的方法及标志制作。

a. 标志结构形式按支撑形式共分为三类：悬挂式、柱式及附着式。对于柱式，设置的警示牌应埋深 80 cm 以上，下部加混凝土保护装置的方式垂直埋设，防止被盗。警示标志设置的高度，尽量与人眼的视线高度相一致。悬挂式和柱式警示牌的下缘距地面高度 2 m 左右，局部的信息警示标牌视具体情况确定。

b. 制作要求。水电站安全保护区界标（碑）。可用大理石、青石板或石柱，底座采用混凝土浇制或直接埋设石碑。安全警示宣传牌一般设在水电站的入口处，内容应包括警示内容和本库区所在位置、面积、责任人、相关政策规定、示意图和监督举报电话等。

（7）水工建筑物的日常管理。

①巡查检查

a. 水电站应该制订水工建筑物日常巡视检查制度。

b. 有专门的水工管理机构及水工巡查专业技术人员。

c. 严格按照规程规范进行巡查检查。应明确日常对主（副）坝、溢洪道、输水洞等建筑物及金属结构、启闭设施等巡查、检查路线及各重点部位。按《混凝土坝安全监测技术规范》（DL/T 5178—2016）、《土石坝安全监测技术规范》（SL 551—2012）等有关规程进行巡查检查。每月检查不少于两次（相邻两次检查时间不小于 10 d）。年度巡视检查应在汛前、汛后各检查 1 次（闸门机电设备要求进行试车）；在高水位、水位突变、地震等特殊情况下应增加次数，必要时应组织专人对可能出现的险情部位进行连续监视。汛期坚守岗位，加强重点巡查，做好记录；发现险情，立即采取抢护措施，并及时报告。

d. 工程各部位检查内容齐全，检查记录规范。

e. 有初步分析及处理意见，并有负责人签字。

②工程养护修理。按照《混凝土坝养护修理规程》（SL 230—2015）、《土石坝养护修理规程》（SL 210—2015）等有关规程规定对水工建筑物进行定期维护养护。

③安全监测。

a. 严格按照《混凝土坝安全监测技术规范》（DL/T 5178—2016）等进行观测。观测设施先进、自动化程度高。定期对大坝安全监测系统及仪器进行检查、维护和率定，观测设备应符合规范及设计要求，设备完好率应达到规范要求。

b. 观测人员、观测制度落实。

c. 观测项目、测次、时间、频率、精度应满足规范要求；高水位或异常等情况时加测。规定大洪水、高蓄水位、库水位骤涨骤落、大暴风雨、地震等特殊条件下的巡视检查重点部位、监测频次和方法，并严格执行。

d. 观测有专门记录，观测资料内容齐全，符合规范要求。

e. 按规范要求对观测资料进行整理、整编和分析，有初步分析意见，并用于指导水工管理。监测成果按规程及时进行分析，分析结果为正常状态、异常状态、险情状态。有异常状态、险情状态时需要分析上报。

3.4.1.2　机电设备管理

（1）水轮机。应定期进行维护、试验。设备外观基本完好，机组振动、摆渡、噪声符合标准，稳定性良好；各轴承温度、油质等符合标准且无漏油、甩油现象；主轴密封、导叶套筒无严重漏水现象。

（2）调速器。应定期进行维护、试验。各参数符合设计要求，调节性能良好。在紧急停机时能自动安全关闭，关闭时间符合调保计算要求；调速器油压装置工作正常。

（3）主阀。应定期进行维护、试验。关闭严密，传动灵活可靠，启闭阀门时间符合要求，旁通阀门运行正常；主阀油压装置工作正常；保护涂料完整，无锈蚀现象。

（4）油气水系统。应定期进行巡查、维护。各管道设置符合要求，无裂损和超标锈蚀，无有害振动、变形和明显渗漏，各阀门防腐涂装到位，密封良好，动作灵活可靠；各类管道测控元件工作可靠，压力泵及控制回路工作正常；储油罐、油处理室整洁。

（5）发电机。应按规程规定的周期进行维护、检修和试验。定、转子温度、温升符合规程要求；轴承、绕组无过热，轴承无漏油；机组停机制动安全可靠；定子、转子绕组的绝缘电阻和直流电阻应符合要求。

（6）励磁装置。应按规程规定的周期进行维护、检修和试验。工作正常，调节性能良好，符合规程要求；集电环、碳刷工作正常无明显跳火、电灼伤；灭磁开关自动分、合闸性能良好。

（7）变压器。应按规程规定的周期进行维护、检修和试验。各部件应完整无缺，外观无明显锈蚀，套管无损伤，标志正确，套管、油枕油色油位正常，吸潮剂未变色；本体无渗油、无过热现象；安装位置的安全距离等符合规范要求；线圈、套管和绝缘油（包括套管油）的各项试验符合规程或有关规定的要求。

（8）配电装置。应按规程规定的周期进行维护、检修和试验。断路器及隔离开关操作灵活，闭锁装置动作正确、可靠，无明显过热现象，能保证安全运行；断路器、隔离开关额定电压、额定电流、遮断容量均满足设计要求。油浸式互感器油色、油位正常，无渗漏油。高压熔断器无电腐蚀现象；电缆绝缘层良好，无脱落、剥落、龟裂等现象，母线、支持绝缘子及构架能满足安全运行的要求，无过热现象，安装、敷设、防火符合规程规定。

（9）自控系统及继电保护系统。应按规程规定的周期进行维护、检修和试验。各部分信号装置、指示仪表动作可靠，指示正确，在正常及事故情况下能满足保护与监控要求；设备无过热现象，外壳和二次侧的接地牢固可靠；配线整齐，连接可靠，标志和编号齐全，并有符合实际的接线图册；保护定值符合要求。

（10）防雷和接地。应按规程规定进行维护、检修和试验。防雷装置配置齐全完整，接地装置以及接地电阻符合规程要求。

（11）厂用电、直流系统。应按规程规定的周期进行维护、检修和试验。厂用电应供电可靠。直流系统容量、电压、对地绝缘应满足要求。事故照明应规范设置，性能可靠。

（12）通信系统。应按规程规定的周期进行维护、检修和试验。运行可靠，满足设备运行或调度要求。

（13）特种设备。起重设备、压力容器等特种设备，应定期由特种设备检验、检测机构进行检验、检测合格，并能正常安全运行。特种设备基本要求：

①按照《中华人民共和国特种设备安全法》，加强对水电站压力容器、压力管道、起重设备等特种设备的管理。

②建立特种设备安全技术档案和特种设备使用记录簿。

③定期检验。压力容器的三类检验：年度检验，每年至少1次；全面检验周期分为：安全状况等级为1、2级的，每6a至少1次；安全状况等级为3级的，每3a至少1次；耐压试验对固定式压力容器，每两次全面检验期间内，至少进行一次耐压试验。压力表每6个月1次，安全阀每年1次。特种设备一般由质监部门负责年度检验。

④行车等特种设备操作人员实行持证上岗，特种行业操作证一般由安监部门培训核发。

⑤作业时必须落实安全防范措施。

（11）备品备件。易损件如密封胶、垫、圈、熔丝、接触器、线圈等应有库存备品。备品的采购和使用应形成记录。

（15）设备评级。应按《农村水电站技术管理规程》（SL 529）规定的周期开展设备评级。

（16）设备标识。设备名称、编号、责任人、手轮开关方向及阀位指示应齐全、清晰、规范。管道介质名称、色标或色环及流向标志应齐全、清楚、正确。

（17）设备运行。应根据运行规程做好设备的运行工况、操作、变位、信号等的记录工作。

（18）设备故障。应及时记录故障发生的原因、设备缺陷状态并通知维修。维修处理的结果与缺陷通知单应组成维修记录。短期内处理不了的缺陷应说明原因。

（19）设备检修。根据检修规程、试验规程，编制检修计划和方案，明确检修人员、安全措施、检修质量、检修进度、验收要求，各种检修记录规范。

（20）设备卫生。设备应内外整洁、卫生，无小动物活动痕迹。

（21）设备报废及拆除。设备存在严重安全隐患，无改造、维修价值，或者超过规定使用年限，应当及时报废；设备报废应严格执行相关程序；已报废的设备应及时拆除，退出现场。

3.4.2 作业安全

3.4.2.1 "两票三制"

严格执行"两票三制"。核对操作票、工作票的内容和设备名称，加强操作监护并逐项进行操作。交接班人员按要求做好交接班准备工作，填写各项记录，办理交接班手续。认真监视设备运行工况，按规定时间、内容及线路对设备进行巡回检查，随时掌握设备运行情况，合理调整设备状态参数，正确处理设备异常情况。按规定时间和方法做好设备定期轮换和试验工作，做好相关记录。

3.4.2.2 调度及运行

严格执行调度命令，落实调度指令；严格执行运行规程和相关特种作业规程。

3.4.2.3 安全设施

楼板、升降口、吊装孔、地面闸门井、雨水井、污水井、坑池、沟等处的栏杆、盖板、护板等设施齐全，井、坑要有防人员坠落措施，符合国家标准及现场安全要求；生产现场应配备应急照明灯具；紧急逃生路线标识清晰，通道保持畅通；机器的转动部分防护罩或其他防护设备（如栅栏）齐全、完整，露出的轴端设有防护盖；电气设备金属外壳接地装置齐全、完好；带电体裸露部分应装置防护网或防护盖。

3.4.2.4 安全器具

救生绳索、防毒面具、护目眼镜、绝缘靴、绝缘手套、安全帽等防护用品数量合理，定期试验合格；接地线、验电器、标示牌、防误锁、安全遮栏、绝缘杆等安全技术用具数量合理，定期试验合格；安全器具按用途和类别摆放规范、整齐。

3.4.2.5 消防管理

（1）基本规定。建立消防管理制度，建立健全消防安全组织机构，落实消防安全责任制；防火重点部位和场所配备种类和数量足够的消防设施、器材，并完好有效；建立消防设施、器材台账；严格执行动火审批制度；开展消防培训和演练；建立防火重点部位或场所档案。

（2）厂区消防。

①生产厂房及仓库应备有必要的消防设备。消防设备应定期检查和试验，保证随时可用。

②禁止在工作场所存储易燃易爆物品。

③生产厂房内外的电缆，在进入控制室、电缆层、控制柜、开关柜等处的电缆孔洞，必须用防火材料严密封闭。配电室、电缆夹层等门口应加装高度不低于400 mm的防小动物板。防小动物板材料应为塑料板、金属板或木板制作，安装方式为插入式，防小动物板上部应刷防止绊跌标志。

④生产厂房的取暖用热源，应有专人管理。

3.4.3 职业健康

（1）按照法律法规、规程规范要求，为从业人员提供符合职业健康要求的工作环境和条件，配备相适应的职业病防护设施、防护用品，指定专人负责保管、定期校验和维护，并监督作业人员按照规定正确佩戴、使用劳动防护用品。

（2）定期对职业危害场所进行检测，并将检测结果形成记录。及时、如实向所在地有关部门申报生产过程存在的职业危害因素，发生变化后及时补报。

（3）对从事接触职业病危害的作业人员应按规定组织上岗前、在岗期间和离岗时职业健康检查，建立健全职业卫生档案和员工健康监护档案。

（4）按规定给予职业病患者及时的治疗、疗养；患有职业禁忌证的员工，应及时调整到合适岗位。

（5）与从业人员订立劳动合同时，如实告知作业过程中可能产生的职业危害、后果及防护措施等。在严重职业危害的作业岗位，设置警示标识和警示说明，警示说明应载明职业危害的种类、后果、预防以及应急救治措施。

3.4.4 警示标志

按照规定和现场的安全风险特点，在存在重大安全风险和职业危害因素的工作场所，设置明显的安全警示标志和职业病危害警示标识，告知危险的种类、后果及应急措施等；在危险作业场所设置警戒区、安全隔离设施。定期对警示标识进行检查维护，确保其完好有效并做好记录。

3.5　安全风险管控及隐患排查治理

3.5.1　安全风险管理

（1）安全风险管理制度应明确风险辨识与评估的职责、范围、方法、准则和工作程序等内容。

（2）对安全风险进行全面、系统的辨识，选择合适的方法定期对所辨识出的存在安全风险的作业活动、设备设施等进行评估，根据评估结果，确定安全风险等级。针对安全风险的等级和特点，通过隔离危险源、采取技术手段、实施个体防护、设置监控设施和安全警示标识等措施，对安全风险进行控制。

3.5.2　危险源辨识与重大风险管控

（1）对本单位的设备、设施或场所等进行危险源辨识，确定重大危险源和一般危险源；对危险源的安全风险进行评估，确定安全风险等级。

（2）对确定为重大风险等级的一般危险源和重大危险源，要"一源一案"制订应急预案，进行重点管控；要按照职责范围报属地水行政主管部门备案，危险化学品重大危险源要按照规定同时报有关应急管理部门备案。

3.5.3　隐患排查治理

（1）结合安全检查，定期组织排查事故隐患，建立事故隐患报告和举报奖励制度，对隐患进行分析评价，确定隐患等级，并形成记录。

（2）一般事故隐患应立即组织整改排除；重大事故隐患应制订并实施事故隐患治理方案，做到整改措施、整改资金、整改期限、整改责任人和应急预案"五落实"。

（3）隐患治理完成后，按规定对治理情况进行评估、验收。重大事故隐患治理工作结束后，应组织本单位的安全管理人员和有关技术人员进行评估、验收。

3.5.4　预测预警

（1）在接到自然灾害预报时，及时发出预警信息；对自然灾害可能导致事故的隐患采取相应的预防措施。

（2）每季度、每年按规定对本单位事故隐患排查治理情况进行统计分析，开展安全生产预测预警。

3.6 应急管理

3.6.1 应急准备

（1）在危险源辨识、风险分析的基础上，根据《生产经营单位生产安全事故应急预案编制导则》（GB/T 29639—2013）、《水库大坝安全管理应急预案编制导则》（SL/Z 720—2015）等要求，建立健全生产安全事故应急预案体系（包括综合预案、专项预案和现场处置方案），并按规定进行审核和报备。

（2）按应急预案的要求，建立应急资金投入保障机制，妥善安排应急管理经费，储备应急物资，建立应急装备、应急物资台账，明确存放地点和具体数量。

（3）对应急装备和物资进行经常性的检查、维护、保养，确保其完好、可靠。

（4）应急保安电源应满足突发事件的要求，其中柴油发电机组应布置在安全高程，并定期进行检查、维护保养。

（5）按照《生产安全事故应急演练指南》（AQ/T 9007—2011）每年至少组织 1 次综合应急预案演练或者专项应急预案演练，每半年至少组织 1 次现场处置方案演练，做到一线从业人员参与应急演练全覆盖，掌握相关的应急知识。

（6）按照《生产安全事故应急演练评估规范》（AQ/T 9009—2015）对应急演练的效果进行评估，并根据评估结果，修订、完善应急预案。

3.6.2 应急处置

（1）发生事故后，立即采取应急处置措施，启动相关应急预案，开展事故救援，必要时寻求社会支援。

（2）应急救援结束后，应尽快完成善后处理、环境清理、监测等工作。

3.6.3 应急评估

每年应进行 1 次应急准备工作的总结评估。完成险情或事故应急处置结束后，应对应急处置工作进行总结评估。

3.7 事故管理

3.7.1 事故报告

（1）事故报告、调查和处理制度应明确事故报告（包括程序、责任人、时限、内容等）、调查和处理内容（包括事故调查、原因分析、纠正和预防措施、责任追究、统计与分析等），应将造成人员伤亡（轻伤、重伤、死亡等人身伤害和急性中毒）、财产损失（含未遂事故）和较大涉险事故纳入事故调查和处理范畴。

（2）发生事故后按照有关规定及时、准确、完整地向有关部门报告，事故报告后出现新情况的，应当及时补报。

3.7.2　事故调查和处理

（1）按照《生产安全事故报告和调查处理条例》（国务院 493 号令）及相关法律法规、管理制度的要求，组织事故调查组或配合有关部门对事故进行调查，查明事故发生的时间、经过、原因、人员伤亡情况及直接经济损失等，并编制事故调查报告。

（2）按照"四不放过"的原则，对事故责任人员进行责任追究，落实防范和整改措施。

3.7.3　事故信息管理

建立完善的事故档案和事故管理台账，并定期按照有关规定对事故进行统计分析。

3.8　持续改进

3.8.1　绩效评定

（1）每年至少组织 1 次安全生产标准化实施情况的检查评定，验证各项安全生产制度措施的适宜性、充分性和有效性，检查安全生产工作目标、指标的完成情况，提出改进意见，形成评定报告。发生死亡事故后，应重新进行评定。

（2）评定报告以正式文件发布，向所有部门、所属单位通报安全生产标准化工作评定结果。

（3）将安全生产标准化工作评定结果，纳入单位年度安全绩效考评。

3.8.2　持续改进

根据安全生产标准化绩效评定结果和安全生产预测预警系统所反映的趋势，客观分析本单位安全生产标准化管理体系的运行质量，及时调整完善相关规章制度和过程管控，不断提高安全生产绩效。

4 水电站"两票三制"

农村水电站必须严格执行的作业制度为"两票三制"。"两票"是指工作票、操作票,"三制"是指交接班制度、设备巡回检查制度、设备定期试验轮换制度。"两票三制"是从长期的生产运行中总结出来的安全生产制度,是保证水电站、升压站安全运行的重要组织措施,一定要严肃认真执行,保证电站安全运行。《农村水电站技术管理规程》(SL 529—2011)第 2.0.7 条规定农村水电站必须严格执行工作票、操作票制度。"两票"合格率、执行率均应达到100%。《水利部农村水电站安全生产标准化达标评级实施办法》明确规定"两票"执行率未达到100%的,不能达标评级。因此说,农村水电站的"两票三制"是农村水电站安全运行的"强制性条文",为落实农村水电站"两票三制",编写了农村水电站"两票三制"管理基础模式,供各级水电站管理部门参考,规模较小的电站,根据电站实际情况参照执行。

4.1 水电站的"两票"

4.1.1 工作票制度

在电气设备上工作,保证安全的组织措施为工作票制度、工作许可制度、工作监护制度以及工作间断、转移和终结制度。在电气设备上工作,应填用工作票或按命令执行,其方式有填用第一种工作票、填用第二种工作票、口头或电话命令 3 种。

(1) 填用第一种工作票的工作。

①高压设备上工作,需要全部停电或部分停电。

②高压室内的二次接线和照明等回路上工作,需要将高压设备停电或采取安全措施。

③高压电力电缆需停电或要做安全措施的工作。

④其他需要将高压设备停电或要做安全措施的工作。

(2) 填用第二种工作票的工作。

①带电作业和在带电设备外壳上的工作。

②控制盘和低压配电盘、配电箱、电源干线上的工作。

③二次接线回路的工作(无须高压设备停电)。

④发电机、同时调相机的励磁回路或高压电动机转子电阻回路上的工作。

⑤非当值值班人员用绝缘棒和电压互感器定相或用钳形电流表测量高压回路电流的工作。

（3）口头或电话命令的工作。除按上述规定填用第一种和第二种工作票的工作外，其他工作用口头或电话命令。口头或电话命令，必须清楚正确，值班员应将发令人、负责人及工作任务详细记入操作记录簿中，并向发令人复诵核对一遍。

（4）工作票签发。工作票签发人应由熟悉人员、设备和安全规程的生产领导人、技术人员或经电站主管生产领导批准的人员担任。工作票签发人员名单应书面公布。工作票签发人不得兼任该项工作的负责人。工作负责人可填写工作票但不得签发工作票。

（5）工作票填用规定。

①工作票要用钢笔或圆珠笔填写，一式两份，应正确清楚，不得任意涂改。如有个别错、漏需要修改时，应字迹清楚。两份工作票的一份必须保存在工作地点，由工作负责人收执，另一份由值班员收执，按值移交。值班员应将工作票号码、工作任务、许可工作时间及完工时间记入操作记录簿中。在无人值班的设备上工作时，第二种工作票由工作许可人收执。

②一个工作负责人只能发给一张工作票。工作票上所列的工作地点以一个电气连接部分为限。如施工设备属于同一电压，位于同一楼层、同时停送电且不会触及带电导体时，则允许在几个电气连接部分共用一张工作票。开工前工作票内的全部安全措施应一次做完。建筑工、油漆工等非电气人员进行工作时，工作票发给监护人。

③在几个电气连接部分上依次进行不停电的同一类型的工作，可以发给一张第二种工作票。

④若一个电气连接部分或一个配电装置全部停电，则所有不同地点的工作，可以发给一张工作票，但要详细填明主要工作内容。几个班同时进行工作时，工作票可以发给一个总的负责人，在工作班成员栏内只填明各班的负责人，不必填写全部工作人员名单。若至预定时间，一部分工作尚未完成，仍需继续工作而不妨碍送电的，在送电前，应按照送电后现场设备带电情况办理新的工作票，布置好安全措施后，方可继续工作。

⑤事故抢修工作可不用工作票，但应记入操作记录簿内。在开始工作前必须按规定做好安全措施，并应指定专人负责监护。

⑥线路、用户检修班或基建施工单位在发电厂或升压站进行工作时，必须由所在单位（发电厂、升压站或工区）签发工作票并履行工作许可手续。

⑦第一种工作票应在工作前一日交给值班员。临时工作在工作开始以前直接交给值班员。第二种工作票应在进行工作的当天预先交给值班员。

⑧第一、第二种工作票的有效时间，以批准的检修期为限。第一种工作票至预定时间，若工作尚未完成，应由工作负责人办理延期手续。工作票有破损不能继续

使用时，应补填新的工作票。

⑨需要变更工作班中的成员时，须经工作负责人同意。需要变更工作负责人时，应由工作票签发人将变动情况记录在工作票上。若扩大工作任务，必须由工作负责人通过工作许可人，并在工作票上增添工作项目。若需变更或增设安全措施，必须填用新工作票，并重新履行工作许可手续。

（6）工作票的填列。

①工作票由工作许可人按许可开始工作时间顺序即时统一编号，原则按站名、年度、序号顺序依次编号。其中站名使用汉语拼音简称，年、序号顺序号码使用数字编号。工作票的填写必须使用标准的名词术语（系指国标、行标标准称谓）、设备的双重名称。

②"工作的变电站、配电站名称及设备名称"栏，写明被检修设备所在的具体地点，工作地点必须填写区域名、室名或实际位置，中断路器、隔离开关填写双重名称；母线、构架、线路及其他设备上工作填写电压等级和设备名称，用双重名称表述设备的实际位置，表述必须与现场实际命名相符，并做到明确、详细。

③"工作内容"栏，工作内容主要说明设备检修、试验及设备技改、安装、拆除等具体工作内容。

④"计划工作时间"栏，根据工作内容和工作量，预计完成该项工作所需时间，计划工作时间不包括设备停电、送电的操作时间。

⑤"安全措施"栏，填写工作应具备的安全措施，安全措施要周密、细致，做到不丢项、不漏项。

⑥"收到工作票时间"栏，当值班组具有工作许可资格人员，接收工作票后填写接收人姓名和时间。收到工作票时间，应按实际收到正式合格工作票时间填写。

⑦"确认本工作票上述各项内容"栏的填写。工作许可人在布置检修设备的安全措施前，会同工作负责人确认工作票项正确无误，工作许可人将工作票上传，值班长审查同意后，方可布置检修设备的安全措施，布置结束后，应会同工作负责人到现场共同检查所做的安全措施正确无误，双方共同签名，由工作许可人填写许可时间，工作票方可生效。

⑧"确认工作负责人布置的工作任务和安全措施"栏的填写。工作班全体人员明确工作任务和工作负责人组织布置的安全措施后分别亲自签字。

（7）工作票中所列人员的安全责任。

①工作票签发人的安全责任如下：

a. 工作是否必要。

b. 工作是否安全。

c. 工作票上所填安全措施是否正确、完备。

d. 所派工作负责人和工作值班人员是否适当和足够，精神状态是否良好。

②工作负责人（监护人）的安全责任如下：

a. 正确安全地组织工作。

b. 结合实际进行安全思想教育。

c. 督促、监护工作人员遵守安全规程。

d. 负责检查工作票所列安全措施是否正确、完备和值班员做的安全措施是否符合现场实际条件。

e. 工作前对工作人员交代安全事项。

f. 工作人员变动是否合适。

③工作许可人的安全责任如下：

a. 负责审查工作票所列安全措施是否正确、完备，是否符合现场条件。

b. 工作现场布置的安全措施是否完备。

c. 负责检查停电设备有无突然来电的危险。

d. 对工作票中所列内容即使发生很少疑问，也必须向工作票签发人询问清楚，必要时应要求作详细补充。

④工作班成员的安全责任如下：认真执行《电业安全工作规程》（GB 26860—2011）各现场安全措施，并监督《电业安全工作规程》和现场安全措施的实施，保证安全工作。

（8）对工作票所列人员的基本要求。

①工作票签发人必须是熟悉工作人员技术水平、设备情况、安全工作规程，并具有相关工作经验的生产领导人、技术人员或经本单位生产领导批准人员。工作票签发人员名单应书面公布。

②工作负责人必须是具有相关经验，熟悉设备情况、工作班人员工作能力和安全工作规程，并经过生产领导书面批准的人员。

③工作许可人应是经电站生产领导批准的有一定工作经验的运行人员或经批准的检修单位的操作人员。

（9）工作许可制度。电气工作开始前，必须完成工作许可手续。工作许可人（运行值班负责人）应负责审查工作票所列安全措施是否正确完善，是否符合现场条件，并负责落实施工现场的安全措施。工作许可人应会同工作负责人到现场检查所做的安全措施是否完备、可靠，并检验证明检修设备确无电压。工作许可人应给工作负责人指明带电设备的位置和注意事项，然后分别在工作票上签名，工作班方可开始工作。工作过程中，工作负责人和工作许可人任何一方不得擅自变更安全措施，值班人员不得变更有关检修设备的运行接线方式。工作中如有特殊情况需变更时，应事先取得对方同意。

（10）工作监护制度。

①完成工作许可手续后，工作负责人（监护人）应向工作班人员交代现场安全

措施、带电部位及其他注意事项。工作负责人（监护人）必须始终在工作现场，对工作班人员的安全认真监护，及时纠正违反安全的动作。

②工作班人员必须服从工作负责人（监护人）的指挥。工作负责人（监护人）如发现工作人员有违反安全工作规程或进行不安全工作时，应立即指正，必要时可暂停其工作。

③工作负责人或专责监护人因故离开现场时，须指定能胜任的人员临时代替，并交代清楚，使监护人的工作不间断。若工作负责人必须长时间离开工作现场，则应由原工作票签发人变更工作负责人，两负责人应做好必要的交接，履行变更手续。

④所有工作人员（包括工作负责人）不单独留在高压室内或户外升压站高压设备区内，以免发生意外触电或电弧灼伤事件。

⑤监护人所监护的内容归纳如下：

a. 部分停电时，监护所有工作人员的活动范围，与带电部分要保持规定的安全距离。

b. 带电作业时，监护所有工作人员的活动范围，与接地部分保持规定的安全距离。

c. 监护所有工作人员的工具使用是否正确，工作位置是否正确和安全，操作方法是否正确等。

（11）工作间断、转移和终结制度。

①工作间断时，工作班人员应从工作地点撤出，所有安全措施都保持不动，工作票仍由工作负责人执存。间断后继续工作，无须通过工作许可人。每日收工，应清扫工作地点，开放已封闭的通路，并将工作票交回运行值班员。次日复工时，应得到运行值班员许可，取回工作票，工作负责人必须在工作前重新认真检查安全措施是否符合工作票的要求，然后才能继续工作，若无工作负责人或监护人带领，工作人员不得进入工作地点。

②在未办理工作票终结手续以前，值班员不准将施工设备合闸送电。

③在工作间断期间，若有紧急需要，值班员可在工作票未交回的情况下合闸送电，但应先将工作班全班人员已经离开工作地点的确切根据，通知工作负责人或电气分场负责人，在得到他们可以送电的答复后方可执行，并应采取下列措施：拆除临时遮拦、接地线和标示牌，恢复常设遮拦，换挂"止步，高压危险！"的标示牌；必须在所有通路派专人守候，以便告诉工作人员"设备已经合闸送电，不得继续工作"，守候人员在工作票未交回以前，不得离开守候地点。

④检修工作结束以前，若需将设备试加工作电压，可按下列条件进行：全体工作人员撤离工作地点；将该系统的所有工作票收回，拆除临时遮拦、接地线和标示牌，恢复常设遮拦；应在工作负责人和值班员进行全面检查无误后，由值班员进行加压试验。

⑤工作班若需继续工作时，应重新履行工作许可手续。

⑥在同一电气连接部分用同一工作票依次在几个工作地点转移工作时，全部安全措施由运行值班员在开工前一次做完，不需再办转移手续，但工作负责人在转移工作地点时，应向工作人员交代带电范围、安全措施和注意事项。

⑦全部工作完毕后，工作班应清扫、整理现场。工作负责人应先周密检查，待全体工作人员撤离工作地点后，再向运行值班人员讲清所检修项目、发现的问题、试验结果和存在的问题等，并与运行值班人员共同检查设备状况，有无遗留物件，是否清洁等，然后在工作票上填明工作终结时间，经双方签名后，工作票方告终结。

⑧只在同一停电系统的所有工作票结束，拆除所有接地线、临时遮拦和标示牌，恢复常设遮拦，并得到运行值班调度员或运行值班负责人的许可命令后，才能合闸送电。合闸送电后，工作负责人检查电气设备或线路的运行情况，正常后方可离开工作现场。

⑨已结束的工作票、事故应急抢修单至少保存 2 a，建议长期保存。

（12）通用工作票样式。

①工作票样式。

电气第一种工作票样式

单位			编号	
工作负责人（监护人）：			班组：	
工作班人员（不包括工作负责人）： 共　　人				
工作的变、配电站名称及设备名称：				
工作任务	工作地点及设备双重名称		工作内容	
计划工作时间：自　　年　月　日　时　分至　　年　月　日　时　分				
安全措施 （必要时 可附页绘 图说明）	应拉断路器、隔离开关			已执行

续表

单位		编号	
安全措施（必要时可附页绘图说明）	应装接地线、应合接地刀闸（注明确实地点、名称及接地线编号）		
	应设遮拦、应挂标示牌及防止二次回路误碰等措施		已执行
	工作地点保留带电部分或注意事项（由工作票签发人填写）	补充工作地点保留带电部分和安全措施（由工作许可人填写）	
	工作票签发人签名：　　　　签发日期：　年　月　日　时　分		
收到工作票时间：　年月日时分　　运行值班人员签名：　　　　工作负责人签名：			
确认本工作票上述各项内容： 许可开始工作时间：　年　月　日　时　分 工作许可人签名：　　　　工作负责人签名：			
确认工作负责人布置的工作任务和安全措施： 工作班组人员签名：			
工作负责人变动情况： 原工作负责人离去，变更为工作负责人 工作票签发人： 日期：年　月　日　时　分 工作许可人： 日期：年　月　日　时　分			

续表

单位		编号	

工作人员变动情况（变动人员姓名、日期及时间）：

工作负责人签名：

工作票延期：

有效期延长到：　年　月　日　时　分

工作负责人签名：　　　　　　　　　日期：　年　月　日　时　分

工作许可人签名：　　　　　　　　　日期：　年　月　日　时　分

每日开工和收工时间（使用一天的工作票不必填写）	收工时间				工作负责人	工作许可人	开工时间				工作负责人	工作许可人
	月	日	时	分			月	日	时	分		

工作票终结：

（1）全部工作于　年　月　日　时　分结束，设备及安全措施已恢复至开工前状态，工作人员已全部撤离，材料工具已清理完毕，工作已终结。

（2）临时遮拦、标示牌已拆除，常设遮拦已恢复。未拆除或未拉开的接地线编号等共　组、接地刀闸（小车）共　副（台），已汇报值班调度员。

工作负责人签名：　　　　　　　　　日期：　年　月　日　时　分

工作许可人签名：　　　　　　　　　日期：　年　月　日　时　分

备注：

（1）指定专责监护人负责监护

（地点及具体工作）

（2）其他事项：

已执行栏目及接地线编号由工作许可人填写

电气第二种工作票样式

单位		编号	

工作负责人（监护人）：　　　　　　　　　　　班组：

工作班人员（不包括工作负责人）：
共　　人

工作的变、配电站名称及设备名称：

	工作地点或地段	工作内容
工作任务		

计划工作时间：自　　年　月　日　时　分至　　年　月　日　时　分

工作条件（停电或不停电或邻近及保留带电设备名称）：

注意事项（安全措施）：

工作票签发人签名：　　　　　　签发日期：　　年 月 日 时 分

补充安全措施（工作许可人填写）：

确认本工作票上述各项内容：
工作负责人签名：　　　　　　　工作许可人签名：
许可工作时间：　　年 月 日 时 分

确认工作负责人布置的工作任务和安全措施：
工作班人员签名：

工作票延期：
有效期延长到：　　年 月 日 时 分
工作负责人签名：　　　　　　　　　日期：　年 月 日 时 分
工作许可人签名：　　　　　　　　　日期：　年 月 日 时 分

备注：

电气带电作业工作票样式

单位		编号	

工作负责人（监护人）： 班组：

工作班人员（不包括工作负责人）： 共 人

工作的变、配电站名称及设备名称：

工作任务	工作地点或地段	工作内容

计划工作时间：自 年 月 日 时 分至 年 月 日 时 分

工作条件（等电位、中间电位，或地电位作业，或邻近带电设备名称）：

注意事项（安全措施）： 工作票签发人签名： 签发日期： 年 月 日 时 分

确认本工作票上述各项内容： 工作负责人签名：

指定为专责监护人专责监护人签名：

补充安全措施（工作许可人填写）：

许可工作时间： 年 月 日 时 分 工作许可人签名： 工作负责人签名：

确认工作负责人布置的工作任务和安全措施： 工作班组人员签名：

工作票终结： 全部工作于 年 月 日 时 分结束，工作人员已全部撤离，材料工具已清理完毕。 工作负责人签名： 工作许可人签名：

备注：

②完整的工作票执行流程图

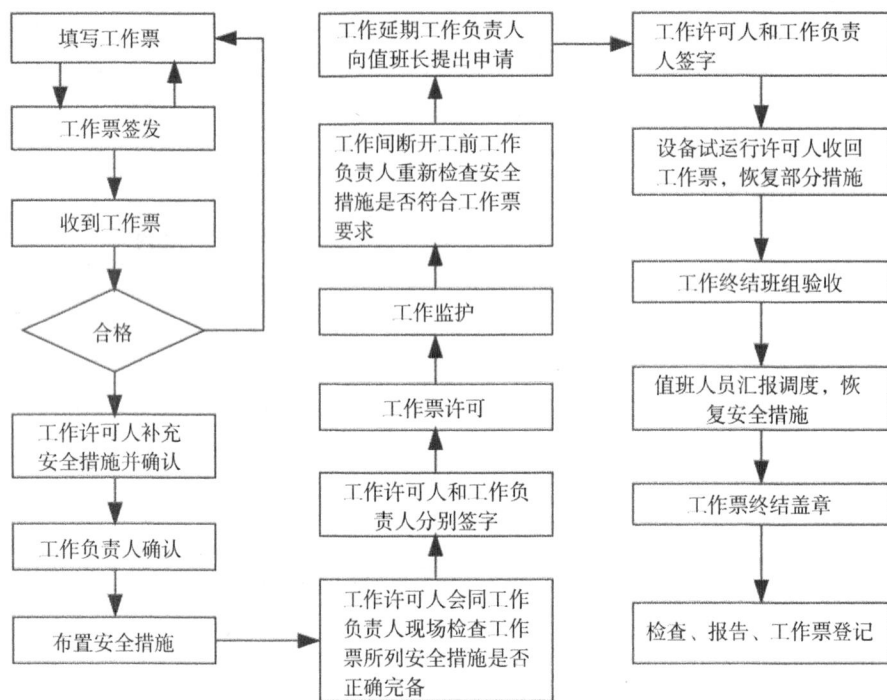

工作票执行流程

4.1.2 操作票制度

操作票制度是保证电站、升压站安全运行的重要手段。它是将操作步骤先写下来，然后按写明的步骤逐项操作，这样可以防止误操作。

4.1.2.1 操作票的适用范围

操作票适用于发电厂内电气设备的状态转变以及位置改变的操作，水力发电厂机械设备、水工建筑物及金属结构等系统及其控制电源、通信、测量、监视、控制、调节、保护等系统的操作。例如，应拉、合的开关和刀闸，检查开关和刀闸位置，检查接地线是否拆除，检查负荷分配，装拆接地线，安装或拆除控制架或电压互感器回路的熔断器，切换保护回路和检查是否确无电压等。下列各项操作可以不用操作票：

（1）事故应急处理。

（2）拉合断路器（开关）的单一操作。

（3）拉开或拆除全站唯一的一组接地线或接地刀闸。

4.1.2.2 操作票的填写

操作票使用统一格式。

（1）操作票的填写必须使用标准的名词术语、设备的双重名称。

（2）操作票票面上填写的数字，用阿拉伯数字表示，时间按 24 h 计算，年度填写 4 位数字，月、日、时、分填写两位数字，如 2017 年 03 月 09 日 15 时 16 分。

（3）操作票严禁并项，不得添项、倒项。

（4）操作票由操作人填写，监护人、值班负责人（值班长）认真审核后分别签名，若操作票已由上一个班填写好时，接班人员必须认真、细致地审查，确认无误后，在原操作人、监护人、值班负责人、值班长处签名后执行。

（5）"单位"栏填写站名；"编号"栏由操作人按规定的要求填写；"发令人"栏填入监控中心发令值班长姓名；"受令人"栏填写实际接受调度命令的人员姓名；"发令时间"栏填写受令人实际接受调度令的时间。

（6）"操作开始时间"栏填第一项开始操作的时间。

（7）"操作结束时间"栏填全部操作完毕并汇报值班负责人或监控中心值班长后的时间。

（8）"操作任务"栏，每份操作票只能填写一个操作任务，操作任务应准确、清楚、具体，并使用设备的双重名称（名称和编号）。

（9）"操作项目"栏，操作的具体步骤，应逐项按逻辑顺序逐行填写，填写必须与"操作任务"相符，严禁扩大或缩小操作范围。完成一次操作项目后，在对应栏目中打上"√"，在一个操作任务需要填写两页及以上时，必须在页脚注明"第××页、共××页"。

（10）填票时，按照操作项目先后顺序填写相应的阿拉伯数字。

（11）操作项目填写完毕，操作票中未使用的空格从第一行开始应作终止符号"╱"至操作票最后一行；若最后一项操作项目是本页最后一行则可不标注。

（12）操作票备注栏内不允许填写操作项目，可填写未操作项目的原因、操作票未执行完终止操作的原因、配合操作项目的操作方式以及操作票执行后统计不合格的原因、管理人员审核意见等。

（13）操作中因故中断操作的时间及重新恢复操作的时间应记入中断或恢复操作的该项之后，并在备注栏内填写中断操作原因。

（14）填写错误作废的操作票以及未执行的操作票，应在操作票盖章处加盖"作废"印章。

（15）在倒闸操作过程中，对未执行项在记号栏做"×"记号，并在备注栏注明未执行的原因。

（16）已执行的"操作票"均应在各页盖章处加盖"已执行"印章。

4.1.2.3　操作票的管理

（1）操作票实施分级管理、逐级负责的管理原则。

（2）操作票的检查分为"静态检查"和"动态检查"。

（3）对操作票合格率进行计算执行过程中违反《工作票、操作票管理标准》，立即终止，并予以纠正。

（4）无票工作或操作一律按严重违章考核。

（5）执行完的操作票要在两票登记表上进行登记，操作票统一装订，至少保存2 a，建议长期保存。

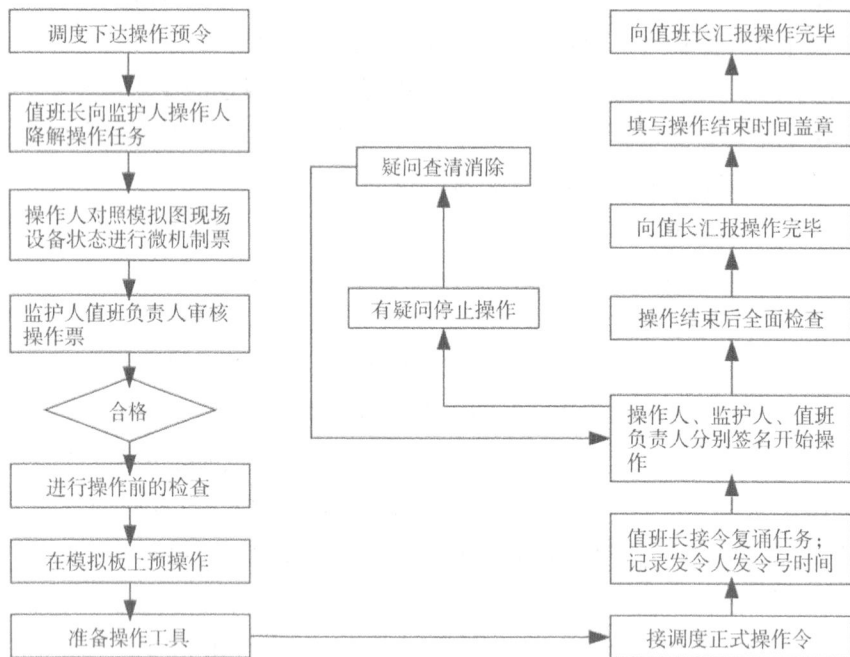

操作票流程

4.1.2.4　电气设备倒闸操作票的执行程序

（1）倒闸操作概念。电气设备有 4 种工作状态，即运行、冷备用、热备用、检修状态。运行状态指设备在通电状态下工作；冷备用状态指设备的断路器、隔断开关均处在断开位置，设备处于停运的状态需先合隔离开关，然后再合断路器；热备用指设备的隔离开关处于合闸位置，断路器断开，电源中断，设备处于停运状态，只要合上断路器就能投入运行；检修状态指设备开关、刀闸全部处于断开位置，并落实了接地、遮拦等安全措施的工作状态。将电气设备从一种工作状态变换到另一种工作状态所进行的一系列操作称为倒闸操作。倒闸操作必须正确，不能发生误操作，如果发生误操作，后果不堪设想，轻则造成设备损坏、部分停电，重则发生人员伤亡，破坏电网安全运行，导致大面积停电。倒闸操作内容如下：

①拉开或合上断路器和隔离开关。

②拉开或合上接地刀闸（拆除或挂上接地线）。

③拉开或装上某些控制回路、合闸回路、电压互感器回路的熔断器。

④停用或加用某些继电保护和自动装置及改变定值等。

⑤改变变压器或消弧线圈的分接开关。

（2）倒闸操作的基本条件。

①操作人员应经过严格培训考核，有操作合格证。

②要有与现场设备实际接线相一致的一次系统模拟图、继电保护回路展开图和整定值揭示图及其他相关的二次接线图。

③要有正确的调度命令和合格的操作票。

④操作中要使用统一的调度术语。

⑤现场一次、二次设备要有明显的标志，包括命名和编号。

⑥要具备合格的操作工具、安全工具和设施。

（3）倒闸操作的程序。

①布置和接受任务。

②填写操作票。倒闸操作票必须根据值班调度员或值班负责人命令，由操作人员复核无误后填写。每张操作票只能填写一个操作任务和编号。用计算机开出的操作票应与手写格式一致。操作票面应清楚整洁，不得任意涂改。操作票应该按照编号顺序使用。作废的操作票应注明"作废"字样，已操作的注明"已执行"字样。

③审核。操作人员填好后自审并签字，后由监护人、值班长、值长逐级审核无误后分别签字。

④模拟操作。接受操作预告，查对模拟系统图板（系统接线图），生成操作票模拟预演。根据填写的操作票先在一次系统模拟图上进行演戏，逐项唱票，逐项翻正。预演完毕后，应检查操作票上所列项目的操作是否达到操作目的，逐项核对操作票。

⑤发布和接受操作任务，完成准备工作。由操作人员准备好必要的合格操作工具和安全用具。

⑥操作现场：

a. 站正位置。操作人员按操作项目，有顺序地走到就要操作的设备前立正，等待监护人的唱票。

b. 核对设备。监护人按操作项目核对操作设备名称和设备编号，核对应与操作票全部符合。

c. 高声唱票。监护人高声诵读应操作项目的全部内容。

d. 高声复诵。操作人应手指被操作的设备，高声复诵一遍操作项目的内容。

e. 允许操作。监护人认为一切无误，便发布"对，执行！"的命令。

f. 执行操作。操作人员在听到"对，执行！"的命令后，进行果断操作。

g. 检查设备。每一项操作结束后，操作人和监护人一起检查被操作的设备状态。被操作的设备应与操作项目的要求相符合并处于良好的状态。

h. 逐项勾票、每一个操作项目执行完毕，检查无误后，监护人应用笔将该项目打"√"，然后进行下一项目操作。

i. 查清疑问。操作中发生疑问时，应立即停止操作并向值班调度员或值班负责人报告，弄清问题后，再进行操作。不准擅自更改操作票，不准随意解除闭锁装置。

j. 记录时间。一张操作票操作完毕后，监护人记录操作的起止时间。

k. 签名盖章。一张操作票操作完毕后，监护人和操作人在操作票的相应栏内各自签名，并加盖"已执行"的图章。

l. 汇报制度。一张操作票操作完毕后，监护人应向发令人报告操作任务的执行时间和执行情况。

m. 在《操作票、工作票登记簿》上登记。

（4）倒闸操作的"五防"。倒闸操作是一项十分重要的工作，要严格防止误调度、误操作、误整定事故发生。倒闸操作一定要严格做到"五防"，即防止带负荷拉合刀闸、防止带接地线（接地刀闸）合闸、防止带电挂接地线（或带电合接地刀闸）、防止误拉合开关、防止误入带电间隔。此外，防误登带电架构，避免人身触电，也是倒闸操作须注意的重点。

①防止误拉、误合断路器及隔离开关的措施。不少误操作事故都直接或间接与误拉、误合断路器或隔离开关有关。防止误操作的具体措施如下：倒闸操作发令、接令或联系操作，要正确、清楚，并坚持重复命令，有条件的要录音。

操作前进行"三对照"，操作中坚持"三禁止""五不干"，操作后坚持复查。

"三对照"：对照操作任务、运行方式。由操作人填写操作票；对照"电气模拟图"审查操作票并预演；对照设备编号无误后再操作。

"三禁止"：禁止操作人、监护人一齐动手操作，失去监护；禁止有疑问盲目操作；禁止边操作边做与其无关的工作，分散精力。

"五不干"：操作任务不清不干；应有操作票而无操作票时不干；操作票不合格不干；应有监护而无监护不干；设备编号不清不干。

②防止带电挂地线（带电合接地刀闸）的措施。带电挂地线（带电合接地刀闸），除引起接地短路，损坏设备停电外，因电弧温度很高（表面达 3 000~4 000 ℃，中心约 10 000 ℃），往往烧伤操作人员，危及生命安全，造成终身残疾或死亡。因此，带电挂地线必须绝对禁止。防止事故的具体措施如下：断路器、隔离开关拉闸后，必须检查实际位置是否拉开，以免回路电源未切断；坚持验电，及时发现带电回路，查明原因；正确判别正常带电与感应电，防止误把带电当静电；隔离开关拉开后，若一侧带电，一侧不带电，应防止将有电一侧的接地刀闸合入，造成短路，当隔离开关两侧均装有接地刀闸时，一旦隔离开关拉开，接地刀闸与主刀闸之间的机械闭锁即失去作用，此时任意一侧接地刀闸都可以自由合入；安装带电显示器，并闭锁接地刀闸，有电时不允许接地刀闸合上。

③防止带电挂地线合闸的措施。

a. 加强接地线的管理。按编号使用接地线；拆、挂接地线要做记录并登记。

b. 防止在设备系统上遗留接地线。拆、挂接地线或拉合接地刀闸，要在"电气模拟图"上做好标记，并与现场的实际位置相符。交接班检查设备时，同时要查对现场接地线的位置、数量是否正确，与"电气模拟图"是否一致。禁止任何人不经值班人员同意，在设备系统上私自拆、挂接地线，挪动接地线的位置或增加接地线的数量。设备第一次送电或检修后送电，值班人员应到现场进行检查，掌握地线的实际情况；调度人员下令送电前，事先应与发电厂、变电站、用户的值班人员核对接地线，防止漏拆接地线。

c. 对于一经操作可能向检修地点送电的隔离开关，其操作机构要锁住，并悬挂"禁止合闸，有人工作"的标示牌，防止误操作。

d. 正常倒母线，严禁将检修设备的母线隔离开关误合入。事故倒母线，要按照"先拉后合"的原则操作，即先将故障母线上的母线隔离开关同时合上并列，使运行的母线再短路。

e. 设备检修后的注意事项：检修后的隔离开关应保护在断开位置，以免接通检修回路的接地线，送电时引起人为短路。防止工具、仪器、梯子等物件遗留在设备上，送电后引起接地或短路。送电前，坚持遥测设备绝缘电阻。若遗留接地线，通过摇表测量绝缘可以发现。

4.1.3 如何填开一张合格的"两票"

一份合格的工作票必须是：一项工作任务一份票，票号要连续编号，相关人员签字，工作任务及时间和运行日志对应，安全措施齐全，不得有涂改现象，已执行项打勾，工作结束办理终结要加盖已执行章。一份合格的操作票必须是一项操作任务一份票，票号要连续编号，操作项目不得漏项也不得扩大化，操作顺序不得倒项，已执行项打勾，开始操作时间和操作结束时间与运行日志对应，操作人、监护人、负责人签字，操作任务结束加盖已执行章。

（1）按标准规定应当使用"两票"的工作，不得无票工作，不得使用不符合标准规定的"两票"，不得用其他形式代替"两票"。

（2）"两票"一般均应采用计算机出票。按要求进行连续编号，一份票（多页）采用同一编号，未经编号的"两票"不准使用。

（3）"两票"应按标准规定的统一格式执行。未列工作样票的可参照国际《电业安全工作规程》（GB 26164—2010）中的统一票样。生成后的票不得随意涂改。完成后在两票登记簿上进行登记，两票应至少保存 2 a 以上。

（4）使用统一的技术术语。

①断路器、隔离开关的拉、合操作用"拉开""合上"。

②检查断路器、隔离开关实际位置用"确在合位""确在开位"。

③拆装接地线用"拆除""装设"。

④检查接地线拆除用"确已拆除"。

⑤装上、取下控制回路和电压互感器回路的熔断器用"装上""取下"。

⑥保护压板切换用"启用""停用"。

⑦检查负荷分配用"负荷指示正确"。

⑧验电用"三相验电，验明确无电压"。

操作票样式　　　　　　　　　　　　　　　　　盖章处

单位				编号		
发令人		受令人		发令时间	年 月 日 时 分	
操作开始时间： 　年 月 日 时 分				操作结束时间： 　年 月 日 时 分		
（　）监护操作 （　）单人操作						
操作任务：						

顺序	操作项目	已执行
备注：		
操作人：　　　　　　　监护人：　　　　　　　值班负责人（值班长）：		

操作票登记表样式

操作票号	操作内容	起止时间	操作人	监护人	值班负责人	备注

操作票样式　　　　　　　　　　　　盖章处

单位	×××电站			编号	TS42015063
发令人	张宏	受令人	李国华	发令时间	2015 年 03 月 17 日 14 时 00 分
操作开始时间： 2015 年 03 月 17 日 14 时 01 分			操作结束时间： 2015 年 03 月 17 日 15 时 38 分		
(√) 监护操作 ( ) 单人操作					
操作任务：10 kV 母线由运行转检修					

顺序	操作项目	已执行
1	接值长令：10 kV 母线由运行转检修	√
2	拉开 138 会议中心及水利枢纽一线开关	√
3	查 138 会议中心及水利枢纽一线开关确在"分闸"位置	√
4	将 138 会议中心及水利枢纽一线开关摇至"试验"位置	√
5	拔下 138 会议中心及水利枢纽一线开关二次电源插头	√
6	将 138 会议中心及水利枢纽一线开关摇至"检修"位置	√
7	拉开 135 10 kV 农电线开关	√
8	查 135 10 kV 农电线开关确在"分闸"位置	√
9	将 135 10 kV 农电线开关摇至"试验"位置	√
10	拔下 135 10 kV 农电线开关二次电源插头	√
11	将 135 10 kV 农电线开关摇至"检修"位置	√
12	拉开 108 八号主变 10 kV 侧开关	√
13	查 108 八号主变 10 kV 侧开关确在"分闸"位置	√
14	将 108 八号主变 10 kV 侧开关摇至"试验"位置	√
15	拔下 108 八号主变 10 kV 侧开关二次电源插头	√
16	将 108 八号主变 10 kV 侧开关摇至"检修"位置	√
17	拉开 608 八号主变 6 kV 侧开关	√
18	查 608 八号主变 6 kV 侧开关确在"分闸"位置	√
19	将 608 八号主变 6 kV 侧开关摇至"试验"位置	√
20	拔下 608 八号主变 6 kV 侧开关二次电源插头	√
21	将 608 八号主变 6 kV 侧开关摇至"检修"位置	√
22	拉开 138 会议中心及水利枢纽一线开关控制电源开关	√
23	查 138 会议中心及水利枢纽一线开关控制电源开关确已拉开	√
24	拉开 135 10 kV 农电线开关控制电源开关	√
25	查 135 10 kV 农电线开关控制电源开关确已拉开	√

续表

单位	×××电站		编号	TS42015063
发令人	张宏	受令人 李国华	发令时间	2015 年 03 月 17 日 14 时 00 分

操作开始时间： 2015 年 03 月 17 日 14 时 01 分	操作结束时间： 2015 年 03 月 17 日 15 时 38 分

（√）监护操作 （ ）单人操作

操作任务：10 kV 母线由运行转检修

顺序	操作项目	已执行
26	拉开 608 八号主变 6 kV 侧开关控制电源开关	√
27	查 608 八号主变 6 kV 侧开关控制电源开关确已拉开	√
28	拉开 108 八号主变 10 kV 侧开关控制电源开关	√
29	查 108 八号主变 10 kV 侧开关控制电源开关确已拉开	√
30	拉开 11TV 10 kV 母线 TV 二次侧空开	√
31	查 10 kV 母线 TV 二次侧空开确已拉开	√
32	将 11TV 10 kV 母线 TV 手车摇至"检修"位置	√
33	验明八号主变 10 kV 侧至 108 开关之间确无电压	√
34	合上 10877 八号主变 10 kV 侧开关接地刀闸	√
35	验明 135 10 kV 农电线开关线侧确无电压	√
36	合上 13567 10 kV 农电线开关线侧接地刀闸	√
37	验明 138 会议中心及水库枢纽一线开关线侧确无电压	√
38	合上 13867 会议中心及水库枢纽一线开关线侧接地刀闸	√
39	验明 10 kV 母线上确无电压	√
40	在 7#接地点（6 kV 配电室）10 kV 母线上挂 10 kV Z-03 号三相短路接地线一组	√
41	在 138 会议中心及水利枢纽一线开关操作把手上挂"禁止合闸，有人工作"标示牌 1 块	√
42	在 135 10 kV 农电线开关操作把手上挂"禁止合闸，有人工作"标示牌 1 块	√
43	在 608 八号主变 6 kV 侧开关操作把手上挂"禁止合闸，有人工作"标示牌 1 块	√
44	在 108 八号主变 10 kV 侧开关操作把手上挂"禁止合闸，有人工作"标示牌 1 块	√
45	在 138 开关控制电源把手上挂"禁止合闸，有人工作"标示牌 1 块	√
46	在 135 开关控制电源把手上挂"禁止合闸，有人工作"标示牌 1 块	√
47	在 608 开关控制电源把手上挂"禁止合闸，有人工作"标示牌 1 块	√
48	在 108 开关控制电源把手上挂"禁止合闸，有人工作"标示牌 1 块	√
49	在 10 kV 母线 TV 二次侧空开上挂"禁止合闸，有人工作"标示牌 1 块	√

续表

单位	×××电站		编号	TS42015063	
发令人	张宏	受令人 李国华	发令时间	2015 年 03 月 17 日 14 时 00 分	
操作开始时间： 2015 年 03 月 17 日 14 时 01 分			操作结束时间： 2015 年 03 月 17 日 15 时 38 分		
（√）监护操作（ ）单人操作					
操作任务：10 kV 母线由运行转检修					
顺序		操作项目			已执行
50	在工作现场四周装设遮拦 1 组				√
51	复查				√
52	汇报				√
备注：					
操作人：李大伟 监护人：王雨泽 值班负责人（值班长）：李国华					

4.2　水电站的"三制"

4.2.1　交接班制度

在一个工作班工作完毕，下一个工作班即将开始工作前进行交接的制度，称交接班制度。交接班工作很重要，不少事故就是因为两个工作班工作交接时没有交接清楚而引发。所以交接班工作必须严肃认真，根据长期运行工作的总结，交接时要做到"五清四交接""三交五不交"与"三接五不接"。只有把各项内容交接清楚，下一班工作才能正确无误地继续进行；否则就可能发生事故。下面是交接班制度参考样例。

4.2.1.1　交接的项目

（1）系统异常运行及事故处理情况。

（2）各项操作任务的执行情况。

（3）设备的停、复役变更，继电保护方式或定值变更情况。

（4）工作票的执行情况和缺陷情况。

（5）设备的检修情况和缺陷情况、信号装置异常情况。

（6）各种记录簿、资料、图纸的收存保管情况。

（7）上级命令指示或有关通知。

（8）各种安全用具、开关钥匙及有关材料工具情况。

（9）本值尚未完成，需下一班续做的工作及注意事项。

（10）系统运行方式及模拟图版接线情况等。

4.2.1.2　交接班时重点交接事项

（1）机组运行方式及设备状态在本班内的变化情况，各机组所带负荷情况，开停机情况。

（2）继电保护及安全自动装置的工作情况，以及机组附属设备的运行情况。

（3）通信、自动化、水情、电话录音系统运行情况。

（4）检修设备相关安全措施及目前检修进度。指示、文件和有关注意事项。

（5）设备缺陷、联系处理情况、注意事项。

（6）设备异常情况及采取的相应措施。

（7）事故发生经过及处理情况。

（8）"两票"执行情况。

（9）调度指令、上级指示。

4.2.1.3　交班程序

（1）交接班是指发电运行、维护工作的移交和延续，包括各岗位人员职责的接替、转移。班组工作的交接必须保证发电生产过程的连续性，实现安全生产任务的无缝交接。同时交接班必须做到严谨、周密，交接时进行"四交接"，即站队交接、图板交接、现场交接、实物交接。站队交接指交接班双方均应站队立正，面对面进行交接。图板交接指交班负责人会同全值接班人员，在模拟图板上交代当时的运行方式。现场交接指现场设备（包括二次设备）经过操作方式变更，所做安全措施，特别是接地线，设备缺陷保护的停复役和定值更改，在现场交接清楚。实物交接指具体物件，如"两票"文件、通知、工具、仪器仪表等物件。

（2）交接形式以书面文字为准，必要的口头交代必须语言规范、清晰、明确。各电站运行维护、监控中心值班人员必须按照电站统一制订的倒班表进行轮流值班。交班负责人主持交接班工作。交班人员应详细口述机组运行方式、设备检修维护情况、系统情况、计划工作、运行原则、存在问题等内容及其他注意事项。交接人员应认真听取，如有疑问应及时提出。

（3）交接班内容以交接班日志、记录为依据，如交班值少交或漏交所造成的后果，应由交班值负责。若接班值未认真接班造成后果由接班值负责。

（4）当完成交接班手续，双方在值班记录簿上签字后，值班负责人应向电网有关值班调度员汇报设备的检修、重要缺陷以及本电站或变电所的运行方式、气候等情况，并核对时钟，组织本值人员简要地分析运行情况和应做哪些工作，然后分赴各自岗位。

（5）如果在交接班过程中，需要进行重要操作、异常运行或事故处理，仍由交班人员负责处理，必要时可请接班人员协助工作。需待事故处理或操作结束或告一段落，经调度员同意后再继续交接班。

4.2.1.4　"三交五不交"与"三接五不接"

（1）交班值认真做到"五交清"，即交清系统或设备的运行方式和注意事项；交清设备运行状态和设备是否存在缺陷情况；交清运行操作及检修情况；交清本班已做的定期工作；交清巡回检查时发现的异常及处理情况。

（2）"三交五不交"中的"三交"指口头交、书面交、现场交。"五不交"指给下一班的准备工作未做好不交班；当班发生异常情况或设备有故障未处理好不交班；工具资料不齐全不交班；清洁卫生工作未做好不交班；上级命令通知不明确不交班。

（3）"三接五不接"中的"三接"指口头接、书面接、现场接。"五不接"指交班人交班准备工作未完成不接（如记录不清，应办理的工作和能处理的设备缺陷未完成者或交代不明等）；在事故处理和操作过程中不接；工器具、资料不全，原因不明不接（如钥匙、工器具、图纸、资料、日志、两票、各种记录等）；应做的安全措施有不完善者不接；清洁卫生未做好，上级通知或命令不明确，有其他明显妨碍安全运行的情况不接。

（4）接班值应做到"五清"（看清、讲清、问清、查清、点清），对接班重点内容"五清楚"。即运行方式及注意事项清楚；设备缺陷及异常情况清楚；操作及检修情况清楚；安全情况及防范措施清楚；现场情况及卫生情况清楚。

（5）交接班中发生事故时应停止交接班，由交班班长指挥事故处理，接班人员进行协助处理；事故处理的操作由交班班长统一安排，接班人员协助操作，事故处理完毕后再进行交接班。在事故处理或操作过程中不得进行交接班，待事故处理或操作告一段落，经交接双方班长协商认可后方可交接班。

4.2.2　设备巡回检查制度

4.2.2.1　基本要求

对运行中的设备进行巡回检查是指沿着预先拟订好的科学的、切合实际的路线，对所有电气设备按规定的巡回周期和运行规程规定的检查项目集中依次进行巡视检查。通过巡视检查可以及时发现事故隐患，防止事故发生。巡回检查时应思想集中，一丝不苟，不能漏查设备和漏查项目，更不能不去巡回检查。要做到走到、看到、听到、闻到，必要时摸到。

除按规定定期巡回检查外，还应根据设备情况、负荷情况、自然条件及气候情况增加巡查次数。例如，对过负荷设备，要求每小时巡查1次，对严重过负荷设备应严密监视；对发生故障处理后的设备，在投入运行后4h内每1h检查1次；对危及安全运行的重大设备缺陷，每隔0.5h或1h巡查1次；遇大雾、大雪、冰冻、台风、汛期、雷雨后，要增加特巡次数等。

4.2.2.2　对设备主要运行参数的监督

现场巡视检查设备运行情况时，一定要注意以下几种运行参数的变化情况：

（1）水轮发电机组推力瓦、水导瓦、导轴承温度。

（2）机组各部分振动和摆渡。

（3）发电机出、入口风温。

（4）发电机定、转子电流、温度。

（5）噪声。

4.2.2.3　设备巡回检查要求

（1）现场单独巡视设备人员必须是经过运行维护部发文确定资格的人员；否则，不允许单独从事设备巡视工作。

（2）值班人员在巡回设备时，不做与巡视无关的事情，严禁乱动设备及安全设施。

（3）巡回检查时不得在无关地方停留过长，发现无关人员时，应令其退出现场。

（4）在巡回检查的过程中，如设备发生事故，相关人员应立即按本岗位职责进行事故处理；发现的一般设备缺陷可在检查任务完成后汇报，并做好记录；如发现有威胁机组安全运行及人身安全重大缺陷，要立即汇报值班长联系处理。

（5）值班负责人对巡视人员的巡回检查工作应进行督促、检查，电站领导对巡回检查制度的落实情况进行每日 1 次的不定时抽查。

（6）设备巡视工作要认真细致，一丝不苟，发现异常及时报告，并采取措施防止扩大。设备巡视工作要求做到"七到一不漏"：

①该去的地方要走到。

②该看到的设备、部位要看到。

③该听到声音的部位要听到。

④该闻到味道的地方要闻到。

⑤该摸到温度的地方要摸到。

⑥该进行测试的地方要测试到。

⑦该分析到的问题要分析到。

⑧不漏查任何一台设备。

4.2.2.4　设备巡回检查的方法

设备巡回检查方法是一看、二听、三嗅、四摸、五思。

（1）看。看设备运行是否正常，绝缘部件有无裂纹、放电痕迹，导体有无火花、过热、断线情况，转动机械摆渡、振动有无变化，储油设备有无漏油，油位、油色是否正常。

（2）听。听机械转动声音是否均匀、正常，有无杂音，电气设备的电磁声音是否均匀，有无放电声。

（3）嗅。电气设备有无绝缘层过热的焦臭味，有无各种油高温时发出的特殊气味，有无物体燃烧时的烟味，有无其他异味。

（4）摸。以手指背部触摸非带电部位，感受振动、温度是否正常。

（5）思。根据可感受到的各种现象，分析、判断设备运行是否正常，异常情况产生的原因，应采取的对策等。

4.2.2.5　应增加机动巡回检查次数的情形

（1）设备存在较大缺陷或异常时。

（2）新设备投运和设备经过改造后。

（3）由于天气、气温、季节影响，设备存在薄弱环节。

（4）设备大修、小修或缺陷处理后。

（5）设备带大负荷或长时间满载运行。

（6）开停机时做必要的检查。

（7）雷雨、大风、大雪、大雾等恶劣天气到来前后，要对室外电气设备及其薄弱环节加强检查。

（8）在夏季大负荷高温天气时，要重点加强电气设备温度的巡查，如发电机定子、开关柜、封闭母线箱体、软连接、灭磁开关等。

（9）强降水过程中对厂内外排水设施（水泵、沟渠等）的检查。

（10）值班长在认为必要时可以命令值班人员进行机动巡回，在下令时应明确检查重点和要求。

（11）需要进行夜间局部熄灯检查的设备。

4.2.3　设备定期试验轮换制度

对水电站、变电站内备用设备及继电保护自动装置等进行定期试验、校验和轮换使用，是及时发现缺陷、消除缺陷、保持备用始终处于完好状态的重要手段。确保备用设备在投用时能正确投用并可靠运行，在故障或事故时继电保护自动装置能正确可靠动作，能正确报警、消除故障。设备定期试验轮换制度是水电站、升压站安全运行的重要组织措施之一。单位应针对设备情况，根据规程规范的规定制订本单位设备定期试验轮换计划，经批准后严格执行，确保水电站、升压站安全运行。电气试验是检查电气设备健康状况的有效方法，通过对电气设置定期试验，可以掌握电气设备的健康状况，可以及时发现事故隐患，采取预防措施，保证电气设备安全运行。

（1）常见电气化设备试验项目及周期，详见以下表格。

电力变压器定期试验项目

仪器	试验周期	试验项目	
电力变压器	110 kV 电力变压器 2 a 1 次；35 kV 电力变压器：3 a 1 次；10 kV 配电变压器 3 a 1 次；10 kV 站用变压器随 10 kV 母线 3 a1 次	预防性试验项目	测量绕组的绝缘电阻和吸收比或极化指数
			测量绕组的泄漏电流
			测量绕组连同套管的介质损失角正切值
			测量电容型套管介质损失角正切值和电容值
			测量铁芯（有外引接地线）的绝缘电阻值
			测量绕组的直流电阻
			全绝缘变压器的交流耐压（指 10 kV 及以下的变压器）
			油中溶解气体色谱分析
			绝缘油试验
		大修及交接试验	穿心螺栓、铁轭夹件、绑扎钢带、铁芯、线圈压环等部位的绝缘电阻
			节开关及拉杆泄漏电流并做直流耐压试验
			变压器大修后（交接时）还应做下列试验项目： （1）绕组所有分接头的变压比 （2）校核三相变压器的接线组别 （3）测量变压器的空载电流和空载损耗 （4）测量变压器的局部放电量

断路器定期实验项目

仪器	试验周期	序号	试验项目
真空断路器	3 a 1 次	1	绝缘电阻的测量
		2	交流耐压试验
		3	断路器时间参量
		4	分、合闸线圈电阻及绝缘电阻测量
		5	辅助回路和控制回路交流耐压试验
		6	导电回路电阻
		7	分、合闸磁铁的最低动作电压
		8	真空灭弧室的真空度测量
少油断路器	10~35 kV 少油断路器 3 a 1 次；110 kV 少油断路器 2 a 1 次	1	测量绝缘电阻
		2	测量 35 kV 及以上电压等级非纯瓷套管断路器的介质损失角正切值
		3	测量 35 kV 以及以上电压等级少油断路器的泄漏电流
		4	测量每相导线回路电阻
		5	测量分、合闸线圈的直流电阻和绝缘电阻
		6	35 kV 及以下电压等级少油断路器的交流耐压

互感器及金属氧化物避雷器定期试验项目

仪器	试验周期	序号	试验项目
电流互感器	1~3 a	1	绕组及末屏的绝缘电阻
		2	介质损失 $\tan\delta$ 及电容量
		3	油中溶解气体色谱分析
		4	交流耐压试验
		5	局部放电测量
电压互感器	6~35 kV 电压互感器 3 a 1 次，10 kV 及以下全绝缘电压互感器的交流耐压试验在母线预试运行，35 kV 全绝缘电压互感器在大修后进行。110 kV 电压互感器 2 a 1 次	1	绝缘电阻的测量
		2	35 kV 及以上电压互感器介质损失角正切值的测量
		3	空载电流测量
		4	35 kV 及以下全绝缘电压互感器交流耐压试验
		5	电磁式电压互感器试验周期
氧化锌避雷器	1 a 1 次	停电试验	试验前的检查
			绝缘电阻测量
			测量直流 1 mA 时的临界动作电压 U_{1mA}
			测量 $0.75U_{1mA}$ 直流电压下的泄漏电流
			测量放电计数器电阻及动作情况

电气二次设备定期试验

序号	系统或设备	测试内容	测试周期
1	发电机励磁系统	励磁功率柜测试	检修时
		发电机励磁给定测试	
		发电机励磁运行参数测试	
2	直流系统	机组 220 V 直流蓄电池单体端电压测试	每月
3	电气仪表	关口计量用电压互感器二次降压测试	每年
4	主系统母线保护	保护装置外观及接线检查	1 个月
		保护逆变稳压电源输出电压检验	1 a
		软件版本和程序校验码（CRC 码）检查	1 a
		母线保护差流检查	1 a
5	线路保护	保护装置外观及接线	每月
		报文信息下载及检查	每月
		时钟的检验	每月
		光纤差动保护通道检查	每月
		保护零序、负序电压和差电流在线测试	每月
		打印自检报告	每年
		保护端子排测温	每月
6	线路故障录波器	装置外观及接线检查	每月
		故障录波器时钟检查	每月
		录波文件下载	每月
7	发变组保护	装置外观及接线检查	每月
		保护装置时钟检查	每月
		管理机检查	每月
		发电机保护辅助电压测量元件实时测试	每月
		发电机故障录波器检查	每月
		发电机自动准同期装置检查	每月
		主变、励磁变、厂变保护检查	每月
8	厂用电系统	馈线保护检查	每月
		0.4 kV 厂用母线及计量装置	每月
		0.4 kV 电动机、变压器保护	每月

（2）电站设备定期试验和切换制度参考示例。

①为了减少长期运转设备磨损，防止长期停运设备受潮，保证设备正常经济运行，及时发现设备缺陷和隐患。运维值班人员应按期对所有辅助设备进行定期试验、切换。

②设备定期试验、切换工作由运行维护部负责，运维班完成具体工作。

③在做定期工作之前，必须得到值班长的许可；工作之后必须将情况汇报值班长，并做好记录。

④定期试验和切换工作必须填写操作票。

⑤设备定期试验和切换工作由两人进行，一人操作，一个监护。

⑥进行设备定期试验切换工作前，应摸清设备情况，做好事故预想。

⑦设备定期试验和切换时操作要正确、认真，操作完毕要重新核对位置、参数是否正确。

⑧定期切换或试验中若有疑问时，必须搞清楚后才能进行操作，若有问题应立即报告值班长，并做好记录。

⑨在试验切换时，要注意人身、设备安全，注意工作对主设备的不利影响，发现缺陷应设法消除，否则应终止切换试验，并及时汇报电站班长和值班长。

⑩如因特殊情况未能按时进行试验和切换工作，应及时报告值班长并改日进行。

⑪定期试验、切换时间和内容见下表。

电站运维人员定期工作表示例

序号	项目	时间	执行人	备注
1	发电机组备用启停试验及绝缘测试	间隔 240 h	运维班、监控中心	上位机启停，空载运行 30 min，执行《电站运行规程》规定启动前、后测绝缘
2	水库柴油发电机启停试验	每月 5 日上午	水库	汛期水库值班员执行，手动启停，空载运行 10~30 min
3	空压机室中压、低压气罐排污	每月 5 日上午	运维班	已进入程序控制
4	避雷器雷击次数抄记	每月 5 日上午（或雷电后）	运维班	雷电后必须抄
5	技术供、排水泵启停试验	每月 10 日上午	运维班	启动前测电机绝缘电阻，启动后记录有关数据
6	全厂电动机绝缘试验	每月 10 日上午	运维班	调速器油泵电动机不可做
7	事故照明切换试验	每月 20 日上午	运维班	具备条件后
8	厂用电 BZT 装置试验	每月 20 日上午	运维班	具备条件后
9	通信装置	交班前	当班人员	水电站、监控中心、系统调度之间通信正常

5　水电站预案编制

5.1　应急预案体系

　　农村水电站应按规定，在危险源辨识、风险分析的基础上，根据《生产经营单位安全生产事故应急预案编制导则》（GB/T 29639—2013）的要求，结合水电站实际，制订综合预案、专项应急预案和现场处置方案，形成"生产安全事故应急预案体系"。

　　（1）综合应急预案。综合应急预案是水电站应急预案体系的总纲，主要从总体上阐述事故的应急工作原则，包括水电站的应急组织机构及职责、应急预案体系、事故风险描述、预警及信息报告、应急响应、保障措施、应急预案管理等内容。

　　（2）专项应急预案。专项应急预案是水电站为应对某一类型或某几种类型事故，或者针对重要生产设施、重大危险源、重大活动等内容制定的应急预案。专项应急预案主要包括事故风险分析、应急指挥机构及职责、处置程序和措施等内容，详见表5-1。

表5-1　专项应急预案分类

灾害类别	专项应急预案名称	灾害类别	专项应急预案名称
自然灾害类	防汛、防强对流天气应急预案	事故灾害类	人身事故应急预案
	防雨雪冰冻应急预案		全厂停电事故应急预案
	防地震灾害应急预案		电力设备事故应急预案
	防地质灾害应急预案		大型机械事故应急预案
公共卫生事件类	传染病疫情事件应急预案		火灾事故应急预案
	群体性不明原因疾病事件应急预案		交通事故应急预案
	食物中毒事件应急预案		环境污染事故应急预案
	危险化学品污染水域应急预案		水库垮坝事故应急预案
社会安全事件应急预案	群体性突发社会安全事件应急预案		—
	恐怖袭击应急预案		—

　　（3）现场处置方案。现场处置方案是生产经营单位根据不同事故类型，针对具

什的场所、装置或设施所制订的应急处置措施，主要包括事故风险分析、应急工作职责、应急处置和注意事项等内容，详见表 5-2。

表 5-2 现场处置分类

序号	现场处置方案名称	序号	现场处置方案名称
1	高处坠落伤亡事故处置方案	12	厂用气中断事故处置方案
2	机械伤害伤亡事故处置方案	13	起重机械故障处置方案
3	物体打击伤亡事故处置方案	14	排水失效水淹厂房处置方案
4	触电伤亡事故处置方案	15	生产调度通信系统故障处置方案
5	火灾伤亡事故处置方案	16	变压器火灾事故处置方案
6	灼烫伤亡事故处置方案	17	发电机火灾事故处置方案
7	溺水伤亡事故处置方案	18	电缆火灾事故处置方案
8	高温中暑伤亡事故处置方案	19	中控室火灾事故处置方案
9	密闭空间窒息伤亡事故处置方案	20	计算机房火灾事故处置方案
10	公用系统故障处置方案	21	闸门启闭设施断电或无法开启处置方案
11	厂用电中断事故处置方案		

5.2 编制的主要内容

根据《生产经营单位安全生产事故应急预案编制导则》（AQ/T 9002—2006）编写预案。

5.2.1 总则

（1）编制目的。简述应急预案编制的目的。

（2）编制依据。简述应急预案编制所依据的法律、法规、规章、标准和规范性文件以及相关应急预案等。

（3）适用范围。说明应急预案适用的工作范围和事故类型、级别。

（4）应急预案体系。说明水电站应急预案体系的构成情况，可用框图形式表述。

（5）应急预案工作原则。说明水电站应急工作的原则，内容应简明扼要、明确具体。

5.2.2 事故风险描述

简述水电站存在或可能发生的事故风险种类、发生的可能性以及严重程度及影响范围等。

5.2.3 应急组织机构及职责

明确水电站的应急组织形式及组成单位或人员，明确构成部门的职责，应急组织机构根据事故类型和应急工作需要，可设置相应的应急工作小组，并明确各小组的工作任务及职责。

5.2.4 预警及信息报告

（1）预警。根据生产经营单位检测监控系统数据变化状况、事故险情紧急程度和发展势态或有关部门提供的预警信息进行预警，明确预警的条件、方式、方法和信息发布的程序。

（2）信息报告。信息报告程序主要包括以下内容：

①信息接收与通报，明确24 h应急值守电话、事故信息接收、通报程序和责任人。

②信息上报。明确事故发生后向上级主管部门、上级单位报告事故信息的流程、内容、时限和责任人。

③信息传递。明确事故发生后向本站以外的有关部门或单位通报事故信息的方法、程序和责任人。

5.2.5 应急响应

（1）响应分级。针对事故危害程度，影响范围和水电站控制事态的能力，对事故应急响应进行分级，明确分级响应的基本原则。

（2）响应程序。根据事故级别的发展态势，描述应急指挥机构启动，应急资源调配、应急救援、扩大应急等响应程序。

（3）处置措施。针对可能发生的事故风险，事故危害程度和影响范围，制订相应的应急处置措施，明确处置原则和具体要求。

（4）应急结束。明确现场应急响应结束的基本条件和要求。

5.2.6 信息公开

明确向有关媒体，社会公众通报事故信息的部门、负责人和程序以及通报原则。

5.2.7 后期处置

主要明确污染物处理、生产秩序恢复、医疗救治、人员安置、善后赔偿、应急救援评估等内容。

5.2.8 保障措施

（1）通信与信息保障。明确可为水电站提供应急保障的相关单位及人员通信联系方式和方法，并提供备用方案。同时，建立信息通信系统及维护方案，确保应急期间信息通畅。

（2）应急队伍保障。明确应急响应的人力资源，包括应急专家、专业应急队伍、兼职应急队伍等。

（3）物资装备保障。明确水电站的应急物资和装备的类型、数量、性能，存放位置、运输及使用条件、管理责任人及其联系方式等内容。

（4）其他保障。根据应急工作需求确定的其他相关保障措施（如经费保障、交通运输保障、治安保障、技术保障、医疗保障、后勤保障等）。

5.2.9 应急预案管理

（1）应急预案培训。明确对水电站人员开展的应急预案培训计划、方式和要求，使有关人员了解相关应急预案内容，熟悉应急职责，应急程序和现场处置方案。如果应急预案涉及社区和居民，要做好宣传教育和告知等工作。

（2）应急预案演练。明确水电站不同类型应急预案演练的形式、范围、频次、内容以及演练评估、总结等要求。

（3）应急预案修订。明确应急预案修订的基本要求，并定期进行评审，实现可持续改进。

（4）应急预案备案。明确应急预案的报备部门，并进行备案。

（5）应急预案实施。明确应急预案实施的具体时间、负责制订与解释的部门。

5.2.10 重要附件

（1）明确有关应急部门、机构或人员的联系方式。列出应急工作中需要联系的部门机构或人员的多种联系方式，当发生变化时及时进行更新。

（2）应急物资装备的名录或清单。列出应急预案涉及的主要物资和装备名称、型号、性能、数量、存放地点、运输和使用条件、管理责任人和联系电话等。

（3）规范化格式文本。应急信息接收、处理、上报等规范化格式文本。

（4）关键的路线、标识和图纸，主要包括：

①警报系统分布及覆盖范围。

②重要防护目标、危险源一览表、分布图。

③应急指挥部位置及救援队伍行动路线。

④疏散路线、警戒范围、重要地点等的标识。

⑤相关平面布置图纸、救援力量的分布图纸等。

（5）有关协议或备忘录。列出与相关应急救援部门签订的应急救援协议或备忘录。

5.3 应急预案示例

（一）×××水电站水淹厂房应急预案（参考）

1 总则

1.1 编制目的

为有效预防和减轻因突发事件导致水电站水淹厂房而带来的灾害损失，确保应急工作能够及时、高效、有序地开展，最大限度地减少灾害造成的损失，结合水电站实际情况，特制订本预案。

1.2 编制依据

依据《中华人民共和国防洪法》《中华人民共和国安全生产法》《防止电力生产重大事故的二十五项重点要求》《电力生产事故调查规程》等。

1.3 适用范围

本预案适用于×××水电站水淹厂房应急处置。

2 组织机构及职责

（1）应急处理实行经理负责制，坚持统一领导、分级管理和部门分工负责、联合协调的原则，切实做到减灾与救灾并举，抗灾与救灾并重，做好灾前预警、灾中应急、灾后恢复生产等工作。

（2）水电站成立抢险救灾指挥部，电站的主要负责人为抢险工作总指挥，一旦发生水淹厂房，水电站全体员工应立即参与抢险救灾工作。

（3）抢险救灾指挥部的组成。

总指挥：电站主要负责人（总经理）

副总指挥：电站分管负责人

成员：各部门负责人

（4）有关人员职责。

①应急抢险指挥部。负责安排、组织和协调各部门应急救灾抢险工作。负责防洪应急救灾抢险现场的人员、物资及设备的组织调度。负责防洪应急救灾抢险现场的安全管理。

②生产技术部。负责应急救灾抢险等有关技术方案、安全技术措施的制订，并组织落实。负责组织、协调、指导救灾，转移安置机电设备与相关人员。负责评估因水淹厂房所带来的灾情。负责联系有关单位和人员，负责制订电厂恢复发电的技术方案，并严格实施。

③水库调度人员。负责积水雨情测报系统的运行管理工作，及时提出水情预报和洪水调度方案。负责积水雨情信息的发布和答复询问。负责水库调度通知和答复外来电话询问，并做好记录。负责向公司主管单位和有关防汛部门报汛。

④运行维护人员。负责防汛电源和备用电源系统的正常运行、检修维护和监视工作。负责厂房、厂区排水系统的正常运行、检修维护和监视工作。在下游水位较高时关闭厂房通往下游的管道、阀门、孔洞，防止尾水倒灌。必要时，负责安装临时排水泵。保持与上级调度部门联系，及时调整有关设备的运行方式。按照命令，拆除、转移厂内机电设备至安全场所。

⑤监控中心。负责厂区各排水设施和厂内运行设备的视频监控工作。必要时，进行设备的远方启停操作。

⑥后勤服务部门。负责抢险物资、食品供应，保障通信、治安、交通、医疗卫生和有关宣传工作等。

（5）事故调查及追究。水电站接到发生水淹厂房事故报告后，应派人员立即赶赴现场，协助进行事故处理。水电站安委会应成立事故调查组，对事故进行调查处理。

3 技术保证措施

3.1 厂房排水系统

（1）加强对厂内集水井水位巡视检查，做好排水泵定期切换工作，确保工作泵正常运行和备用泵良好备用。

（2）保证厂内外集水井水泵自动控制回路完好且可靠运行，在集水井水位异常时能够及时报警。

（3）定期对各种管路、进入孔门进行技术鉴定，发现问题及时消除，严禁设备带病运行。

（4）每年汛前，按照责任分工，对厂房内集水井及排水系统进行全面检查，存在缺陷的，要优先安排消除，清除集水井的淤积物，确保集水井容积。

（5）机组大小修期间，对厂房引水压力管、穿墙管、供水主干管，对外有关的管线进行检查。

（6）加强人员培训，完善标准工作票和操作票，防止安全措施不全，人员误操作等。

（7）储备足够的应急物资（潜水泵、配套管路、电缆、对讲机等）。

3.2 启闭设备及闸门系统

（1）定期对进、尾水闸门进行检查检修，对闸门槽、止水橡皮进行检查，确保闸门止水装置性能良好、门叶正常、转动部分无卡阻。

（2）定期对启闭设备进行检查维护、检修，确保电气性能和力学性能正常。

（3）定期对启闭设备进行试运行试验，确保运行正常。

3.3   水工建筑物

（1）定期对前池、压力管道进行巡视检查，及时清理堆积物，确保积水能及时排至管道两侧的排水沟内，防止大雨时积水顺管道两侧进入厂房机坑内。

（2）及时清理疏通厂区四周排水沟和排洪沟，确保排水通畅。

（3）厂房各层排水沟及地漏通畅，排水沟及地漏周边无杂物。

（4）根据厂房的运行情况在汛前或汛后，对存在隐患或缺陷的水工建筑物进行补强加固处理，确保水工建筑物的安全、稳定运行。

3.4   机组检修

（1）每次机组检修时对机组入孔门螺栓疲劳损坏情况进行检查，定期更换机组进入孔门螺栓并做好记录。

（2）每次机组检修对机组蜗壳和尾水管放空阀进行检查和保养。

（3）对技术供水、消防水管路的防腐养护定期进行检查，发现问题及时处理。

（4）对各类水管上的阀门故障应做到及时发现、及时处理。

4   事故处理

（1）事故发生后，相关负责人应立即向水电站总负责人报告。报告内容包括事故发生的时间，详细地点、事故类别、简要经过、伤亡人数，事故直接经济损失初步估计以及现场救援所需的专业人员和抢险设备等。

（2）预案启动的条件。当出现以下情况之一时，经现场值班领导批准，立即启动本预案。

①检修中的机组误提尾水闸门，导致尾水倒灌，水淹厂房，全厂排水系统无法满足排水需要时。

②因厂区暴雨、山洪暴发、厂房边坡滑坡，导致雨水、泥石流大量涌入厂房排水系统无法满足排水需要时。

③当遇超标准洪水，水库上下游水位骤增，水从下游挡水墙、厂房大门或从进厂公路进入厂房时。

④压力管道水工设施出现塌方、开裂，压力管道进入厂房段及蝶（球）阀、旁通阀、管路发生爆裂、入孔门爆开时。

⑤厂内机组技术供水管路、消防管路爆裂或水轮机机械部分损坏等原因导致大量进水时。

⑥已经发生水淹厂房事故。

（3）电站应根据突发事件引发的水淹厂房重大险情，预先设定警报信号，并制订严格的报警方式和责任制，"警报信号"及"解除警报信号"要做到全站员工知晓。

（4）当预见即将发生水淹厂房事故或发生水淹厂房事故以后，电站运维人员（现场人员）应立即向值班领导汇报，各级领导接到报告后应立即赶往现场，组织抢险，并在第一时间内向上级主管和有关领导汇报。

（5）发生水淹厂房事故时，上级人员未能及时赶到现场，则现场水电站职务最高者为抢险指挥长，参加救援抢险的员工应服从指挥。

5 抢险基本原则

（1）保障现场人员安全撤离。

（2）尽力抢险救灾，将经济损失减小到最低。

（3）避免事故扩大。

（4）现场无领导又来不及汇报的紧急情况下，现场救灾人员有权采取紧急处置措施。

6 应急处理措施

（1）当发生水淹厂房事故时，首先应考虑以下措施：

①增设临时排水泵，设法加大排水系统的排水能力。

②遇超标准洪水或山洪暴发时，应立即在厂房适当位置修筑子堤，减少各个方向的来水。

③立即关闭厂房大门。

④其他有效的抢险措施。

（2）当水从尾水倒灌或山洪暴发时，一般采取以下措施：

①当全厂排水系统不能满足排水需要，集水井水位迅猛上升，水漫过集水井层并快速上涨，立即拉开处于该层的排水泵动力电源及照明电源。

②当水位继续上涨，进入厂房机电设备层时，应与上级调度部门联系申请机组全停。在现场自动停运全部机组，非常紧急时可利用紧急停机功能实行紧急停机，或由监控中心进行停机操作；切断机组的调速器有关操作油路和电源，拆除重要的、昂贵的精密设备，转移至安全场所；关闭机组进水口工作闸门；断开受影响的所有设备的电源。

③当水位继续上涨时，应立即与调度联系，确保厂用电外来电源的安全可靠，同时应考虑退出有关变电设备，防止因水淹导致变电设备短路事故。

④抢险救灾人员向高处安全地带疏散、撤离。

（3）遇超标准洪水，导致水淹厂房时，采取以下措施：

①与电网调度联系，紧急停运全部机组（时间不允许时可先停机后汇报），并关闭机组进水口闸门。

②迅速关闭厂房大门。

③断开所有变电设备两侧电源开关。

④时间许可时将精密设备搬至安全场所。

⑤组织人员安全疏散，撤离至安全地带。

（4）遇压力钢管、蝶（球）阀、旁通阀、平压管路发生爆裂，入孔门爆开时，采取以下措施：

①立即停运全部机组，人员撤离至安全地带。

②断开所有变电设备两侧电源开关。

③紧急关闭爆裂钢管前闸门。

（5）遇厂房内供水管路爆裂时，采取以下措施：

①确认来水源和水源大小。

②关闭相应的阀门，隔断水源。

③根据现场情况确定是否立即停机。

7　重点部位应急抢险措施

（1）遇到特大暴雨，厂房四周山洪暴发致使排水沟排水不畅时，电站应立即组织抢险队伍疏通排水渠道，用沙袋或其他措施封堵进厂的大门和侧门，以及厂房背后配电室大门和厂用变大门，防止泥沙和水进入水电站厂房，在有条件时尽可能保证泥沙和杂物不要流入尾水池内，以免影响恢复正常发电。

（2）遇到蝶阀层技术供水钢管破裂或蝶阀钢管问题造成大量漏水致使排水不及时，运行人员应立即停机，关闭蝶阀和技术供水总阀，并根据严重程度立即通知水库管理处落下发电洞进口事故检修闸门。

（3）当河道洪水漫过河堤或溢洪洞大流量泄洪时，为防止洪水沿进厂公路进入厂区，立即用放置在溢洪洞出口旁边的沙袋筑起挡水墙，防止洪水流入厂区。

（4）遇人力无法抗拒、抽排及封堵均无明显效果、水淹厂房不可避免时，在做好相应的措施后，人员迅速向副厂房楼上或邻近安全的山坡撤离。

8　附则

（1）生技部负责在执行本预案过程中的指导、监督、检查和考核。

（2）预案应根据执行情况和反馈意见及时进行修订、完善，每年回顾一次，3 a修订1次。

（3）本预案自××××年××月××日起实施。

（二）水库大坝安全管理应急预案编制大纲（参考）

水库大坝安全管理应急预案是在水库大坝发生突发安全事件时避免或减少损失的预先制订的方案，是提高水库管理单位及其主管部门应对突发事件能力，降低水库风险的重要非工程措施，内容一般包括前言、水库大坝概况、突发事件分析、应急组织体系、预案运行机制、应急保障、宣传、培训、演练、附录等。

1　前言

1.1　预案编制目的

1.2　预案编制依据

依据《中华人民共和国水法》《中华人民共和国防洪法》《水库大坝安全管理条例》《中华人民共和国防汛条例》《国家突发公共事件总体预案》有关法律、法规及各级有关规定、规程规范等编制。

1.3　预案适用范围

1.4　预案编制原则

（1）贯彻"以人为本"的原则，体现风险管理理念，尽可能避免或减少损失，特别是生命损失，保障公共安全。

（2）按照"分级负责"的原则，实行分级管理，明确职责与责任追究制。

（3）强调"预防为主"的原则，通过对水库大坝可能突发事件的深入分析，事先制订减少和应对突发公共事件发生的对策。

（4）突出"可操作性"的原则，预案以文字和图表形式表达，形成书面文件。

（5）力求"协调一致"的原则，预案应和本地区、本部门其他相关预案相协调。

（6）实行"动态管理"的原则，预案应根据实际情况变化适时修订，不断补充完善。

1.5　突发事件分类分级

水库大坝突发事件是指突然发生的，可能造成重大生命、经济损失和严重社会环境危害，危及公共安全的紧急事件，一般包括：

（1）自然灾害类，如洪水、上游水库大坝溃决、地震、地质灾害等。

（2）事故灾难类，如因大坝质量问题而导致的滑坡、裂缝、渗流破坏而导致的溃坝或重大险情；工程运行调度、工程建设中的事故及管理不当等导致的溃坝或重大险情；影响生产生活、生态环境的水库水污染事件。

（3）社会安全事件类，如战争或恐怖袭击、人为破坏等。

（4）其他水库大坝突发事件。

水库大坝突发事件按生命损失、社会环境影响和经济损失的严重程度分为四级：Ⅰ级（特别重大）、Ⅱ级（重大）、Ⅲ级（较大）及Ⅳ级（一般），按生命损失和社会环境影响分级；按经济损失分级，可根据当地经济社会发展水平确定。

2　水库大坝概况

2.1　流域和社会经济概况

（1）与大坝安全有关的流域自然地理，水文气象、水利工程等基本情况。

（2）水库上下游的社会经济基本情况，特别是当突发事件发生后可能受影响的居民居住区位置、人口、重要交通干线、重要设施、工矿企业等情况。

2.2　工程和水文概况

2.2.1　水库水文基本情况

包括水库流域暴雨、洪水特征、设计洪水及其过程等。

2.2.2　水库大坝工程情况

（1）工程特性表。

（2）水库工程概况描述，包括工程等级、防洪标准、建筑物基本情况、库容曲线，泄流曲线，工程效益范围。

（3）大坝施工质量，包括坝址工程地质条件、坝体填筑和坝基处理情况。

（4）多年运行情况以及超过正常高水位的运行和历时情况。

（5）工程运行管理条件。

（6）水库运行及洪水调度方案。

2.3 水情和工情监测系统概况

2.3.1 水库水情监测系统

水库流域水文测站（包括水文自动测报系统）分布和观测项目、报汛方式和洪水预报方案、预见期、预报精度及实际运用效果等。

2.3.2 水库大坝安全监测系统

（1）大坝安全监测项目、测点布置、监测仪器有效性。

（2）大坝巡视检查情况，重点描述发现的工程异常表现及部位、时间。

（3）安全监测资料分析中发现的仪器问题和工程隐患，特别要说明隐患的位置和严重程度。如果从未做过观测资料分析，应在预案编制前全面分析。

2.3.3 闸门监控系统

简述监控项目、仪器设备、闸门监控系统的有效性。

注：如果水库大坝无任何监测设施，则应说明在水库运用过程中如何有效了解大坝安全。

2.4 历次病险及处置情况

2.4.1 发生过的危及大坝安全的工程病险及处理

（1）详细描述运行中发生过的重大工程险情，包括发生时间、部位、险情性质、发生险情时外界条件、发生发展过程。

（2）抢险方案和过程。

（3）险情处理方案及施工情况、目前状况。

2.4.2 发生过的大洪水事件及应对措施

（1）历次大洪水情况，包括降雨过程、入库洪水过程、洪水总量和最大洪峰流量等。

（2）历次大洪水的调度决策、应对处理、最高水库水位情况。

（3）历次下泄洪水对下游造成的损失情况。

2.4.3 地震及地质灾害情况

历史上发生过的地震与地质灾害情况。

3 突发事件分析

3.1 工程安全现状分析

（1）根据最近一次大坝安全鉴定结论，总结大坝存在的主要工程隐患。

（2）如果鉴定意见为"三类坝"，应说明除险加固方案和加固质量情况，竣工验收结论，大坝目前仍存在的工程隐患。

（3）对尚未完成大坝安全鉴定工作的水库，可以通过专家现场检查等方式，结合实际运行情况，总结存在的主要问题和工程隐患。

3.2　可能突发事件分析

（1）可能突发事件分析，应由不同专业的专家在现场检查等工作的基础上分析。

（2）根据流域洪水特点、环境变化、工程地质条件，分析判断是否存在自然灾害类突发事件及其可能性大。

（3）根据工程安全现状分析结果、水库运行管理条件和水平及水库功能，分析判断是否存在事故灾难类突发事件及其可能性大小。

（4）根据水库地处位置，社会经济发展环境与动态，分析判断是否存在社会安全事件类突发事件及其可能性大小。

（5）对其他突发事件发生的可能性进行分析。

3.3　突发事件的可能后果分析

3.3.1　突发溃坝事件后果分析

（1）溃坝洪水分析，针对可能发生的溃坝事件，进行溃坝模式分析，计算大坝溃口流量等水力参数和过程线，选择最大溃口流量作为溃坝下泄洪水。土石坝应选择逐步溃决模式，混凝土坝应选择瞬时溃坝模式。

（2）溃坝洪水淹没范围及严重程度分析，依据不低于1：10 000的地形图，进行洪水演进分析，确定洪水流速、历时和淹没深度。大型和重要中型水库的洪水演进模型应采用二维演进模型，其他水库可采用一维演进模型。绘制淹没范围及其严重程度图，作为人员应急转移依据。

（3）淹没区生命损失、经济损失和社会环境影响分析。根据淹没图，确定淹没范围内的风险人口，并分析不同报警时间、事件发生的不同时段、洪水的严重性等因素条件下可能发生的生命损失数量。淹没城镇时，可考虑利用钢筋混凝土结构作为紧急避险场所的可能。根据淹没图，确定淹没范围内的直接经济损失，并估算间接经济损失，确定影响范围内的防洪重点对象，工程的防洪标准以及下游河道的安全泄量。根据淹没图，确定下游社会环境影响程度。

（4）大型、重点中型或坝高超过70 m的小型水库，应对下游损失做专题研究。

3.3.2　突发水污染事件后果分析

（1）分析确定可能水污染的严重程度。

（2）分析确定可能水污染的影响范围。

（3）分析确定可能水污染对生命、经济和社会环境的影响。

3.4　可能突发事件排序

根据突发事件后果，对可能发生的突发事件进行排序，选择发生可能性较大的突发事件，作为应急处置的主要目标。

4　应急组织体系

4.1　应急组织体系框图

绘制预案编制、审查、批准、启动、实施、结束等过程的应急组织体系框图，明确政府、水行政主管部门、行业主管部门或业主、水库管理单位之间的相互关系。

4.2　政府

按照分级负责、属地管理的原则，水库属地政府为水库大坝突发事件应急处置的责任主体，其职责一般包括确定对应水库大坝突发事件的各职能部门的职责、责任人及联系方式；组织协调有关职能部门工作。

4.3　水行政主管部门

明确水行政主管部门的职责及相关责任人与联系方式。其主要职责一般包括主要领导参加应急指挥机构；协助政府建立应急保障体系；参与并指导预案的演习；参与预案实施的全过程；参与应急会商；完成应急指挥机构交办的任务。

4.4　水库主管部门或业主

明确水库主管部门或业主的职责及相关责任人与联系方式，其主要职责一般包括筹措编制预案的资金；负责预测与预警系统的建立与运行；组织预案的演习；参与预案实施的全过程；参与应急会商；完成应急指挥机构交办的任务等。

4.5　水库管理单位

明确水库管理单位各部门在险情监测与巡视检查、抢险、应急调度、信息报告等工作中的职责与责任人及其联系方式和对应联系对象；参与预案实施的全过程；参与应急会商；完成应急指挥机构交办的任务等。

4.6　应急指挥机构

（1）按照分级负责、属地管理的原则，明确水库大坝突发事件应急指挥机构，确定一名地方行政首长作为应急指挥机构的指挥长。

（2）明确应急指挥机构成员单位及其职责。

（3）明确应急指挥机构成员单位相关责任人及联系方式。

4.7　专家组

预案中应明确为应急处置提供技术支撑的专家组及专家组组长与成员名单、单位、专业、联系方式，主要负责收集技术资料，参与会商，提供决策建议，必要时参加突发事件的应急处置，一般由水利、气象、卫生、环保、通信、救灾、公共安全等不同领域专家组成。

4.8　抢险队伍

明确抢险队伍的组成、任务、设备需求以及负责人与联系方式。

4.9　突发事件影响区域的地方人民政府与有关单位

明确突发事件影响区域的地方人民政府与有关单位的职责与相关联系人及联系

方式。其职责包括组织群众参与预案演习、负责组织人员撤离等。

5　预案运行机制

5.1　预测与预警

（1）针对可能的突发事件，建立预测与预警系统，做好风险分析，对水库大坝可能发生的突发事件进行监测和预警。

（2）预测系统包括仪器监测与人工巡视检查等。

①规定仪器监测的目的、部位与项目、测点布置、仪器选型与技术要求、监测方式和频次、通信方式等。

②规定巡视检查的部位、内容、方式、频次等。

（3）预警系统。

①对应突发事件分级和溃坝事件发生的可能性，预警级别也划分为四级，依次用红色、橙色、黄色和蓝色表示。

②预警信息一般包括突发事件的类别、预警级别、起始时间、可能影响范围、警示事项、应采取的措施和发布机构等。

③预警信息的发布

a. 依据预警级别的划分标准，以及仪器监测或巡视检查结果，规定预警信息的发布条件、时间和范围。

b. 规定预警信息上报和通报的内容、范围、方式、程序、频次和联络方式等。

c. 规定预警信息发布网络，绘制流程图。

④预警信息的调整和解除。

a. 规定预警信息调整和解除的条件。

b. 规定预警信息调整和解除的范围、方式、程序和联络方式等。

5.2　预案启动

5.2.1　预案启动条件

5.2.1.1　直接启动

当水库大坝遭遇以下情况，并将造成特别重大或重大损失，发出红色警报，可直接启动预案。

（1）遭遇超标准洪水。

（2）地震或地质灾害造成大坝溃决或即将溃决。

（3）上游水库溃坝造成大坝溃决或即将溃决。

（4）工程出现重大险情，大坝溃决或即将溃决。

（5）战争、恐怖事件、人为破坏等其他原因造成大坝溃决或即将溃决。

（6）库区水质污染，严重威胁居民生命安全及生产生活或严重破坏生态环境。

5.2.1.2　会商启动

当水库大坝遭遇以下情况，损失较大或一般，发出橙色或以下警报，应在会商后决定是否启动预案。

（1）工程出现严重险情，有可能造成大坝溃决。

（2）监测资料明显异常，对大坝安全不利。

（3）水情预报可能有超标准洪水。

（4）地震或地质灾害有可能造成大坝溃决。

（5）上游水库溃决，有可能造成大坝溃决。

（6）战争、恐怖事件、人为破坏等其他原因可能造成大坝溃决。

（7）库区水质污染，影响居民生命安全、生产生活及生态环境。

5.2.2　预案启动程序

5.2.2.1　直接启动

（1）水库管理单位将水库大坝溃决或即将溃决、严重水污染等突发事件的信息立即报告应急指挥机构指挥长。

（2）应急指挥机构指挥长接到大坝即将溃决的报告后，在规定的时间内发出启动预案的命令，预案启动。

5.2.2.2　会商启动

（1）当水库大坝出现可能导致大坝溃决险情或水污染等突发事件时，水库管理单位应在规定的时间内按程序报告。

（2）应急指挥机构根据险情报告，召集相关部门与专家组会商决定是否启动预案。

（3）当会商决定启动预案时，应急指挥机构指挥长应在规定的时间内发出启动预案的命令，预案启动。

5.3　应急处置

5.3.1　险情报告、通报

（1）规定险情报告、通报的程序、内容、范围、方式、时间与频次要求及有关责任单位及责任人、联系人的联系方式等。

（2）规定险情报告、通报的记录要求。

5.3.2　应急调度

（1）针对可能发生的突发事件，制订相应应急调度方案，如控制入库流量与下泄流量。

（2）规定应急调度方案的操作程序，确定各种紧急情况下的调度权限、调度命令下达，执行的部门与程序及有关责任单位及责任人、联系人的联系方式等。

5.3.3　应急抢险

（1）针对可能导致溃坝的突发事件，制订抢险预案，包括抢险原则、抢险方案、抢险队伍，抢险物资及其储备等。

（2）规定通知、调动抢险队伍的方式以及抢险队伍到达现场的时间及任务要求。

5.3.4 应急监测和巡查

（1）规定应急监测的要求。

（2）规定应急监测和巡查人员组成及监测和巡查结果的上报方式与程序。

（3）规定应急监测与巡查的记录方式。

5.3.5 人员应急转移

（1）针对可能导致溃坝的突发事件，确定溃坝洪水淹没区域人员和财产转移撤离安置组织和实施的流程图，以及相关环节的责任部门和责任人的名单、单位、地址、联系方式。

（2）确定溃坝洪水淹没区域人员和财产转移安置任务，明确人员转移撤离警报的发布条件、时机、形式、权限以及送达对象及联系方式等。

（3）根据溃坝洪水淹没区域现有交通状况、社区分布和安置点的分布情况，分片确定转移人员和财产的数量、次序、转移路线、方式、交通工具、安置点、安置方式等。

（4）规定溃坝洪水淹没区域人员和财产转移撤离后的警戒措施，明确责任部门和责任单位、地址、联系方式等。

（5）确定人员撤离过程中的抢救方案和人员及联系方式。

（6）确定各种紧急情况下人员转移撤离命令下达与执行部门的责任人，联系人及其联系方式。

5.3.6 临时安置

（1）制订应急转移人员（包括水库管理职工）的居住、生活、卫生、医疗、交通、通信、教育等基本生活保障措施与标准，并确定相关责任部门和责任人及联系方式。

（2）确定应急转移财产的临时存放地点、保安措施，以及相关责任部门和责任人及联系方式。

（3）规定应急转移人员和财产临时安置措施的实施方案，明确相关责任单位与责任人、联系人及其联系方式。

5.4 应急结束

规定应急处置工作结束的条件和程序。

5.5 善后处理

根据国家和当地政府的有关规定，制订对突发事件中的伤亡人员，参加应急处置的工作人员，受灾群众与有关单位的财产损失，紧急调集、征用有关单位及个人物资进行抚恤、补助或补偿的办法，明确相关责任单位与责任人及联系方式。

5.6 调查与评估

对水库大坝突发事件的起因、性质、影响、责任、经验教训和恢复重建等问题进行调查评估，必要时应对突发事件的机理进行分析研究。

（1）规定调查与评估工作的内容、程序、时间要求以及结果报告方式。

（2）规定调查与评估工作的责任部门和责任人。

5.7　信息发布

（1）信息发布应当及时、准确、客观、全面。事件发生的第一时间要向社会发布简要信息，随后发布初步核实情况、政府应对措施和公众防范措施等，并根据事件处置情况做好后续发布工作。

（2）规定信息发布的授权单位与发言人名单、联系方式。

（3）规定信息发布的方式，一般包括授权发布、散发新闻稿、组织报道、接受记者采访、举行新闻发布会等。

6　应急保障

根据当地实际情况，明确应急队伍、应急费用、应急物资、紧急救援、基本生活、医疗和防疫、交通运输、治安、通信等应急保障措施，明确相关责任部门与责任人、联系人及其联系方式。应急物资须根据抢险要求提出抢险物资种类、数量和运达时间要求。说明水库自备和可征用的抢险物资种类、数量、存放地点以及交通运送、联系方式等。

7　宣传、培训与演练

7.1　宣传

确定向受影响区域公众报告水库大坝存在的风险情况与预案的组织单位、宣传内容、方式、时间和场合以及向社会发布方式。

7.2　培训

预案制订后，确定由何单位、何时、何处、何种方式组织受影响区域公众的培训，使政府与相关职能部门、水行政主管部门、水库主管部门或业主、水库管理单位及职工、公众了解事件的处理流程，充分理解撤离的信号、过程和地点。

7.3　演练

确定以适当的方式和规模组织相关部门、水库管理单位及职工、公众参与预案演练。

8　附表附图

（1）水库及其下游重要防洪工程和重要保护目标位置图。

（2）水库枢纽平面布置图。

（3）大坝典型纵、横断面图，主要建筑物剖面图。

（4）水库工程特性表。

（5）水位、泄量、下游河段安全泄量、相应洪水频率和水位图表。

（6）淹没风险图。

（7）险情记录与报告表。

（0）应急保障物资储备情况及发布图表。

（9）突发事件应急指挥机构框图表。

（10）突发事件应急保障队伍通信联络图。

（11）应急保障系统结构关系框图。

（12）历次安全鉴定报告书。

（三）水电站汛期调度运用计划和防洪抢险应急预案编制大纲（参考）

1　总则

1.1　编制目的

（1）为了规范、统一《水电站汛期调度运用计划和防洪抢险应急预案》（以下简称《应急预案》）的编制，制订本编制大纲。

（2）编制《应急预案》是为了提高水电站突发事件应对能力，切实做好水电站遭遇突发事件时的防洪抢险调度和险情抢护工作，力保水电站工程安全，最大程度保障下游人民群众生命安全。

1.2　编制依据

根据《中华人民共和国防洪法》《中华人民共和国防汛条例》《水库大坝安全管理条例》等有关法律法规、规章规范、规程以及《水库防洪抢险应急预案编制大纲》等编制。

1.3　工作原则

（1）确保人民群众生命安全，实行行政首长负责制、统一指挥、统一调度、全力抢险、力保水电站工程安全的原则。

（2）防洪抢险以防洪安全和水电站发、供、配电生产安全为首要目标，实行安全第一，常备不懈，以防为主，防抗结合的原则。

1.4　适用范围

本大纲适用于以发电为主的水电站，其中库容为小型或 10 万 m^3 以下的农村水电站可参照执行。突发性洪涝灾害包括江河洪水、山洪灾害（指由降雨引发的山洪、泥石流、滑坡灾害）以及由洪水、地震等引发的水电站挡水大坝垮坝、引水渠决口、水闸倒塌、战争或恐怖事件（指有预谋的，带有政治目的的及阻挠紧急防汛期防洪调度或破坏水库大坝工程安全）、其他不可预见事件等灾害。

2　工程概况

2.1.1　流域概况

水电站所在流域有关自然地理、水文、气象及水利工程建设情况。

2.1.2　工程基本情况

工程基本情况包括水电站工程等级、坝型以及挡水、泄水、进水、输水、前池、压力管道、厂房和变电站等建筑物的基本情况，电站开发形式（坝式、引水式）、装机容量、引用流量、水头、多年平均发电量、年利用小时数、保证出力以及工程存在的主要防洪安全问题。

2.2 水文

（1）水电站所在流域暴雨、洪水特征。

（2）水电站所在流域水文测站（包括水文自动测报系统）分布，观测项目。

（3）简述水电站报汛方式及洪水预报方案，以及预见期、预报精度等。

2.3 工程安全监测

（1）简述水电站工程安全监测项目、测点分布以及监测设施、工况等。

（2）以往水电站工程安全监测情况，重点分析发现的异常现象。

3 洪水调度运用计划

（1）根据水电站所在流域雨情、水情等具体情况，确定其洪水调度方案。

（2）根据水电站防洪标准、防洪任务及汛期限制水位确定电站的控制运用原则及泄量方式。

4 突发事件危害性分析

4.1 重大工程险情分析

（1）根据水电站实际情况，分析可能导致水电站工程出现重大险情的主要因素。

（2）分析可能出现重大险情的种类，估计可能发生的部位和程度。

（3）分析可能出现的重大险情对水电站工程安全的危害程度。

（4）分析上下游居民逃险、躲险可能性，对下游城市及经济区的保护等。

4.2 大坝溃决分析

（1）根据水电站水库实际情况，分析可能导致水库大坝溃决的主要因素，分析可能发生的溃坝形式。

（2）按照有关技术规范，进行溃坝洪水计算。

（3）分析水电站溃坝洪水对下游防洪工程、重要保护目标等造成的破坏程度和影响范围，绘制水电站溃坝风险图。

（4）分析水电站溃坝对上游可能引发滑坡崩塌的地点、范围和危害程度。

4.3 影响范围内有关情况

（1）确定影响范围内的工程防洪标准以及下游河道安全泄量等。

（2）确定影响范围内的人口、财产等社会经济情况。

（3）确定影响范围内的防洪重点保护对象。

5 险情监测与报告

5.1 险情监测和巡查

（1）确定水电站工程险情监测、巡查的部位、内容、方式、频次等。

（2）确定监测、巡查人员组成及监测、巡查结果的处理程序。

5.2　险情上报与通报

确定险情上报、通报的内容、范围、方式、程序、频次和联络方式等。

6　险情抢护

6.1　抢险调度

（1）根据水电站发生的险情，确定水电站允许最高水位及最大下泄流量，制订相应的抢险调度方案。

（2）根据抢险调度方案制订相应的操作规程，明确水电站调度权限、执行部门等。

6.2　抢险措施

根据险情及抢险调度方案，制订相应的抢险措施。

6.3　应急转移

（1）确定受威胁区域人员及财产转移安置任务。

（2）根据受威胁区域现有交通状况、社区分布和安置点的分布情况，制订应急转移方案。

（3）确定人员转移警报发布条件、形式、权限及送达方式等。

（4）确定组织和实施受威胁区域人员和财产转移、安置的责任部门和责任人。

（5）制订人员和财产转移后的警戒措施，明确责任部门。

7　应急保障

7.1　组织保障

明确水电站防汛指挥部指挥长、副指挥长及成员单位负责人，明确实施《应急预案》的职责分工和工作方式。确定水电站应急抢险专家组组成。

7.2　队伍保障

根据抢险需求和当地实际情况，确定抢险队伍组成、人员数量和联系方式，明确抢险任务，提出设备要求等。

7.3　物资保障

（1）根据抢险要求，提出抢险物资种类、数量和运达时间要求。

（2）说明水电站自备和可征调的抢险物资种类、数量、存放地点，以及交通运送、联系方式等。

7.4　通信保障

（1）确定紧急情况下，水情、险情信息的应急传送方式。

（2）确定抢险指挥的通信方式。

7.5　其他保障

确定交通、卫生、饮食、安全等其他保障措施。确定宣传报道的发布权限和方式等。

8 《应急预案》启动与结束

8.1 启动与结束条件

明确启动与结束《应急预案》的条件。

8.2 决策机构与程序

明确启动和结束《应急预案》的决策机构与程序。

9 附件

9.1 附图

（1）水电站及其下游重要防洪工程和重要保护目标位置图。

（2）水电站枢纽平面布置图。

（3）水电站枢纽主要建筑物剖面图。

（4）水电站水库水位—库容—面积—泄量关系曲线图。

（5）水电站洪水风险图。

9.2 附表

（1）水电站工程技术特性表（附录 A）。

（2）水电站水库、厂房下游主要河段安全泄量、相应洪水频率和水位表。

（3）水电站险情及抢险情况报告表（附录 B）。

9.3 水电站大坝安全鉴定报告书

附录 A 水电站工程技术特性表

高程系统：

水电站名称				坝型	
建设地点			主坝	坝顶高程（m）	
所在河流				最大坝高（m）	
流域面积（km²）				坝顶长度（m）	
管理单位名称				坝顶宽度（m）	
主管单位名称				坝基地质	
竣工日期				坝基防渗措施	
工程等别				防浪墙顶高程（m）	
地震基本烈度/抗震设计烈度			副坝	坝型	
多年平均降水量				坝顶高程（m）	
设计	洪水标准（%）			坝顶长度（m）	
	洪峰流量（m³/s）			坝顶宽度（m）	
	3 d 洪量（m³）		正常溢洪道	形式	
校核	洪水标准（%）			堰顶高程（m）	
	洪峰流量（m³/s）			堰顶净宽（m）	
	3 d 洪量（m³）			闸门形式	
水电站特性	水库调节特性			闸门尺寸	
	校核洪水位（m）			最大泄量（m³/s）	
	设计洪水位（m）			消能形式	
	正常蓄水位（m）			启闭设备	
	汛限水位（m）		非常溢洪道	形式	
	死水位（m）			堰顶高程（m）	
	总库容（m³）			堰顶净宽（m）	
	调洪库容（m³）			最大泄量（m³/s）	
	兴利库容（m³）			消能形式	
	死库容（m³）		其他泄洪设施		
工程运行	历史最高库水位（m）及发生日期				
	历史最大入库流量（m³/s）及发生日期		备注		
	历史最大出库流量（m³/s）及发生日期				

附录 B 水电站险情及抢险情况报告表

填报时间：

项　目	工　情		险　情			灾　情		抢　险　措　施				备注
	设计标准	现行标准	出险部位	出险时间	处理情况	险情可能造成的影响	可能造成损失	技术措施	抢险物资	抢险队伍		备注
										部队	地方	
水电站大坝												
泄水建筑物												
输水建筑物												
下游堤防												
其他												
水情	水电站水库水位（m）		蓄水量（m³）		入库流量（m³/s）		出库流量（m³/s）		其他			
出险时水情												
最新水情												

填报单位：（盖章）　　　　　　　　　　填报人：

负责人：　　　　　　　　　　　　　　联系电话：

（四）触电事故的应急处理

1　应急准备

1.1　组织机构及职责

（1）触电事故应急准备和响应领导小组。

组长：水电站主要负责人。

组员：水电站分管负责人、安全员、各专业工长，后勤人员。

值班电话：

（2）触电事故应急处置领导小组负责对项目突发触电事故的应急处理。

1.2　培训和演练

（1）水电站每年按触电事故应急响应的要求进行 1 次模拟演练。各组员按其职责分工，协调配合完成演练，演练结束后对应急响应的有效性进行评价，必要时对应急响应的要求进行调整和更新，演练、评价和更新的记录应予以保存。

（2）安全管理部负责对相关人员每年进行 1 次培训。

1.3　应急物资的准备、维护、保养

（1）应急物资的准备：简易担架。

（2）应急物资要配备齐全，并加强日常管理。

2　应急响应

2.1　脱离电源对症抢救

当发生人身触电事故时，首先使触电者脱离电源。迅速急救，关键是快。

2.2　紧急救护

按触电急救方法对触电伤员进行紧急救护。

2.3　事故后处理工作

（1）查明事故原因及责任人。

（2）以书面形式向上级写出报告，包括发生事故时间、地点、受伤（死亡）人员姓名、性别、年龄、工种、伤害程度、受伤部位。

（3）制订有效的预防措施，防止此类事故再次发生。

（4）组织所有人员进行事故分析。

（5）向所有人员进行事故教育。

（6）向所有人员宣读事故结果，及对责任人做出处理决定。

6 农村水电绿色发展

自从 1878 年法国建成第一座水电站以来，水电就成为人类重要的能源。自 20 世纪 20 年代起，发达国家竞相开发水电，欧美国家水电开发程度达到 70%以上，北欧国家、日本已经超过 80%。水电提供了全世界 16%的电力，全球有 55 个国家的 50%以上的电力由水电提供。水电是当前最成熟的和可大规模利用的可再生能源，是最大规模的清洁能源，这是国际社会的普遍认识。水电站建设对河流及其周边的环境产生一定影响，比如对河流的联通性、水文泥沙、水生物繁殖、淹没移民等产生的影响。

6.1 发达国家绿色水电建设体系

6.1.1 绿色水电建设经验

河流是自然界长期演化形成的生态系统，水电工程的开发会对河流生态系统产生直接和间接、显现和潜在、短期和长期的影响，因此必须研究具有针对性的预防和恢复措施。基于对水电与环境关系的新认识，自 20 世纪 80 年代开始，欧美一些发达国家围绕水电开发对河流生态影响、河流生态恢复等方面开展了大量的研究工作，建立了相应的技术指南、认证程序和技术标准，其中最具代表性的有瑞士绿色水电认证、美国低影响水电认证和国际水电协会的水电可持续性评估，为促进水电开发更好地保护生态环境、实现可持续发展积累了经验。

6.1.1.1 瑞士绿色水电认证

瑞士联邦水科学技术研究院（EAWAG）在 2001 年对阿尔卑斯山南部 400 MW 的水电工程进行研究，建立了绿色水电站认证标准和制度，瑞士环境友好能源协会（VUE）理事会授予水电站绿色水电标志。通过绿色水电认证的水电站，可将电价上浮，额外收取的电费必须用于河流生态环境修复。这套体系已成功应用于瑞士的水电工程，并被欧洲绿色电力确定为欧洲技术标准向欧盟其他国家推广。

瑞士绿色水电基本标准从水文特征、河流连通性、泥沙与河流形态、景观与生物环境、生物群落 5 个方面反映健康河流生态系统的特征，并通过对最小流量、调峰、水库、泥沙、电站设计 5 个方面的管理实现绿色水电。即环境范畴与管理范畴相结合，构建了瑞士特有的绿色水电认证管理矩阵（图 6-1），表示生态环境目标能够通过管理措施得到实现，其中包括了对绿色水电认证的两项详细要求（图6-2）。

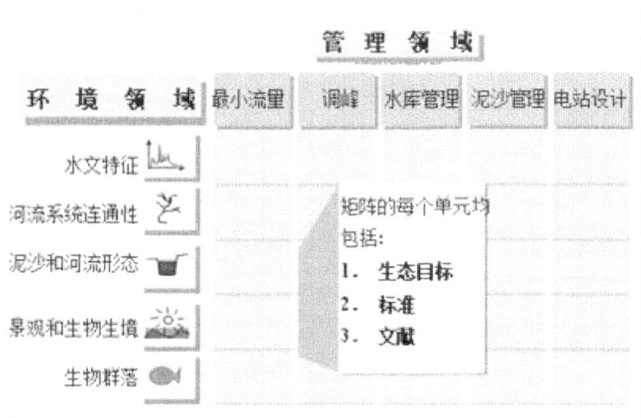

图6-1 瑞士绿色水电认证矩阵

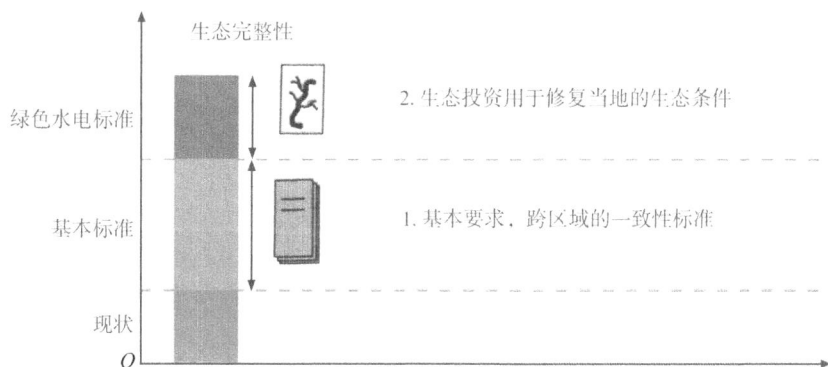

图6-2 瑞士绿色水电认证的两个条件

其中，水文特征包括季节性流量的可变性，以及最小生态基流，河流系统连通性包括足以让鱼类迁徙的水深，支流未被人为地隔离以及功能性的生物群落交错区；泥沙和河流形态包括必须维持河床的结构特征以及输送能力，以免在河床造成堵塞；景观和生物生境包括对受保护的河段应进行维护和修复以及对受保护的洪泛平原，需要有独特的管理理念；生物群落包括温度及水质指标，即引流河段不应属于关键河段，具有特征的水流和水力形态以及典型河流栖息地等。

绿色水电必须满足的两个条件：基本要求+生态投资，即除满足环境管理矩阵中要求的5个环境目标外，还要每年采取一定的生态修复措施，才能被授予"绿色水电"标志。获得"绿色水电"标志的水电站，可按规模在每度电费上加价。

6.1.1.2 美国低影响水电认证

美国低影响水电研究所（LIHI）于1998年提出了低影响水电认证标准（图6-3），建立了一套可行的认证机制。核心是以联邦能源监管委员会（FERC）发电许可证的环评标准为基础，提出了主要包括河流水流条件、水质、流域保护等 8 个方面的环境标准。低影响水电研究所委派咨询机构审核和评定，由低影响水电研究所理事会批准认证。通过低影响水电认证的水电站享受每度电费加价政策。

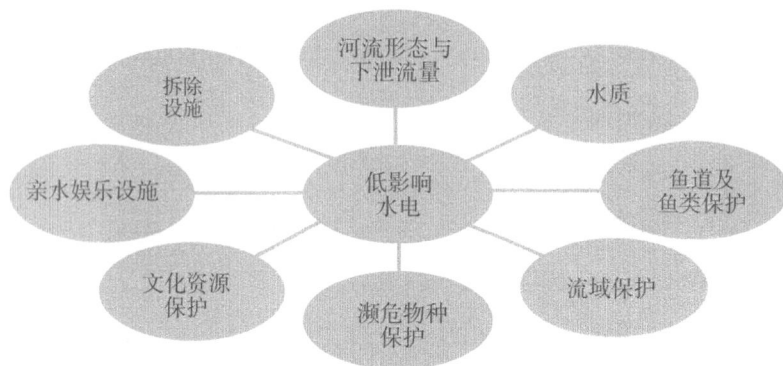

图 6-3　美国低影响水电环境标准

（1）河道水流条件。遵守关于鱼类、野生动物保护、改善和促进的条件（河道内水流、水面坡降条件，季节和短期河流内水流的变化程度）；泄水支流和旁通支流是否都遵守了最小下泄流量的标准或采用 Montana-Tennant 方法计算得到优质的水流标准等。

（2）水质。遵守 1986 年 12 月 31 日之后依照清洁水法案 401 条款对水电站水质颁布的各项条件；在水电站区域和下游支流依照联邦清洁水法案由州政府制定的定量化的水质标准；水电站区域或下游支流依据州政府认定满足依照水法案 303（d）条款制定的定性或定量的水质标准或者规定的使用功能。

（3）流域保护。出于保护的目的（保护鱼类和野生动物栖息地、水质、美观或者低影响的娱乐）设立了专门的缓冲区；建立流域改善资金；得到州和联邦的认可，并且通过与适当的利益者达成协议，建立了适当的水库周围缓冲区或者等效的流域土地保护计划；遵守州和联邦资源管理部门批准的关于水库周围土地保护、改善和促进管理计划的意见。

（4）鱼道和鱼类保护。水电站遵守资源管理部门 1986 年 12 月 31 日之后颁布的对于溯河产卵及顺流产卵鱼类强制设立上下游过鱼鱼道的规定以及鱼道的技术可行性；水电站上游栖息地的丧失，至少部分是由水电站的蓄水引起的；水电站区域和下游支流溯流产卵或顺流产卵鱼类的消失，全部或部分是水电站的原因；水电站是否遵守了资源管理部门关于防止水电站设施对流域型和洄游型鱼类夹吸的意见。

（5）濒危动物保护。州或联邦濒危物种法案目录中的物种是否在水电站区域和下游河段出现；是否依照濒危物种法案 4（f）条款或者类似的州的规定，采取了恢复计划；水电站是否得到了偶然捕获濒危物种的授权；申请者能否证明水电站和水电站的运行没有对濒危物种目录中的物种产生负面影响。

（6）文化资源保护。水电站是否遵守联邦能源管制委员会（FERC）对文化资源保护、改善和促进相关的规定；如果 FERC 没有进行规定，水电站所有者或运营者是否拥有并得到相关州或联邦机构批准或者遵守了土著美洲部落认可的文化资源保护、改善和促进计划，或者相关机构的高级官员或部落首领出具证明，表明由于水电站对资源没有产生负面影响，因而不需要保护计划。

（7）亲水娱乐。水电站是否按照资源管理机构或其他负责娱乐机构的意见，提供了亲水娱乐机会、场所（包括娱乐性用水下泄）和设施条件。

（8）建议拆除的设施。水电站的大坝是否被资源管理部门建议拆除。

美国低影响水电的认证程序是将申请放在研究所的网站上公示 60 d，由申请认证主管人（技术顾问）进行审阅并出具认证审核评定意见（政策性意见），由认证管理委员会出具认证结论。通过低影响水电研究所理事会认证的水电站，可以通过"可再生能源配置额制"以每度电费加价进行销售。

6.1.1.3 国际水电协会水电可持续性评估

2004 年和 2006 年国际水电协会发布《水电可持续性指南》和《水电可持续性评估规范》，从社会、经济和环境对水电项目的不同阶段进行可持续性评估。水电可持续性评估按照项目生命周期，分别执行前期阶段、项目准备、项目实施和项目运行的可持续性评估。通过水电可持续性评估的水电站，由国际水电协会向全球推广。我国澜沧江流域的景洪水电站和糯扎渡水电站通过了国际水电协会水电可持续性评估。

水电可持续性评估的各个阶段的评价主题见表 6-1。

表 6-1　水电可持续性评估各个阶段的评价主题

前期阶段	项目准备	项目实施	项目运行
1. 必要性论证	1. 沟通与协商	1. 沟通与协商	1. 沟通与协商
2. 方案评估	2. 管理机制	2. 管理机制	2. 管理机制
3. 政策与规划	3. 必要性论证和战略符合性	3. 环境和社会问题管理	3. 环境和社会问题管理
4. 政治风险	4. 选址和设计	4. 项目综合管理	4. 水文资源
5. 机构能力	5. 环境和社会影响评价及管理	5. 设施安全	5. 资产可靠性和效率
6. 技术风险	6. 项目综合管理	6. 财务生存能力	6. 设施安全
7. 社会风险	7. 水文资源	7. 项目效益	7. 财务生存能力
8. 环境风险	8. 设施安全	8. 采购	8. 项目效益
9. 经济与财务风险	9. 财务生存能力	9. 项目影响社区及生计	9. 项目影响社区及生计

续表

前期阶段	项目准备	项目实施	项目运行
	10. 项目效益	10. 移民	10. 移民
	11. 经济生存能力	11. 土著居民（少数民族）	11. 土著居民（少数民族）
	12. 采购	12. 劳工和工作条件	12. 劳工和工作条件
	13. 项目影响社区及生计	13. 文化遗产	13. 文化遗产
	14. 移民	14. 公众健康	14. 公众健康
	15. 土著居民（少数民族）	15. 生物多样性和入侵物种	15. 生物多样性和入侵物种
	16. 劳工和工作条件	16. 泥沙冲刷和淤积	16. 泥沙冲刷和淤积
	17. 文化遗产	17. 水质	17. 水质
	18. 公众健康	18. 废弃物、噪声和空气质量	18. 库区管理
	19. 生物多样性和入侵物种	19. 水库蓄水	19. 下游水文情势
	20. 泥沙冲刷和淤积	20. 下游水文情势	
	21. 水质		
	22. 水质规划		
	23. 下游水文情势		

6.1.2　绿色水电建设存在的问题

瑞士绿色水电、美国低影响水电和国际水电协会可持续发展水电的共同特点是没有政府政策支持，完全交由市场，水电开发商自愿、消费者自愿买单的形式开展，对水电的引导和激励作用明显不足。

6.1.3　对我国绿色小水电建设的启示

6.1.3.1　以绿色发展理念制定水电技术标准

当前世界主要发达国家普遍重视技术标准对水电绿色发展的引领作用，而我国绿色发展理念在一些地区小水电规划、设计、建设、运行和管理等环节还没有得到全面落实，其主要原因就是标准滞后，为此应逐步推动以绿色发展理念修订现行的小水电技术标准。例如将生态需水泄放与监测措施、生态运行方式等规定，纳入小水电站可行性研究报告编制规程、初步设计规范和建设工程强制性条文。

6.1.3.2　将绿色水电发展要求纳入监管体系

美国联邦能源管制委员会根据环境保护需要适时更新水电业务许可审批要求，对我国具有良好的借鉴意义。例如对新建小水电项目，可以按照现行法律法规要求，在项目核准（审批）和涉水行政许可等环节，进一步强化对水电站的取水要求和生态需水保障情况的审查。对在建小水电项目，在验收阶段严格把关。对已建小水电项目，开展厂坝间河段生态需水保障情况监督检查，对不满足生态需水要求的电站提出整改要求。

6.1.3.3　推进绿色小水电站创建

我国小水电上网电价执行政府定价，借鉴国外绿色水电认证"技术评估+达标奖励"的思路，可以采用政府组织、协会运作等方式，选择一批基础条件好、创建意愿强的水电站率先开展绿色小水电创建活动。对通过考核的水电站在上网电价等方面给予一定的奖励，引导水电站业主自觉落实绿色小水电建设要求。随着我国电力体制改革的逐渐深入，绿色电力市场逐渐成熟，也可以建立绿色小水电认证机制，实行绿色水电的完全市场化交易。

6.2　我国小水电资源特点

6.2.1　国际公认的清洁可再生资源

小水电不产生二氧化碳等温室气体，是国际公认的清洁可再生资源，是联合国扶贫开发千年计划最重要的组成部分。2018 年我国小水电发电量 2 380 亿 kW·h，按全国火电标准耗煤 349 g/kW·h、二氧化硫排放绩效 5.7 g/kW·h、二氧化碳排放绩效 1 050 g/kW·h 的标准推算，相当于节约了 8 306 万 t 标准煤，减少二氧化硫排放量 135 万 t、二氧化碳排放量 2.5 亿 t。

6.2.2　具有明显的社会公益性

发展以小水电为主体的农村水电是解决我国"三农"问题的一条重要途径，除兼顾防洪、灌溉、供水、旅游等综合利用功能外，在解决农村电力供应，加强农村基础设施，发展地方经济，保护生态环境，促进就业，拉动内需，推动农村生产力发展等方面，都起到了重要作用。发展小水电具有明显的社会公益性。

6.2.3　重要的分布式能源

我国山区地域辽阔，人口密度低，负荷分散。小水电靠近负荷，启闭迅速，是冰灾、地震等灾害条件下可靠的备用电源。小水电站在汶川震后救灾迅速启动，优势突显。

6.2.4 贫困山区农村发展的宝贵资源

小水电在中西部山区广泛分布，与贫困人口分布基本一致，在西部大开发中具有突出的区位优势和比较优势。开发小水电，对广大贫困山区农民增收、农村发展、环境保护、生态改善都具有不可或缺和不可替代的作用，是贫困山区的优势资源。

6.3 我国小水电发展成就

中国的水力发电是从小水电开始的。20世纪初建成的首座水电站——云南昆明石龙坝水电站，就是小水电。我国农村水能资源十分丰富，5万kW及以下的农村水电技术可开发量1.28亿kW，年发电量5 350亿kW·h，广泛分布在全国1 700多个县。在党中央、国务院的高度重视及有关部门和地方政府的大力支持下，通过治水办电相结合，小水电建设稳步发展。截至2018年年底，全国已建成农村水电站4.7万多座，装机容量8 043万kW，年发电量2 380亿kW·h，装机容量和年发电量约占全国水电的1/4。我国的小水电开发率，按装机容量统计为62%，按发电量统计为44%。小水电是我国最具优势的可再生资源，从历史上用水电点灯照亮了我国广袤的山村，发展到今天的惠及民生，节能减排，改善环境，做出了历史性贡献。

我国小水电发展可以大致划分为四个阶段。

第一阶段：从1949年到20世纪70年代末的30 a。

这是小水电起步和发展阶段。中华人民共和国成立后，结合江河治理，兴修水利，国家提倡开发小水电。1960年以后，小水电建设重点围绕建设32个商品粮棉基地、解决农业提水灌溉所需电力进行。1969年中央召开南方山区小型水利水电座谈会后，小水电建设正式列入国家计划并逐步出台和完善了发展小水电的一系列政策措施，推进了小水电建设。全国有一半以上的县开发了小水电，近千个县主要靠小水电供电。这一阶段通过开发小水电使1.5亿人告别了无电历史，进入了现代文明。在这一时期，国家电力全面紧缺，农村输变电设施严重不足，还有数亿农村人口处于无电状态。

第二阶段：从实行改革开放到20世纪末的20 a。

改革开放极大地解放了生产力，国家的工作重点逐步转向以经济建设为中心，电力基础设施薄弱和缺电问题越来越突出，亟须调动各方面办电的积极性，加快电力发展和普及。在邓小平等中央领导的亲自倡导下，国家通过提供政策支持、财政补助等措施，鼓励地方政府和当地农民自力更生兴办小水电，开创了建设中国特色农村电气化的道路。经过20 a的努力，山区农村用电得到基本解决，初步实现了农村电气化，被誉为"扶贫工程""光明工程"和"鱼水工程"，小水电点亮了中国农村。

第三阶段：进入 21 世纪到党的十八大。

这是小水电实现跨越式发展的新阶段。进入 21 世纪，以贯彻落实党中央、国务院关于加强"三农"工作的一系列文件为标志，小水电事业的改革发展进入新阶段，逐步实现重大转折：在发展思路上，从过去的单纯快速发展逐步转到与农民利益、地方发展、环境保护、生态建设相结合的、科学、有序、可持续发展；在发展目标上，从过去主要解决山区和农村用电问题逐步转向不断提高农村电气化水平，增加农民收入，促进贫困地区脱贫致富，促进退耕还林和天然林保护，保护生态，改善环境。

水电农村电气化建设实现新跨越，小水电代燃料生态工程开创新领域。国家继续在资金、政策等方面扶持小水电的发展，2001 年、2006 年和 2011 年分别启动了"十五""十一五""十二五"水电农村电气化建设及水电新农村电气化建设，2003年启动小水电代燃料工程建设试点，2006 年开始扩大试点，并于 2009 年启动了2009—2015 年的小水电代燃料工程建设。随着国家经济体制改革的不断深化，社会资本大量进入小水电开发领域，促进了小水电的跨越式发展，农村集体和农民股份制办电开辟了农民持续增收的新途径。农村电网大规模改造，资产战略性重组深入进行。水能资源统一管理依法确立和推进，建设管理、安全监管逐步到位，行业管理不断加强。在 2008 年抗击雨雪冰冻灾害和汶川抗震救灾中，小水电发挥了重大作用，受到社会各界的一致好评。

第四阶段：党的十八大以来。

以习近平同志为核心的党中央把生态文明建设摆在实现中华民族伟大复兴中国梦的突出位置，作为"五位一体"总体布局的重要内容。小水电贯彻新发展理念，坚持绿水青山就是金山银山，迈向社会主义生态文明新时代，提出小水电绿色发展理念，实施小水电增效扩容改造、绿色小水电评价、清理整改等系列措施，实现小水电转型发展，促进小水电生态放流、修复减脱水河段生态，维护河流健康生命。2016 年年底，水利部印发《关于推进绿色小水电发展的指导意见》，提出了推进小水电绿色发展的工作思路。2018 年年底，水利部、国家发展改革委、生态环境部、国家能源局联合发文，开展长江经济带 10 省小水电清理整改。

6.4 我国新时期小水电存在的问题

全国 4.7 万多座小水电站，超半数是引水式电站，超 1/3 的水电站没有生态流量泄放设施，不能保障河道下游生态用水，这是小水电进入新时期最突出的短板。进入社会主义新时代，小水电发展过程中不平衡不充分的问题逐渐显现。主要体现在以下几个方面：

一是环保手续不全。尤其是 2003 年 9 月 1 日《环境影响评价法》实施前建成的电站。有的电站建设在自然保护区内。二是生态放流得不到落实。引水式水电站会造成厂坝间河道不同程度的断流；水库电站由于担负着灌溉、供水等公益任务，满足不了生态流量泄放。三是水电站环境影响评价批复中，没有量化生态流量。四是有的水电站无生态放流设施。五是大多数水电站无生态放流监控设施和自觉生态放流。

6.5　实现小水电绿色发展的对策

6.5.1　原则和目标

牢固树立和贯彻落实新发展理念，坚持生态优先，科学有序地推动小水电持续健康高质量发展。

6.5.1.1　基本原则

（1）生态优先，协调发展。从维护河流生态安全的高度，充分认识生态保护的重要性和紧迫性，把生态优先原则贯穿于河流水电规划以及小水电建设、运行和退役的全过程，协调推进小水电发展和生态环境保护。

（2）统筹规划，优化布局。小水电开发必须坚持"先规划后开发"，充分发挥规划的引领作用，注重流域综合规划、水电专项规划以及规划环评的统筹，优化小水电开发布局，对具有重要生态功能的河段予以避让，处理好开发和保护的关系。

（3）依法依规，科学推进。正确把握生态环境保护、经济社会发展、社会和谐稳定之间的关系，在依法依规的基础上，充分尊重历史，坚持市场化原则，科学引导小水电向生态友好、健康可持续的方向发展。

（4）明确责任，创新监管。明确各级政府、各部门及建设单位职责，加强协调配合，推动科学管理，建立健全上下联动、部门协作、责任清晰、高效有力的工作机制。充分利用大数据、互联网等信息化手段加强监测，创新监管体系。

6.5.1.2　总体目标

加强水电行业发展规划、流域综合规划及水电专项规划对小水电发展的约束和引领作用，合理布局小水电；保持规划及规划环评与项目的联动，强化生态环境保护措施落实；加强全生命周期工程安全和环境管理，促进河流生态保护与修复；完善和规范小水电健康发展的管理制度和监管体系，推进监测监督体系建设。

6.5.2　小水电建设

6.5.2.1　加强规划指导作用

（1）有序开展中小河流水电规划。将小水电发展纳入水电行业发展规划，编制流域综合规划、水电专项规划时应统筹考虑小水电的规模及布局。小水电开发应符合规划。水电专项规划环境影响评价文件未依法审查的，不得审批水电专项规划。规划应保证必要的自然生态空间和生态流量。

（2）统筹开发与保护的关系。重点开发资源集中、环境影响较小的河流、重点河段和重大水电基地，按照干流开发优先、支流保护优先的原则，严格控制中小流域、中小水电开发，保留流域必要的自然生态空间和水生生物生境，维护河流生态健康。探索建立"干流开发、支流保护"的生态补偿机制。

（3）坚持适度开发。在做好生态环境保护和移民规划安置的前提下，支持边远缺电离网地区，特别是小水电资源丰富的藏区、新疆地区、贫困地区，因地制宜、适度开发小水电，解决当地居民用电问题。

（4）明确限制开发区。在自然保护区、风景名胜区、文化自然遗产、地质公园、森林公园、珍稀特有鱼类集中产卵场以及其他具有特殊保护价值的地区不开发小水电。在国家主体功能区、生态功能区中规定的禁止开发区，禁止开发小水电；在重要生态功能区和生态脆弱区，限制开发小水电。小水电规划及开发应与正在建设的以国家公园为主体的自然保护地体系及国土空间规划相协调。

（5）加大环境影响评价指导力度。对已经开展规划环评的河流，要充分发挥规划环评对小水电开发的指导作用，落实规划及规划环评与项目的联动。对开发较早、未开展过规划环评的河流，要及时开展环境影响回顾性评价，优化后续小水电开发。

6.5.2.2 规范小水电建设管理

（1）严格执行工程建设管理程序。切实执行建设项目环境保护"三同时"制度，在项目设计、工程建设和运行管理等各个阶段，同步落实生态保护措施。未依法履行工程建设管理程序、未通过环境影响评价的小水电项目不得开工建设。对经论证在水文情势、水质、珍稀特有鱼类及其"三场"、上下游生产生活和河道生态用水等方面有严重影响的小水电项目，不予审批或核准建设。

（2）高度重视建设质量安全管理。小水电建设应建立质量监督管理制度。项目开工前，项目法人应按国家有关要求建立完备的质量管理制度，向具有相应资质的质量监督机构申请开展质量监督工作。小水电建设要建立施工安全保障制度。项目法人要严格按照国家安全生产的有关要求，建立职责清晰、要求明确、措施可行的工程施工安全责任制度，制订安全生产规章制度和施工安全事故应急预案并落实到位。

6.5.3 小水电运行管理

6.5.3.1 科学开展运行管理

（1）建立健全运行管理制度。建立健全技术管理制度，促进小水电管理逐步实现规范化、制度化、标准化。加强维护检修管理，建立并完善相关的培训制度，提高运行管理人员的综合素质和技术水平。建立健全安全管理制度，落实安全责任制，按水库大坝安全管理要求，做好小水电工程大坝安全管理工作；加强防洪安全管理，按要求制订汛期调度运用计划和防洪抢险应急预案，保证工程和上下游地区防洪安全。加大安全教育培训力度，通过培训演练使安全管理逐渐规范化，依靠信息技术提高安全管理水平。

（2）加强自动化信息化建设。鼓励小水电管理向信息化、自动化方向迈进，充分利用互联网、大数据、物联网等信息化技术，建立水文自动测报系统和流域综合监测系统，构建流域小水电运行管理信息共享平台。加强小水电并网调度管理，推广建设并逐步完善小水电调度管理信息系统，优化调度运行分析，实现对小水电发电方式的有效监控。推动电网水电调度整体技术水平提高，科学安排小水电调度运行计划，合理利用水能资源。

（3）促进河流生态修复。全面总结小水电开发经验教训，以"尊重自然，保护优先"和"以自然修复为主，人工修复为辅"的原则，对生态环境破坏较严重的工程或流域，有序开展生态修复工作。对环境影响较大、具有改造条件的小水电，在保障水电站安全的基础上，因地制宜实施生态调度、生态流量保障、过鱼及增殖放流等生态修复方案，改善流域生态环境，同时要避免造成新的生态环境破坏。

6.5.3.2 创新管理体制机制

（1）依法治理违规水电站。在有关部门组织开展排查摸底的基础上，以河流或县级区域为单元组织开展综合评估，提出退出、整改或保留的评估意见，特别是对无规划、无环评手续、未经审批核准开工的小水电项目要建立台账，逐一进行清理整改；对于存在突出环境和安全问题的小水电项目，要限期退出或整改。

（2）建立小水电可持续评价和绿色认证制度。通过分析国际水电环境认证制度、可持续性评估规范和现行的相关技术标准，结合我国小水电的特点和存在的问题，从环境保护、社会影响、管理水平、经济效益等方面建立小水电可持续性评价指标体系和绿色认证制度，根据评价结果给予行业先进水平的小水电以经济、政策或技术方面的激励。通过可持续评价或绿色认证的小水电，可纳入绿色电力证书交易体系，电网企业应依法全额收购其上网电量，并及时足额结算电费。

（3）不断完善环境保护监督管理机制。积极推进流域环境综合管理运行机制研究，探索适应多业主情况下梯级电站的统一管理模式，建立流域水电开发环境保护管理机制。制订有效的环境保护管理制度和办法，组织落实并协调流域环境保护措施。地方政府应研究建立有利于生态环境保护的小水电上网机制，引导水电站主动落实环保措施。对未落实水电站运行和环境保护有关要求的小水电，研究纳入电力领域失信联合惩戒对象名单，电网企业不得接纳上网，银行不得给予融资支持。

（4）建立小水电退出机制。结合可持续水电评价指标体系，逐步推行小水电破坏生态环境惩罚退出机制。对符合基本项目建设程序，但存在严重影响防洪安全、生态环境破坏严重、存在重大安全隐患的小水电项目，由主管部门依法依规提出处理意见并限期整改。对拒不整改或整改后仍不能满足要求的项目，主管部门应吊销其取水许可证、发电许可证，停止上网，并责令其腾空库容及停止运行。以流域或县域为单元，引导和鼓励早期建设的、安全隐患大、经济效益低、环境影响大、敏感程度高、无法进行升级改造的小水电站实行逐步淘汰退出，修复河道的天然生境。地方政府应结合自身实际，建立多元化、市场化的小水电退出补偿机制。

6.5.4 小水电绿色改造模式

6.5.4.1 编制小水电绿色改造规划

（1）总体目标。以河流为单元开展规划，坚持问题导向，分类处置的原则。全面核查、科学评估水电站存在的问题，按退出、整改、保留三类，逐站提出处置意见，明确退出或整改措施。全面整改审批手续不全、影响生态环境的水电站，完善建管制度和监管体系，有效解决小水电生态环境问题，实现小水电生态放流和恢复减脱水河段生态，促进小水电科学有序可持续发展。

（2）主要任务。

①问题核查评估。在以往水利部组织开展的排查摸底基础上，重点核查项目是否涉及生态保护红线情况，是否履行了立项审批（核准）、环境影响评价、水资源论证（取水许可）、土地预审、林地征（占）用等手续。统筹考虑经济社会发展、能源需求、社会稳定、生态环境影响、电站布局优化、整改修复可行性等，以河流或县级区域为单元组织开展综合评估，提出退出、整改或保留的评估意见，报省级人民政府同意，建立台账。

②分类整改落实。

a. 退出类。位于自然保护区核心区或缓冲区内的（未分区的自然保护区视为核心区和缓冲区）；自 2003 年 9 月 1 日《环境影响评价法》实施后未办理环评手续违法开工建设且生态环境破坏严重的；自 2013 年以来未发电且生态环境破坏严重的；大坝已鉴定为危坝，严重影响防洪安全，重新整改又不经济的，列入退出类，原则上应立即退出。其中，位于自然保护区核心区或缓冲区内但在其批准设立前合法合规建设、不涉及自然保护区核心区和缓冲区且具有防洪、灌溉、供水等综合利用功能又对生态环境影响小的，可以限期退出。退出类电站应部分或全部拆除，要避免造成新的生态环境破坏和安全隐患。除仍然需要发挥防洪、灌溉、供水等综合效应的电站外，其他的均应拆除拦河闸坝，封堵取水口，消除对流量下泄、河流阻隔等影响；未拆除的，应对其进行生态修复，通过修建生态流量泄放设施、监测设施以及必要的过鱼设施等，减轻其对流量下泄、河流阻隔等的不利影响。要逐站明确退出时间，制订退出方案，明确是否补偿以及补偿标准、补偿方式等，必要时应进行社会风险评估。

b. 保留类。同时满足以下条件的可以保留：一是依法依规履行了行政许可手续，二是不涉及自然保护区核心区、缓冲区和其他依法依规应禁止开发区域，三是满足生态流量下泄要求。

c. 整改类。未列入退出类、保留类的，列入整改类。对审批手续不全的，由相关主管部门根据综合评估意见以及整改措施落实情况等，指导小水电业主完善有关手续。依法依规应处罚的，应在办理手续前依法处罚到位。对不满足生态流量要求的，主要采取修建生态流量泄放设施、安装生态流量监测设施、生态调度运行等工程和非工程措施，保障生态流量。要逐站制订整改方案，明确整改目标、措施。整改类水电站存在的问题见表 6-2。

表 6-2　整改类水电站存在的问题

序号	存在的问题
1	行政许可手续不全，需完善有关手续
2	未核定生态流量
3	无生态流量泄放设施，但可以改造新增
4	有生态流量泄放设施，但未按要求泄放
5	有生态流量泄放设施，但不能满足生态流量泄放要求
6	有生态流量泄放设施，但已锈蚀老化或故障无法正常操作
7	影响下游减脱水段居民生产、生活用水，但可以协调
8	存在污染水环境或影响水生生态，但可以缓解
9	水库、水工建筑物、金属结构或机电设备存在一定的安全隐患，但可消除

（3）规划主要成果。

①小水电绿色改造规划报告书。

②生态电价测算与分析成果报告。

③一站一策小水电绿色改造实施规划。

④逐站生态流量计算与核定成果报告。

⑤生态流量泄放监测监控平台规划及实施方案。

6.5.4.2　编制小水电清理整改及绿色改造实施方案

依据规划编制实施方案，按照退出、整改、保留三类落实整改措施及绿色改造实施方案。

（1）制订"一站一策"实施方案，逐站整改落实并销号。对审批（核准）手续不全的由相关主管部门根据综合评估意见，以及整改措施落实情况等，指导水电站业主完善有关手续。超过追诉期或不能补办的，按规定落实相关措施。对不满足生态流量要求的，主要采取修建生态流量泄放设施、安装生态流量监测设施、生态调度运行等工程和非工程措施，保障生态流量。对存在污染水环境或影响水生生态的，采取有效的污染防控措施、增设放流以及必要的过鱼设施等生态修复措施。整改类水电站的整改方案（"一站一策"）要明确生态流量、明确整改目标任务、明确整改措施、明确进度时限、明确责任人、明确资金落实（"六明确"）等。水电站按"一站一策"要求落实相关整改措施后，由所在县（市、区）人民政府组织核查，实现整改一座，销号一座。

（2）生态流量核定（复核）及监测。

6.5.4.3　关键技术

小水电绿色改造关键技术主要包括生态流量计算、生态流量核定、生态泄流设施、生态泄流辅助工程措施、生态泄流监控技术。详见第1部分水电站生态泄流。

6.5.4.4　保障措施

（1）进一步研究生态流量泄放标准和核定办法。水电站、水库生态流量泄放标准和核定办法严重缺位，尤其是2003年环境影响评价法实施之前建成的水库、水电站，没有核定生态流量，更谈不上泄放，这是水电站、水库最突出的短板。应注重明确生态流量核定的主管部门，注重不同地区、不同河流特征的生态需水，突出以河流为整体确定生态流量。小水电生态流量泄放大多解决的是河段减脱水问题，落实水电站生态流量下泄过程，应充分考虑整条河流的生态流量需求。因此说，必须因地制宜，研究制订河流上的水库、水电站协同泄放生态流量的机制。

（2）强化小水电站生态放流监管。理顺水电站生态流量核定、监测、监管等职能，建立监测监督体系，完善全过程监督管理制度。制订出台加强小水电生态流量监管文件，将水电站生态流量监督管理纳入河湖长制考核内容，建立水电站保障下游生态基本用水安全定期检查制度。通过建立小水电生态流量信息管理系统，实现对小水电站生态泄流有效监管，为生态流量调度管理和监督提供支撑。水利部门负责指导小水电站（5万kW以下）在线监控、日常管理并考核；环保部门负责流量监管、生态执法，以生态流量监控平台为依托，环保监察部门定期通报生态流量泄放情况。

（3）研究建立小水电生态放流长效机制。一是各省级主管部门要推动建立反映生态保护和修复治理成本的小水电上网电价机制，建立电价奖励机制，推动水电站生态放流，修复、治理和保护水生态。二是政府和水电站按各自职责共同承担小水电绿色改造费用。各级财政部门积极筹集和落实专项资金，保障规划、生态流量核定、"一站一策"方案编制、泄放设施或生态修复方案设计、生态流量监管平台建设维护、生态调度相关技术方案研究，以及用于小水电综合评估、合法退出和整改等。通过这些措施，保障小水电绿色发展。

（4）持续开展绿色小水电站创建。2017年以来，全国成功创建了绿色小水电站试点，在生态放流、改善生态、惠及民生、标准化建设等方面发挥了很好的示范引领作用。继续引导水电站开展绿色小水电创建，提高绿色发展能力、惠及民生能力和标准化管理水平。积极总结生态流量监管经验，树立典型，以喜闻乐见、通俗易懂的方式，形象展示水电站生态用水保障成效，盈造良好舆论氛围。

（5）比照长江经济带做法，做好小水电清理整改前期调研。按照退出、整改、保留三类意见全面核查评估小水电项目。重点是核查影响生态环境的水电站，开展问题核查、综合评估、落实整改措施。按照退出、整改类制订一站一策实施方案，建立台账。

6.6 我国绿色小水电评价标准

我国绿色小水电创建的动因，一是我国小水电历史任务发生了根本改变，由于我国电力工业的高速发展，小水电的历史任务已经由解决农村用电和农民脱贫，转向保护环境。二是水利部倡导建设"四个水电"——民生水电、平安水电、绿色水电、和谐水电，在 2012 年全国农村水电工作会议上，部领导提出了"积极推动绿色水电评价"工作。三是我国小水电新时期建设进入了由数量向高质量发展阶段，绿色小水电建设将成为我国小水电新的发展方向。四是进一步树立小水电绿色能源形象，消除负面影响。21 世纪以来，小水电开发所带来的生态环境问题引起了社会各界广泛的关注。媒体集中报道过陕西岚河、湖北神农架、广西桂北、甘肃舟曲白龙江等地小水电开发导致部分河段脱流断流问题，为消除小水电建设的负面影响，通过借鉴国际经验，水利部制定了《绿色小水电标准》（SL 752—2017），内容由生态环境、社会、管理、经济 4 个评价类别，共包括 14 个评价要素、21 个评价指标，详见中国绿色小水电评价内容结构图（图 6-4），绿色小水电建设成果实例见附图。

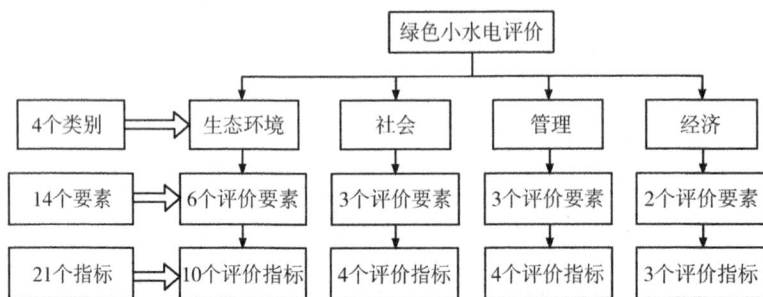

图6-4 中国绿色小水电评价内容结构

6.6.1 适用范围

《绿色小水电评价标准》规定了绿色小水电评价的基本条件、评价内容和评价方法。适用于除抽水蓄能电站和潮汐电站以外的总装机容量 50 MW 及以下的已建小型水电站。新建小型水电站的规划、设计及施工参照执行。

6.6.2 术语和定义

（1）绿色小水电。在生态环境友好、社会和谐、管理规范和经济合理方面具有示范性的小型水电站。

（2）评价期。评价指标计算数据采集或考核的时间段，评价年之前（不含评价当年）水电站正常运行的连续 3 个日历年。

（3）景观恢复度。对建设期受影响的自然景观、林草植被的恢复程度或扰动土地以及河道的整治程度。

（4）替代效应。单位千瓦水电替代火电节约标煤的数量。

（5）减排效率。水电站发电替代火电实现二氧化碳年减排量与水电站正常蓄水位时水库库容的比值。在考虑减排正效应的同时，考虑库容负效应的影响。

6.6.3 总则

6.6.3.1 基本条件

绿色小水电应满足下列基本要求：

（1）符合经批准的区域空间规划、流域综合规划以及河流水能资源开发等规划，依法依规建设；通过竣工验收，且已投产运行 3 a 及以上。

（2）按《水利水电建设项目水资源论证导则》（SL 525）和《水资源供需预测分析技术规范》（SL 429）规定，下泄流量满足坝（闸）下游影响区域内的居民生活以及工农业生产用水要求。

（3）评价期内水电站未发生一般及以上等级的生产安全事故、不存在重大事故、隐患、工程影响区内未发生较大及以上等级的突发环境事件或重大水事纠纷，其分类分级标准执行相关规定。

6.6.3.2 评价内容

绿色小水电评价内容包括 4 个评价类别、14 个评价要素以及 21 个评价指标，见表 6-3。

表6-3 绿色小水电评价内容

类别	要素	指标
生态环境	水文情势	生态需水保障情况
	河道形态	河道形态影响情况
		输沙影响情况
	水质	水质变化程度
	水生及陆生生态	水生保护物种影响情况
		陆生保护生物生境影响情况
	景观	景观协调性
		景观恢复度
	减排	替代效应
		减排效率
社会	移民	移民安置落实情况
	利益共享	公共设施改善情况
		民生保障情况
	综合利用	水资源综合利用情况
管理	生产及运行管理	安全生产标准化建设情况
	小水电建设管理	制度建设及执行情况
		设施建设及运行情况
	技术进步	设施建设及运行情况
经济	财务稳定性	盈利能力
		偿债能力
	区域经济贡献	社会贡献率

6.6.4 评价方法

6.6.4.1 生态环境评价

（1）生态环境评价赋分权值55分，其中各评价要素赋分权值分别为水文情势15分、河流形态5分、水质5分、水生及陆生生态10分、景观10分以及减排10分。（这部分是绿色小水电的核心）

（2）水文情势。采用生态需水保障情况指标进行评价，赋分权值15分，赋分方法如下：

①坝式水电站。无调节性能的，直接得15分。无调节保证了坝址上下游天然流量的基本一致性，从赋分尺度上无影响即得15分。创建时应查证"无调节"证明材料，如设计、批复文件和运行监测记录。有调节性能的，根据评价期内坝（闸）

下泄流量监测资料评价，坝（闸）逐日平均下泄流量均满足生态需水要求的，得 15 分。根据 SL 752—2017 附录 B 计算所得坝（闸）下泄流量进行评价，评价期内坝（闸）逐日平均下泄流量均满足生态需水要求的，得 12 分。其他情况，得 0 分。

②引水式及混合式水电站。根据评价期内坝（闸）下泄流量监测资料评价，坝（闸）逐日平均下泄流量均满足生态需水要求的，得 15 分。（应有监测措施和记录）安装了坝（闸）无节制泄流设施，但未能进行下泄流量监测的，得 12 分。其他情况得 0 分。

注：建设在工农业引水渠道上的水电站，坝（闸）是指引水渠道渠首的拦河坝（闸）。坝（闸）无节制泄流设施是以泄放生态需水量为目的，可保障坝（闸）下河道生态需水要求的泄流设施。主要包括无堵塞、无节制的生态泄流孔；通过阀门节制的生态泄流阀，节制阀为主管部门控制；通过闸门节制的生态泄流闸，节制闸锁定至常开状态，为主管部门控制；在大机组之外单独设置的、长期正常运行、承担生态需水量泄放任务的生态小机组；设置在坝后，承担基荷发电任务的机组。

③坝（闸）下河道生态需水要求应按地方政府主管部门的规定或水电站设计批复文件中的要求确定。无地方政府主管部门的规定或批复文件未明确的，依据 SL 525，SL 429 的要求确定。存在不一致的，取最大值。

④评价期内任意时段，如坝（闸）下泄流量不小于对应时段的上游来水流量，该时段视为满足生态需水要求。

（3）河流形态。采用河道形态影响情况和输沙影响情况指标进行评价，两项指标赋分权值分别为 3 分和 2 分，赋分方法如下：

①河道形态影响情况。自然条件下即可维持厂坝间河段的连通性、蜿蜒性以及原真性，保持该河段局部弯道、深潭、浅滩、洲滩以及湿地等特征的得 3 分。采取人工修复或治理措施后能维持以上河流形态特征的，得 2 分。修复困难或未进行人工修复或治理的，得 0 分。

②输沙影响情况。应综合考虑所在河流含沙特性、水电站排沙设施和措施情况，采用专家打分法，按 0～2 分进行赋分。排沙设施和措施如下：排沙设施可包括排沙底孔、（自）排沙廊道等。排沙措施可包括汛期控制库水位调度泥沙、部分汛期控制库水位调度泥沙、按分级流量控制库水位调度泥沙、异重流排沙、不定期敞泄排沙、定期敞泄排沙等。

（4）水质。采用水质变化程度指标进行评价，赋分权值 5 分。指标计算方法、评价及检测要求以及赋分方法如下：

①水质变化程度采用电站退水断面（尾水出口下游河道代表性断面）水质类别值与入库断面（水库回水末端靠近回水区河道代表性断面）水质类别值的差值表示。断面水质类别值见表 6-4。

表6-4　断面水质类别值

水质类别	I 类	II 类	III 类	IV 类	V 类	劣 V 类
断面水质类别值	1	2	3	4	5	6

该指标赋分方法如下：水质变化程度小于等于0，即未引起水质类别降低的，得5分。水质变化程度大于0，即引起水质类别降低的，得0分。转桨式水轮机液压装置、变压器等设备设施因漏油污染水域的，生产生活污水未经处理直排的，按引起水质类别降低的情况进行评价，得0分。

②水质评价及检测要求如下：无调节和日调节的水电站，可按不改变水质的情况直接评价；周调节及以上的水电站，应根据评价期内指定断面的水质检测结果确定水质变化程度。水质检测时，水质评价应执行《地表水环境质量标准》（GB 3838—2002）和《地表水资源质量评价技术规程》（SL 395—2007）的规定，水质监测应执行《水环境监测规范》（SL 219—2013）的规定。

（5）水生及陆生生态。采用水生保护物种影响情况和陆生保护生物生境影响情况指标进行评价，两项指标赋分权值分别为6分和4分，赋分方法如下：

①水生保护物种影响情况。受影响河段不涉及国家和地方重点保护、珍稀濒危以及开发区域河段特有的水生生物、洄游或半洄游鱼类以及鱼类三场（越冬场、产卵场和索饵场）的，得6分。受影响河段涉及上述物种及鱼类三场，并按规定采取了保护措施的，得3分。以鱼类为主的保护措施可有以下几种：不设坝或正常年份每天的某些时段堰坝被浸没形成贯通的河道，没有阻碍本地鱼类物种迁徙。设有功能良好的过鱼设施（如鱼道、亲鱼型水轮机等）或集运鱼过坝设施（如集运鱼平台、升鱼机等）。装设混流式或冲击式水轮机的电站设有防止或减少鱼类过机设施。高坝设有减少低温水下泄影响的措施。建立鱼类保护区、鱼类栖息地保护以及鱼类增殖放流等。坝（闸）下河段（特别是引水式或混合式水电站厂坝间河段）设置一级或多级生态溢流堰坝、修建人工阶梯—深潭系统以及设置河道纵向深槽，保持适宜鱼类等水生生物栖息的水深。采取生物技术降低水体富营养化、净化水质，设置河岸生态护坡（即设置亲水性堤岸，常见的类型有平铺草皮、客土植生植物护坡、人工种草护坡、生态袋护坡、液压喷播植草护坡、植生毯护坡和网格生态护坡等）改善水生生物栖息环境等。采取有益于水生生态保护的生产运行或调度方式，如在鱼类产卵繁殖期间根据需要增加放水等。受影响河段涉及上述物种及鱼类三场，但未按规定采取保护措施的，得0分。

②陆生保护生物生境影响情况。水电站及其影响区域内不涉及国家和地方重点保护、珍稀濒危以及开发区域河段特有陆生生物物种的，得4分。水电站及其影响区域内涉及上述物种，并按规定采取了保护措施的，得2分。陆生生态保护措施可有以下几种：对受项目建设影响的珍稀特有植物或古树名木，进行异地移栽、苗木繁育、种质资源保存等。对受阻隔或栖息地被淹没的珍稀动物，修建动物廊道、构

建类似生境等。根据原陆生生境特点，按照不低于水土保持方案的设计要求恢复植被。水电站及其影响区域内涉及上述物种未按规定采取保护措施的，得 0 分。

注：水电站及其影响区域内是否涉及上述物种或保护对象，应以批复的水电站环境影响报告书（表）竣工验收报告为准。建设当年未要求编制环境影响报告书（表）的，应由相关部门或有资质的机构提供佐证。

（6）景观。采用景观协调性和景观恢复度指标进行评价，两项指标赋分权值均为 5 分，赋分方法如下：

①景观协调性。获得风景名胜区、水利风景区、湿地公园、地质公园以及森林公园等称号的，得 5 分。其他情况应综合考虑水电站厂区、办公和生活区以及库区景观，采用专家打分法，按 0~5 分进行赋分。

②景观恢复度。根据水电站扰动土地整治、植被覆盖及恢复情况采用专家打分法，按 0~5 分进行赋分。

6.6.4.2 减排

采用替代效应和减排效率指标进行评价，两项指标赋分权值均为 5 分，赋分标准见表 6-5。

表 6-5 替代效应和减排效率指标赋分标准

指标	替代效应 p			减排效率 e		
指标值	$p \geq 0.7$	$0.5 \leq p < 0.7$	$p < 0.5$	$e \geq 4$	$1 \leq e < 4$	$e < 1$
赋分	5 分	3 分	1 分	5 分	3 分	1 分

两项指标的计算要求如下：

替代效应按下式计算：

$$p = \frac{1}{3} \sum_{i=1}^{3} \frac{W_i U_i}{100C}$$

式中：p 为替代效应（t/kW）；W_i 为评价期内第 i 年水电站的年发电量（万 kW·h）；U_i 为评价期内第 i 年的单位千瓦时火电的煤耗[g/(kW·h)]；C 为水电站设计装机容量（kW）。U_i 应采用权威机构发布的数据，取用全国 6 000 kW 及以上火电厂的发电煤耗。

减排效率按下式计算，

$$e = \frac{1}{3} \sum_{i=1}^{3} \frac{W f_i}{V}$$

式中，e 为减排效率（kg/m³）；f_i 为评价期内第 i 年的排放因子；V 为正常蓄水位对应的库容（万 m³）。

f_i 应采用权威机构发布的数据，取用全国区域电网基准线电量边际排放因子和容量边际排放因子的均值计算。

6.6.4.3 社会评价

（1）社会评价赋分权值 18 分，其中各评价要素赋分权值分别为移民 6 分、利益共享 8 分以及综合利用 4 分。

（2）移民。采用移民安置落实情况指标进行评价，赋分权值 6 分，赋分方法如下：不涉及移民的得 6 分；涉及移民的应根据移民投诉情况进行评价。无移民投诉的得 6 分。有移民投诉，但已处理妥当的得 5 分。有移民投诉，但未能处理妥当等其他情况得 0 分。

（3）利益共享。采用公共设施改善情况和民生保障情况指标进行评价，两项指标赋分权值均为 4 分，赋分方法如下：

①公共设施改善情况。改善公共照明、公共道路、灌溉设施、供水设施以及应急供电等公共设施的每项得 1 分，累计不超过 4 分。均未改善或恶化相关公共设施条件的得 0 分。

②民生保障情况。符合下述情况之一的，得 4 分：承担扶贫任务；有直供电片区并低价供电；作为代燃料电站低价供电；为当地居民提供优惠电量；为当地居民提供直接补贴；为当地居民提供分享投资收益。不存在上述情况的，根据水电站为当地居民提供教、科、文、卫等民生保障服务的种类数进行评价：提供三类及以上的得 4 分。提供一两类的得 3 分。未提供的得 0 分。

（4）综合利用。采用水资源综合利用情况指标进行评价，水资源综合利用包括发电、灌溉、供水、航运、竹木流放、渔业、旅游和环境保护等兴利功能，以及防洪、排涝、防凌等除害功能，其他功能类别应经论证确定。该指标赋分权值 4 分，赋分方法如下：无综合利用要求的得 4 分。有综合利用要求的，应根据多功能综合利用实现情况进行评价：已按设计要求实现多功能综合利用的，得 4 分；未按设计要求实现多功能综合利用的，得 0 分。

6.6.4.4 管理评价

（1）管理评价赋分权值 18 分，其中各评价要素赋分权值分别为生产及运行管理 6 分、小水电建设管理 8 分和技术进步 4 分。

（2）生产及运行管理：采用安全生产标准化建设情况进行评价，赋分权值 6 分，赋分方法如下：已获得农村水电安全生产标准化或电力安全生产标准化称号的，得 6 分。尚未获得农村水电安全生产标准化或电力安全生产标准化称号，但安全生产标准化建设自评报告经上级单位审核通过的，得 4 分。其他情况得 0 分。

（3）小水电建设管理。采用制度建设及执行情况、设施建设及运行情况指标进行评价，两项指标赋分权值均为 4 分，赋分方法如下：

①制度建设及执行情况：下列条件每满足 1 项得 1 分；均不满足的，得 0 分：制订了绿色小水电建设方案和监管机制。配备了绿色小水电建设专兼职管理人员。

落实绿色小水电建设专项投入，组织人员参加绿色小水电建设相关业务培训。

②设施建设及运行情况。下列条件每满足 1 项得 1 分；均不满足的，得 0 分：配备了坝（闸）下流量泄放实时监控设施并正常投入运行。具有可对库区等重点区域进行水质监测的设施。配套水生与陆生生物保护设施的监测设备或建立了保护效果评估体系。投入了废旧资源循环使用的保障设施。

（4）技术进步。采用设备性能及自动化程度指标进行评价，赋分权值 4 分。赋分方法为下列条件每满足 1 项得 1 分，累计不超过 4 分；均不满足的，得 0 分：水轮发电机组的效率等性能指标满足《小型水电站技术改造规范》（GB/T 50700—2011）和《小型水力发电站设计规范》（GB 50071—2014）的要求。调速器和励磁设备采用微机型。电气设备选用可靠性高、故障率低、少维护或免维护的安全、节能以及环保型产品。达到无人值班或少人值守的要求。水电站实现管理信息化。采用先进的拦污栅监测、清污及处理设施。

6.6.4.5 经济评价

（1）经济评价赋分权值 9 分，其中各评价要素赋分权值分别为财务稳定性 6分、区域经济贡献 3 分。

（2）财务稳定性。采用盈利能力和偿债能力指标进行评价，并分别采用评价期内各年度销售净利率和资产负债率的平均值来表征，两项指标赋分权值均为 3 分，赋分标准见表 6-6，计算要求如下：

表 6-6　盈利能力和偿债能力指标赋分标准

指标	盈利能力（销售净利率 y）				偿债能力（资产负债率 x）			
指标值	$y\geq5\%$	$3\%\leq y<3\%$	$0<y<3\%$	$y\leq0$	$z\leq70\%$	$70\%<z\leq75\%$	$75\%<z\leq80\%$	$z>80\%$
赋分	3 分	2 分	1 分	0 分	3 分	2 分	1 分	0 分

销售净利率应按下式计算：

$$y = \frac{1}{3}\sum_{i=1}^{3}\frac{J_i}{X_i}\times100\%$$

式中，y 为销售净利率；J_i 为评价期内第 i 年水电站的净利润（万元）；X_i 为评价期内第 i 年水电站的销售收入（万元）。

资产负债率应按下式计算：

$$z = \frac{1}{3}\sum_{i=1}^{3}\frac{T_{f,i}}{T_{z,i}}\times100\%$$

式中，z——资产负债率；$T_{f,i}$ 为评价期内第 i 年水电站的负债总额，包括长期负债和流动负债（万元）；$T_{z,i}$ 为评价期内第 i 年水电站的资产总额（万元）。

注：资产总额指企业的全部资产总额，包括流动资产、固定资产、长期投资、无形资产和递延资产等。

（3）区域经济贡献。采用社会贡献率指标，取评价期内各年度的平均值进行评价，赋分权值3分，赋分标准见表6-7，社会贡献率应按下式计算：

表6-7 社会贡献率指标赋分标准

指标	盈利能力（销售净利率 y）			
指标值	$s\geq8\%$	$6\%\leq s<8\%$	$4\leq s<6\%$	$s\leq4\%$
赋分	3分	2分	1分	0分

$$S=\frac{1}{3}\sum_{i=1}^{3}\frac{G_z,i}{T_z,i}\times100\%$$

式中，s 为社会贡献率（%）；G_z,i 为评价期内第 i 年水电站的社会贡献总额（万元）。

注：社会贡献总额主要包括工资、劳保退休统筹及其他社会福利支出、利息支出净额、应交增值税、营业税金及附加（产品销售税金及附加）、应交所得税及其他税、净利润等。

6.6.4.6 总体评价

（1）绿色小水电评价的赋分以总分为100分计。各评价类别赋分权值分别为生态环境评价55分、社会评价18分、管理评价18分、经济评价9分。赋分表见附录C

（1）总体评价分应按下式计算：

总体评价分=生态环境评价分+社会评价分管理评价分+经济评价分

（3）总体评价分大于等于85分，且水文情势得分大于等于12分的，满足绿色小水电条件。

绿色小水电评价所需资料

A.1 基本条件复核

基本条件复核所需资料如下：

（1）水电站建设和投产时间，改造项目改造完成的时间等。

（2）取水许可申请批复意见、环境影响评价报告书（表）批复意见、工程竣工验收鉴定书及印发通知等水电站依法依规建设的证明材料。

（3）经证明的坝（闸）下居民生活用水和工农业生产用水保障材料。

（4）经证明的评价期内水电站未发生一般及以上等级的生产安全责任事故、不存在重大事故隐患以及工程影响区内未发生较大及以上等级的突发环境事件或重大水事纠纷的材料。

A.2 生态环境评价

生态环境评价所需资料如下：

（1）水电站工程特性表及评价期内的生产运行情况，包括开发方式、调节性能、装机容量、多年平均发电量、坝址多年平均径流量、正常蓄水位相应库容以及评价期内的年发电量等。

（2）有助于确定水电站取水和退水关系以及影响区域支流补给情况的资料。

（3）评价期内坝（闸）下逐时段下泄流量实测资料或计算坝（闸）下逐时段下泄流量所需资料：电站毛水头、设计水头，机组台数，所有机组水轮机参数，发电机效率，水轮机运转特性曲线，各机组发电引水道水头损失系数等设计资料，以及评价期内逐日发电量、上下游水位等运行资料。

（4）确定坝（闸）下生态需水要求的依据：地方政府主管部门的规定，电站设计批复文件中的要求；无地方政府主管部门的规定或电站设计批复文件未明确的，提供详细的生态需水量确定过程及依据。

（5）满足要求的评价期内出、入库代表断面的水质检测资料，以及其他有助于辨别对河流水质影响的材料。

（6）水电站环境影响报告书（表）及其批复意见、竣工验收报告等文件中关于电站是否涉及保护物种以及采取措施情况的内容或相关部门或有资质的机构提供的是否涉及保护物种以及采取措施情况的材料。

（7）建设项目水土保持方案报告书及其批复意见、建设项目水土保持验收报告书等文件以及有助于说明工程影响区域内水土流失情况、植被恢复情况的现场照片。

（8）水电工程建设对原有景观的影响的情况说明（附照片）。

（9）水电站或库区获得水利风景区或湿地公园等称号的材料。

（10）水电站影响区域及周边不同角度的影像资料。

A.3 社会评价

社会评价所需资料如下：

（1）工程建设征地及移民的总体情况说明，包括工程临时及永久占地数量、是否涉及移民等。

（2）移民安置规划，专项移民竣工验收报告、移民安置档案，以及水电站竣工报告、初设报告中涉及移民部分的章节，或当地移民局开具的移民安置落实情况证明等反映移民生产生活情况的材料。

（3）在公共服务和民生保障方面的投入的相关协议、支出及捐赠收据等凭证，或有关部门的证明材料；有直供电片区的，提供水电站直供电片区接线图。

（4）水电站的水资源综合利用功能批复、变更情况及发挥相关效益的材料。

A.4 管理评价

管理评价所需资料如下：

（1）经审核通过的农村水电站安全生产标准化（或电力安全生产标准化）达标

评定级别或自评报告。

（2）水电站绿色小水电建设管理制度、人员机构与培训、专项投入、硬件设备设施及其投运情况等证明材料。

（3）水电站设备性能及自动化程度涉及的各设备铭牌和相关测试结果，以及实现技术进步的其他证明材料。

A.5 经济评价

经济评价所需资料如下：

（1）加盖法人公章的评价期内年度财务报表，含资产总额、负债总额、净利润、营业收入、利润总额、销售税、财务费用、工资福利等基本数据。

（2）加盖法人公章的非独立核算发电企业账目分离后的财务报表以及账目分离说明（非独立核算单位提供）。

A.6 其他有助于评价的材料

（1）水电站采取的生态环境友好、社会和谐、管理规范、经济合理等绿色小水电建设措施及具体效果。

（2）是否获得过中央预算内投资或财政奖补资金，电站获得荣誉情况等。

（3）不同季节水电站厂区、坝址、库区、下游河段、升压站、供电区等实景照片。

绿色小水电总体评价赋分表见表6-8。

表 6-8　绿色小水电总体评价赋分

事项	事项简述				
基本条件复核情况	是否满足以下所有基本条件：□是　□否 □符合经批准的区域空间规划、流域综合规划以及河流水能资源开发等规划 □依法依规建设，按 SL 168 通过竣工验收，且已投产运行 3 a 及以上 □下泄流量满足坝（闸）下游影响区域内的居民生活以及工农业生产用水要求 □评价期内水电站未发生一般及以上等级的生产安全事故、不存在重大事故隐患 □评价期内水电站工程影响区内未发生较大及以上等级的突发环境事件或重大水事纠纷 □提供的评价资料齐全有效 □水文情势得＿＿＿＿＿分，满足大于等于 12 分要求				
得分情况	生态环境（55分）	社会（18分）	管理（18分）	经济（9分）	总分（100分）
评价结论	是否满足绿色小水电条件：□是　□否				

绿色小水电评分赋分见表6-9。

表6-9 绿色小水电评分赋分

指标	要素	指标	得分	得分事项简述
生态环境 （55分）	水文情势 （15分）	生态需水 保障情况 （15分）		□坝式水电站（坝后式、河床式） 　□无调节性能　　　　　　　　　　　　　　　　15分 　□有调节性能 　□依据监测资料评价，满足生态需水要求　　　15分 　□依据计算资料评价，满足生态需水要求　　　12分 　□其他情况　　　　　　　　　　　　　　　　 0分 □引水式、混合式水电站 　□依据监测资料评价，满足生态需水要求　　　15分 　□安装无制泄流设施但未能监测　　　　　　　12分 　□其他情况（无监测资料、无设施或设施有节制） 　　　　　　　　　　　　　　　　　　　　　　 0分
	河流形态 （5分）	河道形态 影响情况 （3分）		□自然条件下可维持厂坝间河流相关特征　　　　 3分 □采取人工修复或治理措施后方能维持相关特征　 2分 □人工修复困难或未进行修复或治理　　　　　　 0分
		输沙生态 环境 （2分）		综合河流含沙特性、电站排沙设施和措施情况，采用专家打分法： □影响较小　　　　　　　　　　　　　　　　　 5分 □影响较大但可接受　　　　　　　　　　　　　 1分 □影响较大但不可接受　　　　　　　　　　　　 0分
	水质 （5分）	水质 变化程度 （5分）		退水断面水质类别：_____类入库断面水质类别： _____类 □未引起水质类别降低，且不存在如下情况　　　 5分 □设备设施漏油污染水域 □生活生产污水未处理直排 □其他情况　　　　　　　　　　　　　　　　　 0分
	水生及 陆生生态 （10分）	水生保护 物种影响 情况 （6分）		□不涉及相关保护物种及鱼类三场　　　　　　　 6分 □涉及但按规定采取了保护措施　　　　　　　　 3分 □涉及但未采取或未按规定采取保护措施　　　　 0分
		陆生保护 生物环境 影响情况 （4分）		□不涉及相关保护物种　　　　　　　　　　　　　 4分 □涉及但按规定采取了保护措施　　　　　　　　 2分 □涉及但未采取或未按规定采取了保护措施　　　 0分

续表

指标	要素	指标	得分	得分事项简述
生态环境 （55分）	景观 （10分）	景观协调性 （5分）		□获得风景区，水利风景区、湿地公园，地质公园以及森林公园等相关称号　　5分 □其他情况综合考虑水电站厂区、办公和生活区以及库区景观，专家打分法： 　□非常协调　　5分 　□基本协调，有美感　　3分 　□基本协调，无美感　　1分 　□不协调　　0分
		景观恢复度（5分）		根据水电站扰动土地整治，植被覆盖以及恢复情况，采用专家打分法： □非常好　　5分 □比较好　　3分 □一般　　1分 □差　　0分
	减排 （10分）	替代效应 （5分）		替代效应 $p=$ _____ □$p \geq 0.7$　　5分 □$0.5 \leq p < 0.7$　　3分 □$p < 0.5$　　1分
		减持效率 （5分）		减持效率 $e=$ _____ □$e \geq 4$　　5分 □$1 \leq e < 4$　　3分 □$e < 1$　　1分
社会 （18分）	移民 （6分）	移民安置落实情况 （6分）		□不涉及移民　　6分 □涉及移民_____人 　□无移民投诉　　6分 　□有移民投诉，但已妥善处理　　5分 　□有移民投诉但未能处理妥当　　0分
	利益共享 （8分）	公共设施改善情况 （4分）		□改善了公共设备，以下有改善的选项共计：_____项，_____分（每项累计1分，不超过4分） 　□公共照明□公共道路□灌溉设施 　□供水设施□应急供电□其他 　□均未改善或恶化相关公共设施条件　　0分

续表

指标	要素	指标	得分	得分事项简述

社会
（18分）
	利益共享
	（8分）
		民生保障
		情况
		（4分）
				□符合下述情况之一 4分
				  □承担扶贫任务
				  □有直供电片区并低价供电
				  □作为代燃料电站低价供电
				  □为当地居民提供优惠电量
				  □为当地居民提供直接补贴
				  □为当地居民提供分享投资收益
				□不存在上述情况，但提供了教、科、文、卫等服务
				  □提供三类及以上 4分
				  □提供一两类 3分
				  □未提供 0分

	综合利用 （4分）	水资源综合 利用情况 （4分）		□无综合利用要求 4分 □有综合利用要求 □按设计要求实现了多功能综合利用 4分 □未按设计要求实现多功能综合利用 0分

管理
（18分）
	生产及运
	行管理
	（6分）
		安全生产
		标准化
		建设情况
		（6分）
				□已获得农村水电或电力安全生产标准化称号 6分
				□未获得农村水电或电力安全生产标准化称号
				  □安全生产标准化建设自评报告审核通过 4分
				  □其他情况 0分

	小水电建 设管理 （8分）	制度建设 及执行 况 （4分）		以下选项共计：_____项，_____分（每项累计1分） □制订了绿色小水电建设方案和监管机制 □配备了绿色小水电建设专兼职管理人员 □落实绿色小水电建设专项投入 □组织人员参加绿色小水电建设业务培训
		设施建设 及运行 情况 （4分）		以下选项共计：_____项，_____分（每项累计1分，不超过4分） □配备了坝（闸）下流量泄放实时监控设施并正常投入运行 □具有可对库区等重点区域进行水质监测的设施 □配套了生物保护设施监测设备或建立了保护效果评估体系 □投入了废旧资源循环使用的保障设施

续表

指标	要素	指标	得分	得分事项简述
管理 （18分）	技术进步 （4分）	设备性能 及自动化 程度 （4分）		以下选项共计：_____项，_____分（每项累计 1 分，不超过 4 分） □机组效率等性能指标满足 GB/T 50700 和 GB 50071 的要求 □调速器和助磁设备采用微机型 □电气设备选用可靠性高、故障率低、少维护或免维护的安全、节能、环保型产品 □达到无人值班或少人值守的要求 □水电站实现管理信息化 □采用先进的拦污栅监测、清污及处理设施
经济 （9分）	财务 稳定性 （6分）	盈利能力 （3分）		销售净利率 $y=$ _____ □$y \geqslant 5\%$ 3分 □$3\% \leqslant y < 5\%$ 2分 □$0 < y < 3\%$ 1分 □$y \leqslant 0$ 0分
		偿债能力 （3分）		资产负债率 $z=$ _____ □$z \leqslant 70\%$ 3分 □$70\% < z \leqslant 75\%$ 2分 □$75\% < z \leqslant 80\%$ 1分 □$z > 80\%$ 0分
	区域经济 贡献 （3分）	社会 贡献率 （3分）		社会贡献率 $s=$ _____ □$s \geqslant 8\%$ 3分 □$6\% \leqslant s < 8\%$ 2分 □$4\% \leqslant s < 6\%$ 1分 □$s < 4\%$ 0分

附图

绿色小水电建设成果实例见附图1~附图14。

附图1

附图2

附图 3

附图 4

附图 5

附图 6

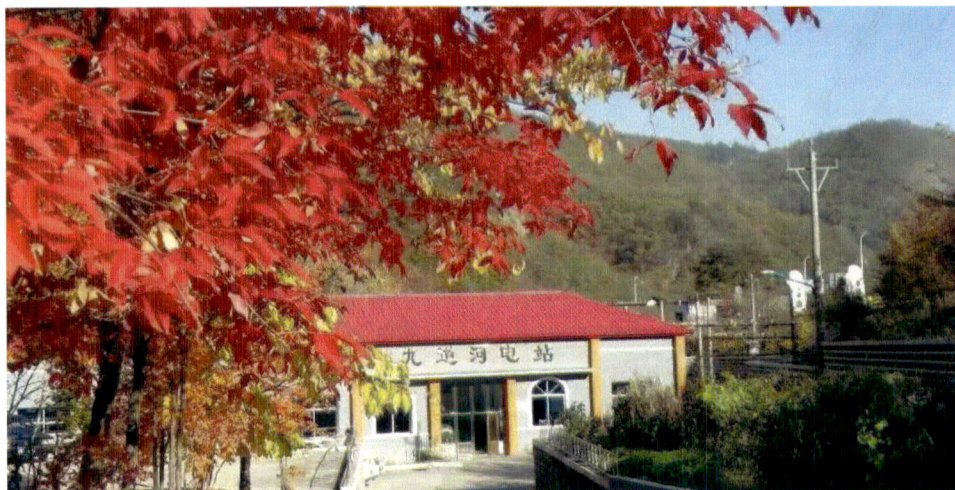

附图 7

附图 8

附图 9

附图 10

附图 11

附图 12

附图 13

附图 14